엑셀을 이용한

# 철근콘크리트 설계

이영욱 · 송진규

도서출판 동화기술

# 머리말

국내에 1988년부터 철근콘트리트 강도설계법이 도입된 이후, 철근콘크리트 설계기술에 많은 발전이 있어 왔다. 특히 국내에도 매우 다양하고 유익한 철근콘크리트 관련 서적이 출간되어 실무와 학업을 하는 분들에게 많은 도움이 되고 있다.

그러나 최근 들어 공학인증과 관련하여 종합설계(capstone design) 능력이 요구되고 있다. 문제제기와 종합적인 사고능력을 바탕으로 문제를 해결하는 것이 종합설계의 목표이고, 이러한 종합설계를 수행하려면 학생들은 요소설계 능력이 뒷받침 되어야 한다. 물론, 철근콘크리트 설계도 요소설계 기술 중의 하나이다. 이러한 필요에 따라 요소 설계능력을 배양할 수 있도록, 본 교재 각 장의 전반부에 이론적 배경을 설명하고 후반부에 엑셀을 통하여 예제를 푸는 방식을 도입하였다.

본 교재의 목적은 철근콘크리트의 요소설계 능력 향상에 있다. 따라서 건설관련 공학자 또는 학생들이 철근콘크리트의 부재 설계를 첨부한 엑셀 파일을 이용하여 직접 설계를 수행할 수 있도록 하였다. 예를 들어, 철근콘크리트 보의 설계에 대한 이론적 배경을 이해하고 나면, 단순히 하중과 재료 등의 입력변수를 엑셀 프로그램에 입력함으로써 설계를 완성할 수 있다. 특히 엑셀은 대부분 공학자에게 친숙하고 입력과 출력이 간편한 장점이 있으므로, 졸필임에도 불구하고 '엑셀을 이용한 철근콘크리트 설계'라는 교재를 감히 출간하게 되었다.

본 교재의 '휨부재의 설계'와 '전단설계'와 같은 대부분의 장은 엑셀을 이용한 간단한 엑셀 프로그램으로 되어 있어서 누구나 쉽게 접근하고 사용할 수 있다. 그러나 10장의 벽체와 11장의 모멘트-곡률의 프로그램은 Basic 프로그램이 포함되어 있으므로, Basic 언어에 대한 이해가 약간은 필요하다.

본 교재가 나올 수 있도록 항상 따스한 마음을 가지고 응원한 나의 반려자에게 깊은 감사를 드린다. 그리고 기꺼이 집필에 함께 해준 송진규 교수님께도 감사를 드린다. 또한 책의 그림과 편집을 위하여 수고해준 연구실의 학생들에게도 감사드리며, 특히 그림 작성을 위하여 도움을 준 이소희 양와 김혁년 군, 교정을 위하여 애쓴 박정아 선생과 채지용 군에게 감사를 드린다.

마지막으로 출판이 가능하도록 시간과 힘을 허락하신 하나님께 감사와 찬양을 드린다.

이영욱

# 차 례

## 제1장 도입



## 제2장 휨부재의 설계



## 제3장 전단 설계

## 제4장 슬래브 설계



## 제5장 압축재 설계



## 제6장 사용성



## 제7장 정착과 이음

## 제8장 기초 설계



## 제9장 2방향 슬래브 설계



## 제10장 벽체

## 제11장 곡률과 모멘트



## 부록

# 01
# 도입

## 1.1 개요

철근콘크리트는 철근과 콘크리트의 두 재료로 구성되며, 가장 일반적으로 사용되는 구조 재료이다. 콘크리트는 타설 전에는 액체 상태로 있어서 성형성이 우수하고, 경화된 후에 높은 강도가 발현되는 인공 석재라고 할 수 있다. 콘크리트는 압축에 대하여 높은 강도를 발현하나 인장강도가 낮으므로 이를 보완하기 위하여 철근이 사용된다. 철근으로 콘크리트의 취약성인 인장력을 보완한 철근콘크리트는 경제성과 형상성이 우수한 건설재료이다.

한편 콘크리트는 시멘트와 자갈 및 모래 등으로 구성되는 혼합재료이다. 시멘트는 공장생산품이나, 자갈과 모래는 현장에서 채취하게 되므로 품질의 변동이 크다. 또한 현장에서 시멘트와 물, 모래, 자갈을 혼합하여 사용하므로 제품의 변동성이 컸으나, 현재는 레미콘(Ready Mixed Concrete)을 사용하여 품질의 일관성을 유지하고 있다.

건물에 사용하는 콘크리트를 일정한 품질로 관리하기 위해서는 기준 또는 시방서가 필요하므로 각 나라에서는 철근콘크리트에 관한 규정을 제정하여 시공성 및 강도 등에 관한 품질을 유지하고 있다. 국내에서 콘크리트에 대한 기준으로서 한국콘크리트학회에서 한국콘크리트설계기준을 제정하여 사용하고 있다. 또한 이 기준을 건축구조설계기준(Korea Building Code)에서 채택하여 건축구조 설계시 사용하는 기준으로 사용하고 있다.

## 1.2 콘크리트설계기준

국내 콘크리트설계기준은 한국콘크리트학회에서 제정된 것을 사용하고 있다. 이 기준은 재료와 철근상세, 휨 및 압축, 전단과 비틀림 등에 대한 설계 내용을 다루고 있다. 이 기준은 콘크리트학회에서 정기적으로 내용을 수정하거나 보완한다. 이러한 기준은 설계시 의무적으로 따라야 하는 사항이다.

국내 기준과 마찬가지로 미국에서는 ACI (American Concrete Institute)에서 콘크리트의 기준을 ACI 318 분과위원회에서 다루고 있다. 즉, ACI 318 분과위원회는 콘크리트 기준의 개정을 주목적으로 하는 위원회이다. 국내 기준은 미국 기준의 영향을 많이 받았으며, 설계 내용 중 많은 항목을 미국의 것을 참조하고 있다.

유럽은 통합기준 콘크리트구조물의 설계(Eurocode 2 Design of Concrete Structure)에 관련 기준이 정리되어 있으며, 다음과 같이 총 3개 파트로 구분되어 있다.

<1－1> 일반적 규칙과 건물에 대한 규칙(General rules and Rules for buildings),
<1－2> 일반규칙 － 내화구조설계(General rules － Structural fire disign),
<2> 콘크리트 교량 － 설계와 상세규칙(Concrete bridges － Design and detailed rules)

미국의 기준은 실용성에 근거한 기준으로 실험결과를 기초로 하고 있는 반면에 유럽의 기준은 이론을 기초로 하는 점에서 다르다. 따라서 미국의 기준은 유럽의 것에 비하여 새로운 실험 결과를 반영하므로 실용성은 뛰어나지만 기준의 개정이 빈번한 편이다.

국내에는 콘크리트설계기준 이외에 콘크리트표준시방서가 있다. 이 시방서는 각종 콘크리트에 관한 배합, 시공 등의 품질관리에 대하여 규정하고 있으며 건축과 토목에서 공통으로 참고하고 있다. 이외에 '건축공사표준시방서'의 제5장에서 콘크리트공사에 대하여 기술하고 있다.

## 1.3 재료적 특성

콘크리트는 시멘트와 골재에 물을 혼합하여 생성되는데, 시멘트(portland cements)는 물과 작용하여 강도를 갖기 때문에 수경성 시멘트(hydraulic cements)라고 부른다. 일반적으로 사용되는 시멘트는 포틀랜드 시멘트라 불리는데, 포틀랜드라는 이름은 영국 남부의 Dorset에서 생산되는 포틀랜드 암과 색과 질이 비슷해서 붙여진 이름이다. 역사적으로 석회석 시멘트는 오래전부터 사용되어 왔으나 포틀랜드 시멘트의 생산은 1824년 영국의 벽돌공 Jeseph Aspdin이 특허를 받는 것으로부터 시작되었다.

시멘트는 사용목적에 따라 보통, 중용열, 조강, 저열 그리고 내황산염과 같이 5종류로 구분하며, 그 품질은 (KS L 5201, 5205, 5210, 5211, 5217, 5401)에 규정한 것과 같거나 또는 동등 이상의 것으로 사용하여야 한다.

골재는 한국산업규격(KS)에 규정한 것과 같거나, 또는 이와 동등 이상의 것을 사용하여야 한다. 골재는 적당한 경도나 입도를 가지며 깨끗하고 내구성이 있는 것으로 점토덩어리, 유기물, 세장석면 등의 해로운 물질을 포함하지 않아야 한다. 콘크리트에서 골재는 용적비율로 60~75%를 차지하므로 종류나 성질에 따라 콘크리트의 품질을 크게 좌우한다. 골재는 잔골재와 굵은골재로 구성되어 있다.

잔골재에는 강이나 육지의 모래 또는 바다모래와 부순모래가 있으며 KS F 2544에서 제시하고 있는 고로슬래그(blast-furnace slag) 잔골재도 있다. 잔골재는 깨끗하고 강하고 내구적이며 알맞은 입도를 가지나 먼지, 흙, 유기불순물, 염화물 등의 유해량을 허용한도 이상을 함유해서는 안 된다.

굵은골재에는 천연 자갈, 부순골재, 고로슬래그 굵은골재 등이다. 굵은골재는 깨끗하고 강하고 내구적이며 알맞은 입도를 가지나 얇고 가느다란 석편, 유기불순물, 염화물 등의 유해량을 함유해서는 안 되고, 특히 내화성을 요하는 경우에는 내화성이 강한 굵은골재를 사용해야 한다. 굵은골재의 공칭 최대치수는 콘크리트구조설계기준에서 다음 값들을 초과하지 않도록 하여 굳지 않은 콘크리트를 거푸집에 배치할 때 굵은골재가 걸리지 않도록 제시하고 있다.

1) 거푸집 양 측면 사이의 최소 거리의 1/5 이하
2) 슬래브 두께의 1/3 이하
3) 철근, 긴장재 또는 덕트 사이 최소 순간격의 3/4 이하

## 1.4 콘크리트의 역학적 특성

### (1) 압축강도 시험방법

콘크리트의 역학적 특성은 압축강도 시험으로 나타난다. 압축강도 $f_{ck}$는 그림 1.2의 콘크리트 원통형 실린더(직경 150×높이 300 또는 직경 100×높이 200)의 압축시 최대강도를 말한다. 압축강도 시험에 대해서는 KS F 2403, 2405(공시체 제작 및 시험방법)에 규정되어 있다. 그림 1.1과 같이 콘크리트의 압축강도에 물시멘트비(w/c ratio)는 직접적으로 영향을 미치는 인자이며, 압축강도와 물시멘트비는 반비례의 관계이다.

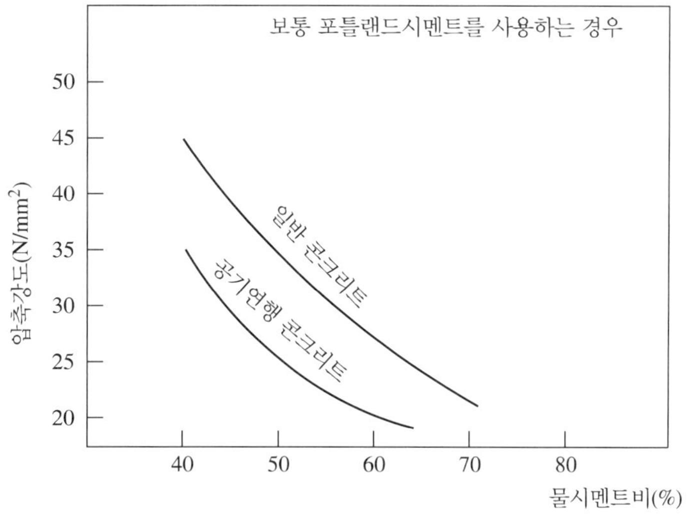


그림 1.1 ➡ 28일 압축강도에 대한 물시멘트비의 영향

## (2) 압축강도 응력-변형도 곡선

압축강도 $f_{ck}$의 특성은 그림 1.3과 같이 최대응력 이후 강도가 감소한다. 일반적으로 고강도의 콘크리트일수록 강도 감소 후 파괴될 때의 변형도의 값이 작다.

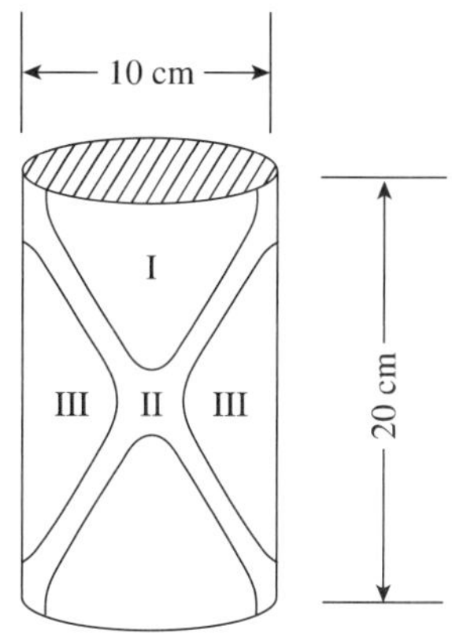


그림 1.2 ➡ 콘크리트 강도시험용 공시체

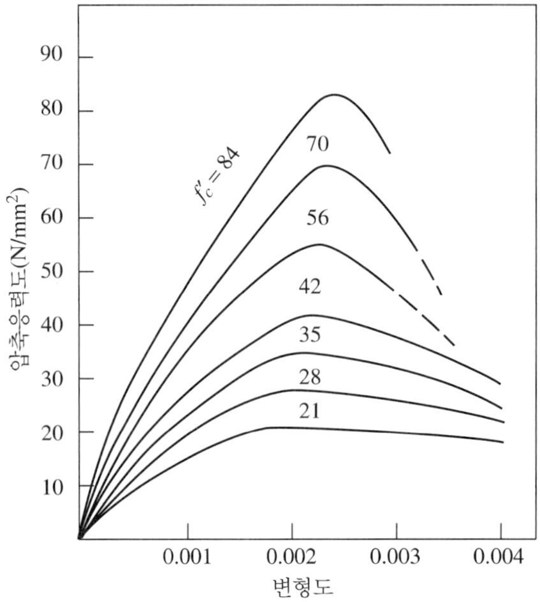


그림 1.3 ➡ 콘크리트의 응력도-변형도 곡선

## (3) 콘크리트의 응력-변형도 모형

콘크리트의 응력-변형도 곡선을 공학적으로 이용하기 위하여 간략한 수식으로 표현한다. 그림 1.4는 Hognestad가 제안한 것으로 콘크리트가 최대강도에 도달할 때까지 2차원 수식으로 정의하였으며, 최대강도 이후 파괴까지는 직선으로 정의하였다.

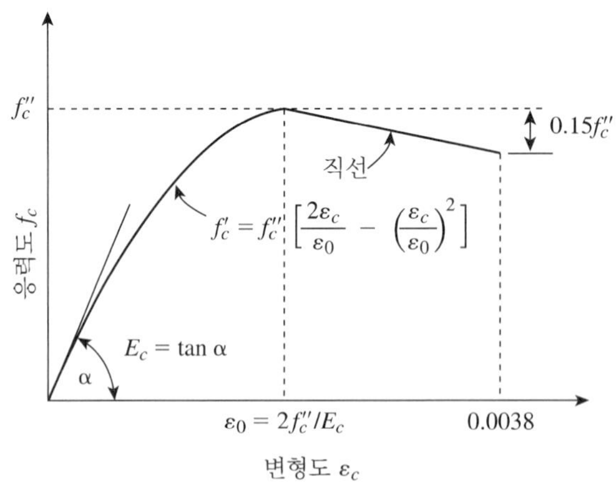


그림 1.4 ➡ 1축 압축력을 받는 콘크리트의 응력도-변형도 곡선

## (4) 인장강도

콘크리트의 인장강도는 그림 1.5와 같이 쪼갬시험법에 따라 측정한다. 쪼갬시험법에 의한 인장강도는 식 (1.1)과 같다.

$$f_{sp} = \frac{2P}{\pi Dh} \tag{1.1}$$

여기서, $P$ : 최대하중

$D$ : 공시체의 직경

$h$ : 공시체의 높이

압축강도를 이용한 콘크리트의 인장강도는 식 (1.2)와 같다. 일반적으로 콘크리트의 인장강도는 압축강도의 10분의 1 정도에 해당하기 때문에 콘크리트 부재의 강도 산정시에는 고려하지 않는다.

$$f_{ct} = 1.5\sqrt{f_{ck}} \tag{1.2}$$

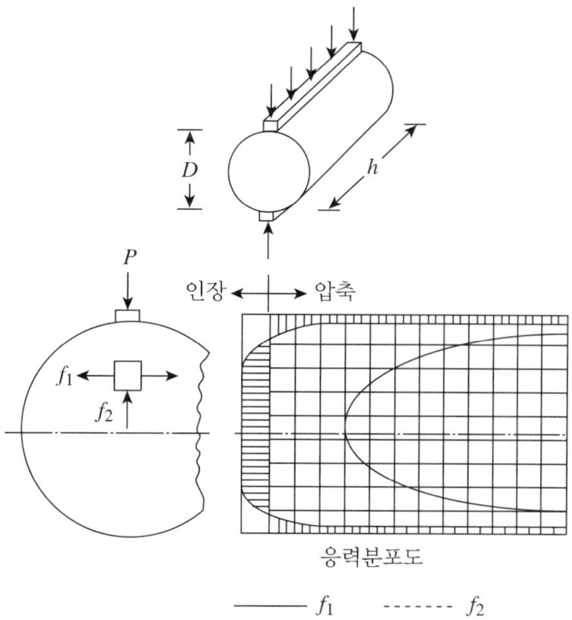


그림 1.5 ➡ 쪼갬시험법(spilt-cylinder test)

## (5) 2축응력 특성

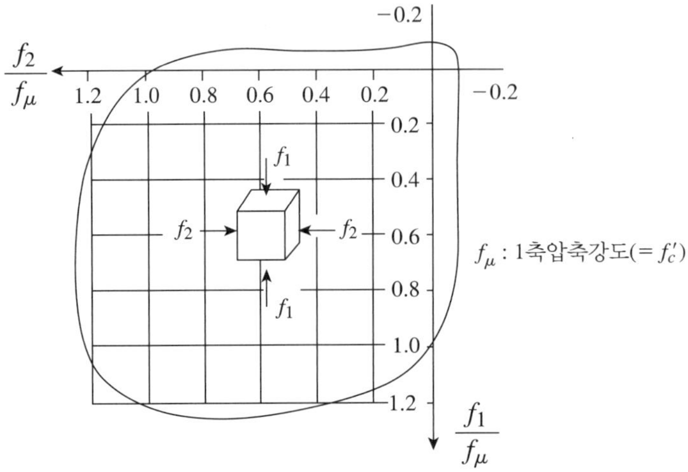


그림 1.6 콘크리트의 2축강도

콘크리트의 시험체에 2축방향으로 하중이 작용하면 1축의 시험에 따른 결과와는 다른 역학적 특성이 발생한다. 일반적으로 2축 압축하중이 작용하면 콘크리트의 최대강도는 증가한다. 그림 1.6에서 보면 두 번째 축의 응력 $f_2$가 증가하면 $f_1$의 최대강도가 20% 정도 증가한다.

## (6) 3축응력 특성

3개의 축에 압축하중이 작용하게 되면 일반적으로 압축 강도가 증가하게 된다. 이것은 횡구속(confinement) 압력 효과 때문이다. 즉, 1축방향의 압축력에 의하여 콘크리트에 발생하는 인장균열을 2축과 3축에 작용하는 압축력이 억제하는 효과를 발휘하게 된다. 이러한 횡구속의 압력 효과를 식 (1.3)으로 표현할 수 있다.

$$f_{cc}' = f_c' + 4.1 f_1 \tag{1.3}$$

여기서, $f_{cc}'$ : 횡구속 시험체의 축압축강도

$f_c'$ : 횡구속되지 않은 시험체의 1축압축강도

$f_1$ : 횡구속 압력(유압)

그림 1.7은 2축과 3축에 유압을 이용하여 구속력을 증가할 때 1축의 강도곡선을 나타낸 것으로서, 유압구속이 증가할수록 강도와 변형능력이 증가함을 알 수 있다.

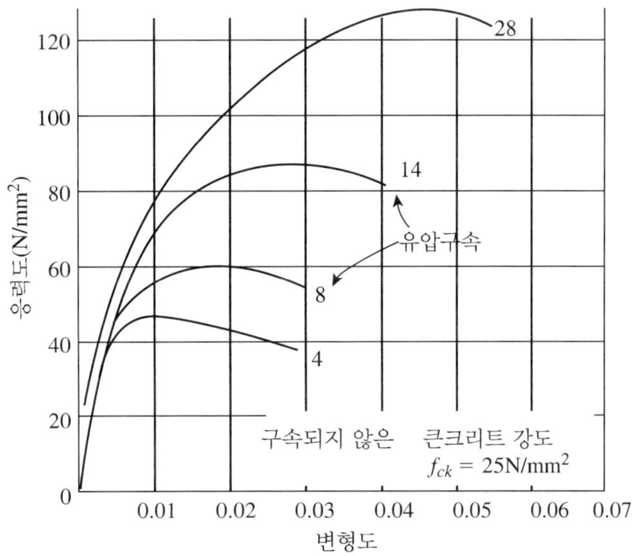


**그림 1.7** 3축압축을 받는 콘크리트의 응력도-변형도 곡선

## (7) 횡구속효과

철근콘크리트에서 후프철근은 횡구속 효과를 가져온다. 그림 1.8과 같이 사각형 단면에 사용되는 후프철근은 모서리 부위에서는 구속효과가 크지만 중앙부에는 배가 불러지기 때문에 구속효과가 적다. 원형단면에 사용되는 나선철근은 나선철근 전체적으로 횡구속 효과가 크다.

횡구속 효과는 그림 1.9와 같이 변형능력의 증가를 가져온다. 따라서 횡구속 철근을 많이 사용할수록 구조물의 연성능력은 증가한다.

그림 1.9는 Kent-Park의 제안 모델로서 후프철근량이 증가함에 따라 횡구속 효과가 증가함을 보여주고 있다. 강도가 증가하는 부분은 2차식으로, 감소하는 부분은 1차식으로 가정하고 있다. 횡구속 효과는 강도가 감소하는 영역에서 $\varepsilon_{50h}$에 의하여 경사도가 결정된다.

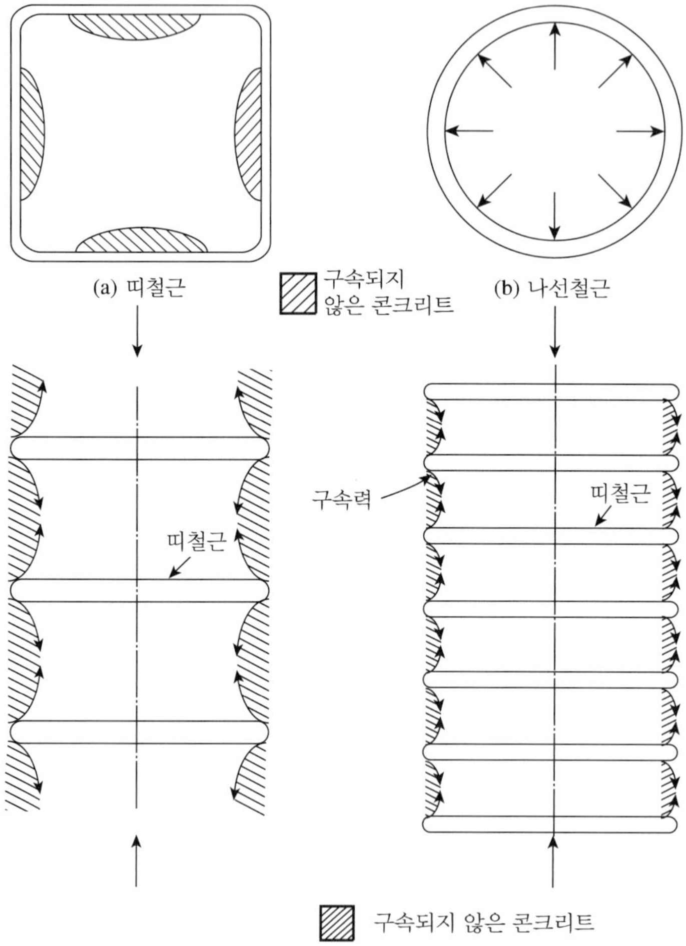


그림 1.8 후프철근 간격에 따른 횡보강 효과

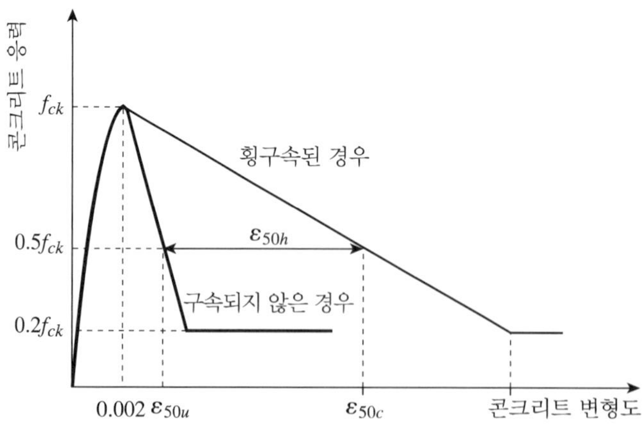


그림 1.9 Kent-Park의 콘크리트 변형도-응력 관계

• 강도증가 영역 : $\varepsilon_c \le 0.002$

$$f_c = f_{ck}\left[\frac{2\varepsilon_c}{0.002} - \left(\frac{\varepsilon_c}{0.002}\right)^2\right] \tag{1.4}$$

• 강도감소 영역 : $\varepsilon_c > 0.002$

$$f_c = f_{ck}\left[1 - Z(\varepsilon_c - 0.002)\right] \ge 0.2 f_{ck} \tag{1.5}$$

여기서, $Z = \dfrac{0.5}{\varepsilon_{50u} + \varepsilon_{50h} - 0.002}$ (1.6)

$$\varepsilon_{50u} = \frac{3 + 0.29 f_{ck}}{145 f_{ck} - 1000} \quad (f_{ck}\text{의 단위는 MPa}) \tag{1.7}$$

$$\varepsilon_{50h} = \frac{3}{4}\rho_s\sqrt{\frac{h''}{s_h}} \tag{1.8}$$

여기서, $\rho_s$ : 횡구속 철근(또는 후프철근)의 외주부에 대한 횡구속 철근의 체적비

$h''$ : 부재의 유효춤

$s_h$ : 횡보강 철근의 수직간격

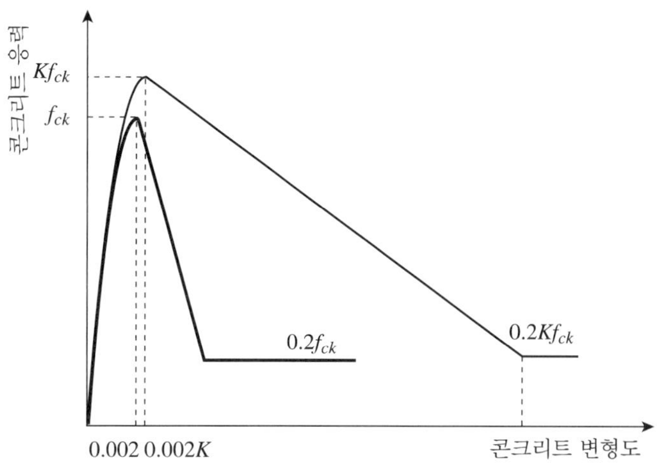


그림 1.10 ➡ Kent-Park의 수정 콘크리트 변형도-응력 관계

그림 1.10은 수정된 Kent-Park 모델로서 횡구속이 증가함에 따라 강도가 $K$배 증가하고, 최대강도의 변형도 역시 $K$배 증가하는 것으로 가정하고 있다. 수정된 제안식은 다음과 같다.

• 강도증가 영역 : $\varepsilon_c \leq 0.002K$

$$f_c = Kf_{ck}\left[\frac{2\varepsilon_c}{0.002K} - \left(\frac{\varepsilon_c}{0.002K}\right)^2\right] \tag{1.9}$$

• 강도감소 영역 : $\varepsilon_c > 0.002K$

$$f_c = Kf_{ck}[1 - Z(\varepsilon_c - 0.002K)] \geq 0.2Kf_{ck} \tag{1.10}$$

여기서, $K = 1 + \dfrac{\rho_s f_{yh}}{f_{ck}}$ (1.11)

$$Z_m = \frac{0.5}{\varepsilon_{50u} + \varepsilon_{50h}} \tag{1.12}$$

## 1.5 건조수축과 크리프

철근콘크리트 부재에 하중이 일정하게 재하된 경우에 초기의 즉각적인 변형 이외에 추가적인 변형이 발생한다. 이러한 변형은 건조수축과 크리프에 기인한다. 하중이 재하되는 동안 크리프와 건조수축에 의한 변형이 발생하며 이 변형의 크기는 초기에 발생하는 탄성변형보다 클 수 있다.

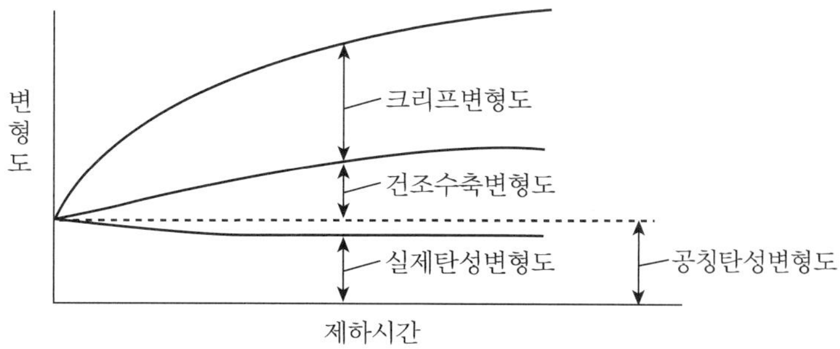


그림 1.11 탄성변형 및 크리프 변형

## (1) 크리프(Creep)

크리프는 부재에 하중이 일정하게 작용하는 동안 변형이 증가하는 현상을 말한다. 그림 1.11에서 초기에 하중이 작용하면 탄성변형이 발생하지만, 하중이 일정하게 유지된 상태에서 시간이 지남에 따라 변형이 증가한다. 그림 1.12와 같이 임의의 시점 $t_1$에서 하중이 제거되면 탄성회복에 의하여 변형이 회복되고 시간에 따라 크리프회복이 발생한다. 크리프의 주요 원인은 다음과 같다.

① 골재 및 경화된 페이스트의 유동
② 시멘트 페이스트의 소성 변형
③ 내부공극의 변화
④ 하중 및 건조에 따른 수분의 방출

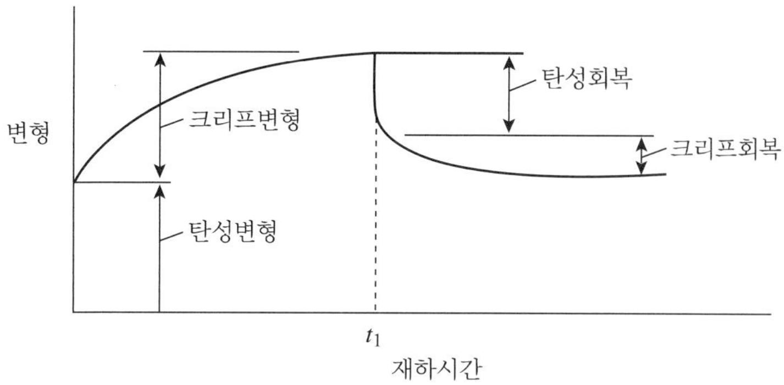


그림 1.12 크리프와 처짐의 회복

### (2) 건조수축

건조수축의 원인은 콘크리트 공극 내의 수분의 증발로 인하여 발생한다. 보통 건조수축에 의한 변형률은 $2\sim6\times10^{-4}$이다. 예를 들어, 길이 100m의 건물은 건조수축에 의하여 $2\times10^{-4}(100\text{m}) = 0.02\text{m} = 20\text{mm}$의 신축이 발생함을 의미한다. 따라서 이러한 건조수축은 콘크리트에 균열을 유발하므로 부재의 길이가 길거나 균열이 발생하기 쉬운 위치에는 줄눈을 시공하여 건조수축 균열을 방지하여야 한다.

## 1.6 철근

철근의 인장강도 실험을 하면 그림 1.13과 같이 나타난다. 그림에서 응력의 단위 $\text{N/mm}^2$은 MPa와 동일하다. $f_y$가 400MPa인 철근의 강도는 200MPa의 것보다 크지만 변형능력은 작으며, 항복마루 구간이 뚜렷하지 않음을 볼 수 있다. KCI에서는 철근, 철선 및 용접철망의 설계기준항복강도 $f_y$가 400MPa를 초과하여 항복마루가 없는 경우, $f_y$값은 변형률 0.0035에 상응하는 응력의 값으로 사용하도록 지정하고 있다.

철근으로 사용되는 강재는 긴장재를 제외한 철근의 설계기준항복강도 $f_y$가 600MPa을 초과하지 않도록 정의하고 있다.

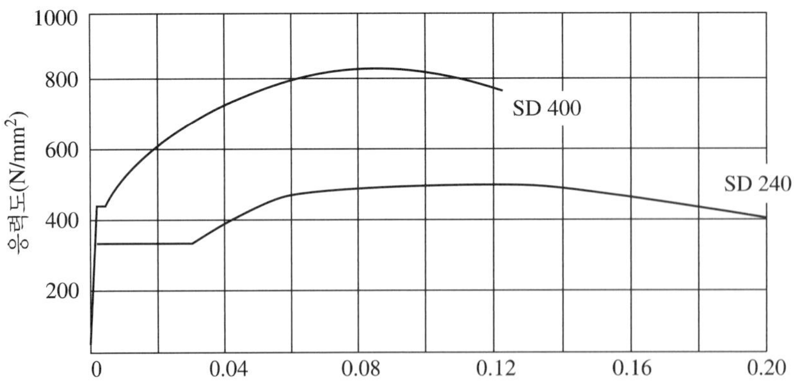


그림 1.13 철근의 응력도-변형도 곡선

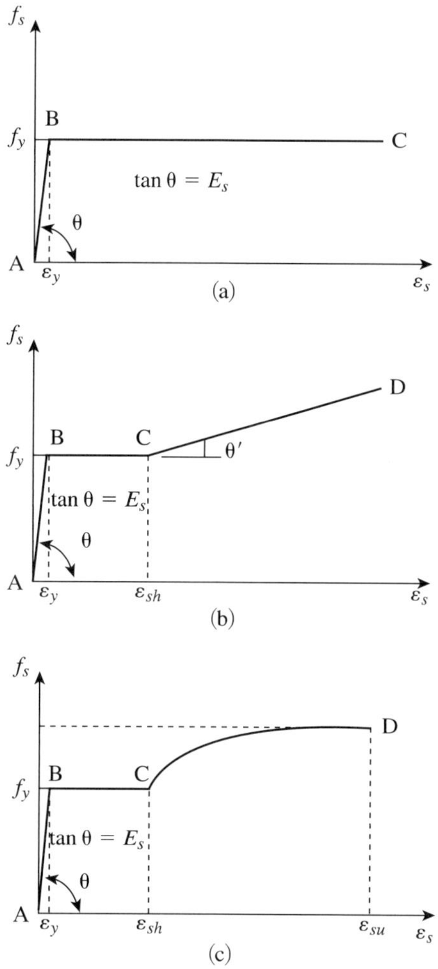


**그림 1.14** 응력도-변형도 곡선의 단순화

콘크리트와 마찬가지로 철근의 변형–응력도 관계곡선을 그림 1.14와 같이 단순한 수식으로 표현할 수 있다. 그림 1.14의 (a)는 이선형화한 모델로서 공학에서 가장 많이 사용되는 모델이다. (b)는 경화현상(hardening)을 포함하여 모델링한 것으로 3개의 직선으로 모델을 구성하고 있다. (c)의 경우는 2개의 직선과 1개의 곡선식을 이용하여 실제에 가까운 모델이다.

## 1.7 안전규정

철근콘크리트 구조물의 설계는 예상되는 최대의 하중에 대하여 구조물의 안전성과 사용성을 확보하는 것이다. 안전성에서는 최대하중에 의하여 구조물이 극한 변형상태에 도달할 수 있도록 설계를 수행한다. 최대하중은 예상되는 하중에 하중계수(load factor)를 곱하여 조합을 만든다.

구조물의 저항능력을 공칭능력이라고 하면, 공칭능력을 100% 발휘하지 못할 경우도 있으므로 강도감소계수($\phi$)를 도입하여 공칭능력의 크기를 축소한다. 즉, 공칭능력에 강도감소계수를 곱한 능력을 부재가 저항할 수 있는 능력으로 간주하여 안전성을 확보한다.

### (1) 하중의 조합

콘크리트학회의 콘크리트설계기준 3장에 따라 철근콘크리트 구조물을 설계할 때는 아래에 제시된 하중계수와 하중조합을 모두 고려하여 해당 구조물에 작용하는 최대 소요강도에 대하여 만족하도록 설계하여야 한다. 다음은 콘크리트설계기준 3장에서 제시하는 하중조합이다.

$$U = 1.4(D + F) \tag{1.13}$$

$$U = 1.2(D + F + T) + 1.6(L + \alpha_H H_v + H_h) + 0.5(L_r \text{ 또는 } S \text{ 또는 } R) \tag{1.14}$$

$$U = 1.2D + 1.6(L_r \text{ 또는 } S \text{ 또는 } R) + (1.0L \text{ 또는 } 0.65W) \tag{1.15}$$

$$U = 1.2D + 1.3W + 1.0L + 0.5(L_r \text{ 또는 } S \text{ 또는 } R) \tag{1.16}$$

$$U = 1.2(D + H_v) + 1.0E + 1.0L + 0.2S + (1.0H_h \text{ 또는 } 0.5H_h) \tag{1.17}$$

$$U = 1.2(D + F + T) + 1.6(L + \alpha_H H_v) + 0.8H_h + 0.5(L_r \text{ 또는 } S \text{ 또는 } R) \tag{1.18}$$

$$U = 0.9(D + H_v) + 1.3W + (1.6H_h \text{ 또는 } 0.8H_h) \tag{1.19}$$

$$U = 0.9(D + H_v) + 1.0E + (1.0H_h \text{ 또는 } 0.5H_h) \tag{1.20}$$

여기서, $D$ : 고정하중 또는 이에 의해서 생기는 단면력

$L$ : 활하중 또는 이에 의해서 생기는 단면력

$L_r$ : 지붕활하중 또는 이에 의해서 생기는 단면력

$E$ : 지진하중 또는 이에 의해서 생기는 단면력

$F$ : 유체의 밀도를 알 수 있고, 저장 유체의 높이를 조절할 수 있는 유체의 중량 및 압력에 의한 하중 또는 이에 의해서 생기는 단면력

$T$ : 온도, 크리프, 건조수축 및 부등침하의 영향 등에 의해서 생기는 단면력

$H_h$ : 흙, 지하수 또는 기타 재료의 횡압력에 의한 수평방향 하중, 또는 이에 의해서 생기는 단면력

$H_v$ : 흙, 지하수 또는 기타 재료의 자중에 의한 연직방향 하중, 또는 이에 의해서 생기는 단면력

$U$ : 계수하중 또는 이에 의해서 생기는 단면에서 저항하여야 할 소요강도

$W$ : 풍하중 또는 이에 의해서 생기는 단면력

**참고**

하중조합에 대한 규정은 하중의 변경, 구조해석할 때의 가정 및 계산의 단순화로 인해 야기될지는 모르는 초과하중의 영향에 대비한 것이며, 하중조합에 따른 영향에 대해서도 고려한 것이다.

이 조항의 규정은 일반 구조물에 대한 규정이므로 특수한 구조물에 대해서는 각 구조물에 대한 별도의 구조설계기준을 따라야 한다. 연직하중이 횡하중과 조합될 때, 연직하중이 큰 편이 구조물을 더 안전하게 하는 경우가 있으므로(탑이나 벽체 및 기둥) 고정하중이 감소될 가능성을 고려하여 식 (1.19)와 식 (1.20)을 적용하여야 한다. 이 조항의 식 및 그 하중계수의 규정을 적용할 때에는 특히 부호에 주의해야 한다. 그 이유는 $D$, $L$, $W$, $E$, $H_h$, $H_v$ 및 $F$의 영향은 서로 상쇄될 수 있으므로 축방향 인장력, 부반력 또는 반대의 휨을 유발할 수 있기 때문이다. 토피의 두께에 따른 연직방향 하중 $H_v$에 대한 계수 $\alpha_H$는, 토피의 두께가 얇은 아파트 지하주차장 등 토피의 두께에 따른 분산정도가 크고 지하철 구조물과 같이 토피의

두께가 큰 구조물에 대해서 분산정도가 작은 것을 고려하기 위한 보정계수로서 $h \leqq 2$m에 대해서는 $\alpha_H=1.0$, $h>2$m에 대해서는 $\alpha_H=1.05-0.025h$이며 0.875보다 작지 않은 값이다. 보정계수 $\alpha_H$를 취함으로써 $H_v$에 대한 적용 하중계수는 토피의 두께가 2m 이하인 경우 1.6, 토피의 두께가 7 m 이상인 경우 1.4이며 토피의 두께가 2m에서 7m 사이인 경우에는 1.6에서 1.4 사이의 값을 직선 보간한 값이 된다. 식 (1.18)은 횡압력을 작게 산정할 때 안전 측인 설계가 되는 경우에 대한 검토를 위하여 제시된 식으로서, 토압의 경우, 연직 방향력보다 수평 방향력의 불확실성이 크기 때문에 이를 고려하기 위한 것이다.

식 (1.13)에서 $H_v$의 영향을 무시하였는데 이는 지중구조물에서 $H_v$가 작용하는 경우 반드시 $H_h$가 작용하므로 $H_h$의 영향을 무시할 수 없으며, $H_h$의 영향을 고려할 경우 식 (1.14)가 지배적인 하중조합이 되므로 지중구조물에 대해서는 식 (1.14)를 적용하도록 하고, 식 (1.13)은 $H_v$가 작용하지 않는 일반 구조물에 대해서 적용하도록 하기 위한 것이다. 여기서 $H_h$의 하중계수가 1.0 또는 0.5로 되어있는 것은 두 경우를 모두 고려함으로써 안전측의 설계가 되도록 하기 위한 것이다. 식 (1.19)에서 $H_h$ 및 $H_v$의 불확실성을 고려하여 하중계수의 값을 수정하였으며, $H_h$의 하중계수가 1.6 또는 0.8로 되어있는 것은 두 경우를 모두 고려함으로써 안전측의 설계가 되도록 하기 위한 것이다.

### (2) 강도감소계수

강도감소계수($\phi$)는 콘크리트설계기준 3장에서 다음과 같이 작용하는 하중에 따라 구분하여 적용한다.

① 인장지배 단면 : 0.85
② 압축지배 단면
  가) 나선철근 규정에 따라 나선철근으로 보강된 철근콘크리트 부재 : 0.70
  나) 그 외의 철근콘크리트 부재 : 0.65
  다) 공칭강도에서 최외단 인장철근의 순인장변형률 $\varepsilon_t$가 압축지배와 인장지배 단면 사이일 경우에는, $\varepsilon_t$가 압축지배 변형률 한계에서 0.005로 증가함에 따라 $\phi$값을 압축지배 단면에 대한 값에서 0.85까지 증가시킨다.
③ 전단력과 비틀림모멘트 : 0.75
④ 콘크리트의 지압력(포스트텐션 정착부나 스트럿-타이 모델은 제외) : 0.65
⑤ 포스트텐션 정착구역 : 0.85

# 02
# 휨부재의 설계

## 2.1 개요

보에 수직하중이 작용하면 휨모멘트와 전단력이 발생하게 된다. 따라서 보 설계는 보에 작용하는 휨모멘트와 전단력에 대한 설계로 구성된다고 할 수 있다. 휨모멘트에 대한 설계는 본 장에서 다루고, 전단력에 대한 설계는 제3장에서 다루기로 한다.

보에 작용하는 수직 집중하중에 의하여 그림 2.1과 같이 부재에 휨 변형이 발생한다. 수직하중이 아래로 작용하면 부재의 아랫면은 중립축보다 길이가 증가하게 되어 인장응력이 발생한다. 반대로 상부면에는 압축응력이 발생하게 된다. 제1장의 재료의 특성에서 언급한 바와 같이 콘크리트는 인장에 취약하므로 철근의 보강이 필요하다. 이러한 원칙에 따라 그림 2.1에서는 인장응력이 발생하는 보의 하단에 철근을 배근하게 된다. 이러한 철근을 보의 주철근 또는 인장철근이라고 한다. 만약, 수직하중이 아래에서 위로 작용한다면 철근은 상부에 배근되어야 한다.

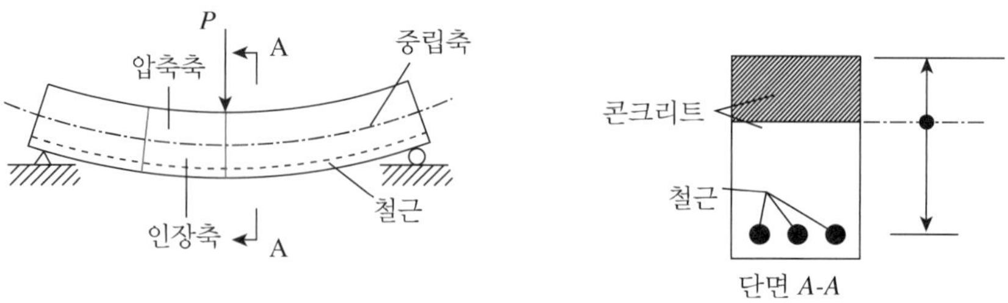


그림 2.1 휨을 받는 부재와 단면

## 2.2 보의 휨강도

### (1) 가정사항

그림 2.1의 단순보의 중앙에 집중하중이 작용하면 부재 중앙에 최대 휨모멘트가 발생하고, 이러한 모멘트에 의해 부재의 하부에 인장응력이 발생한다. 이때 단면 A−A를 보면 중립축의 상부는 압축력이 작용하고 하부에는 인장력이 발생한다. 즉, 보의 외력으로 작용하는 휨모멘트 $M$에 의하여 단면에 압축응력과 인장응력이 발생하게 된다.

보의 공칭휨강도는 보 단면이 받을 수 있는 최대 휨내력으로 일반적으로 $M_n$으로 표시한다. 이러한 공칭휨강도가 발현될 때에 보의 변형과 단면의 변형도에 대하여 다음과 같은 가정을 한다.

① 평면단면은 휨이 발생한 후에도 평면을 유지한다.
② 변형률은 중립축으로부터 비례한다.
③ 콘크리트의 최대변형률 $\varepsilon_u = 0.003$이다.
④ 콘크리트의 인장강도는 무시한다.
⑤ 철근의 탄성계수 $E_s = 2.0 \times 10^5$MPa이다.

## (2) 공칭휨강도의 정의

휨을 받는 보에서 압축 단부의 변형도가 콘크리트의 최대변형도 $\varepsilon_u = 0.003$에 도달할 때의 휨강도를 공칭휨강도라 정의한다.

## (3) 공칭휨강도의 산정

먼저 그림 2.2와 같은 부재의 단면을 가정해보자. 그림 2.2의 보단면에서 보의 춤은 $h$, 보폭은 $b$, 인장을 받는 철근의 총면적을 $A_s$, 압축 단부에서 인장철근까지의 거리를 유효춤 $d$라 하자. 또한 압축단부로부터 중립축까지의 거리를 $c$, (b) 변형도에서 압축을 받는 단부의 최대변형도는 $\varepsilon_u$, 인장철근의 변형도는 $\varepsilon_t$라 하자.

압축을 받는 부분은 그림 2.2 (b)와 같이 중립축에서부터 멀어질수록 변형도가 증가하므로 이에 따른 응력의 형상은 그림 2.2 (c)와 같다. 콘크리트 응력의 최대값은 축하중 시험에 의한 강도가 아니라 휨에 의한 압축응력이므로 압축응력 $f_{ck}$에 상수 $k_3$를 곱한 값을 사용한다. 콘크리트 응력의 형상은 그림과 같이 포물선의 형태이므로 콘크리트 압축면에 작용하는 압축력 $C_c$를 구하기 위해서는 포물선을 적분하여야 한다. 또한 압축력이 작용하는 위치 $k_2c$를 구하는 것도 쉽지 않다.

따라서 동일한 결과를 가져오는 압축응력의 형상을 그림 2.3 (c)와 같이 가정할 수 있다면 손쉽게 압축력을 구할 수 있을 것이다. 이렇게 변환한 압축응력을 '등가압축응력'이라 부른다.

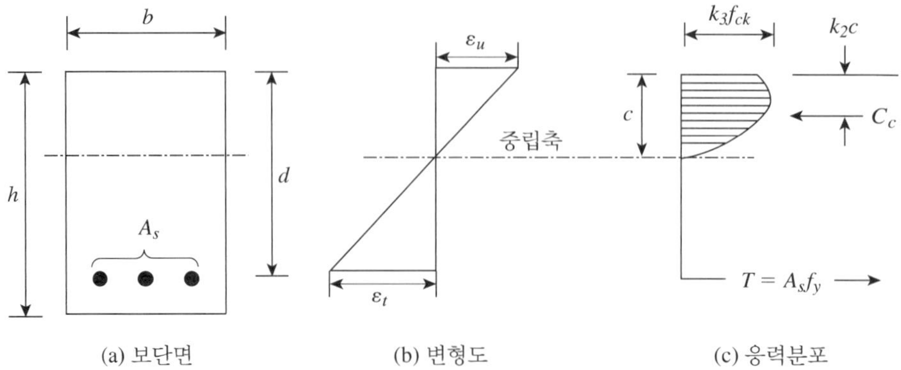


그림 2.2 ➡ 보 단면에 작용하는 변형도와 응력

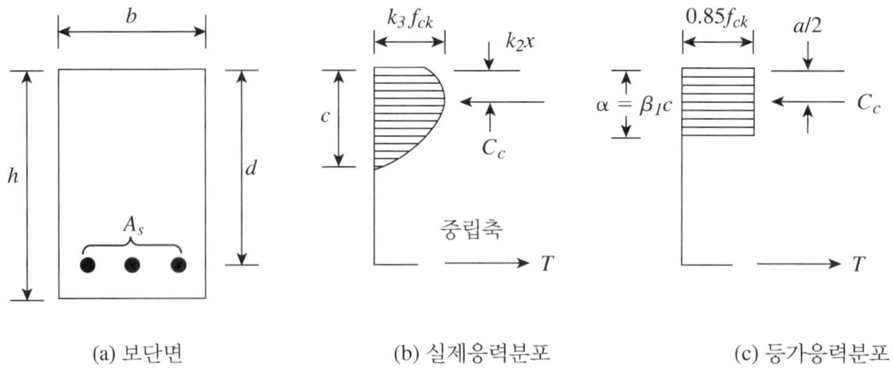


그림 2.3 ➡ 실제응력과 등가응력분포

등가압축응력에서는 콘크리트의 압축응력의 크기를 $0.85f_{ck}$로 일정하다고 가정하고 압축응력블록의 길이를 $a$라 가정한다. $a$는 압축단부에서 중립축까지의 거리 $c$에 $\beta_1$을 곱한 값이다. 콘크리트설계기준에서는 $\beta_1$을 다음과 같이 정의하고 있다.

$$\beta_1 = 0.85 - 0.007(f_{ck} - 28) \geq 0.65 \tag{2.1}$$

즉, 콘크리트 강도가 28MPa 이하인 경우는 0.85로 한다. 콘크리트 강도가 28MPa을 초과할 경우, 초과하는 매 1MPa의 강도에 대하여 $\beta_1$의 값을 0.007씩 감소시킨다. 그러나 그 값은 0.65보다 작지 않게 한다.

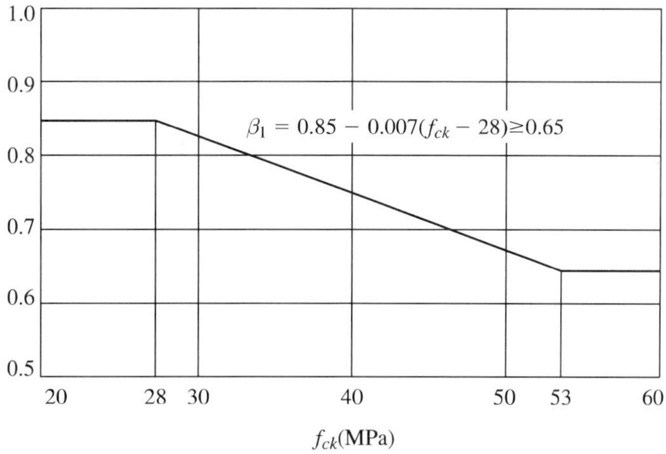


그림 2.4 ➡ 콘크리트 강도에 따른 $\beta_1$의 값

## 2.3 장방형 단근보의 공칭휨강도

앞 절에서 정의한 등가압축응력을 이용하여 부재의 휨강도를 산정하는 방법을 알아보자. 콘크리트의 단면, 변형도와 응력분포를 나타내면 그림 2.5와 같다. 앞에서 언급한 바와 같이 콘크리트의 압축응력의 크기는 $0.85f_{ck}$, 압축응력블록의 길이는 $a$이다.

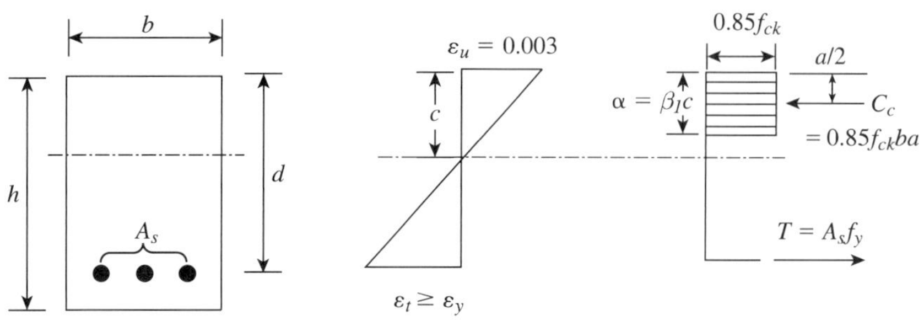


(a) 보단면 (b) 변형도 (c) 등가응력분포

그림 2.5 ➡ 장방형 단근보의 변형도와 응력

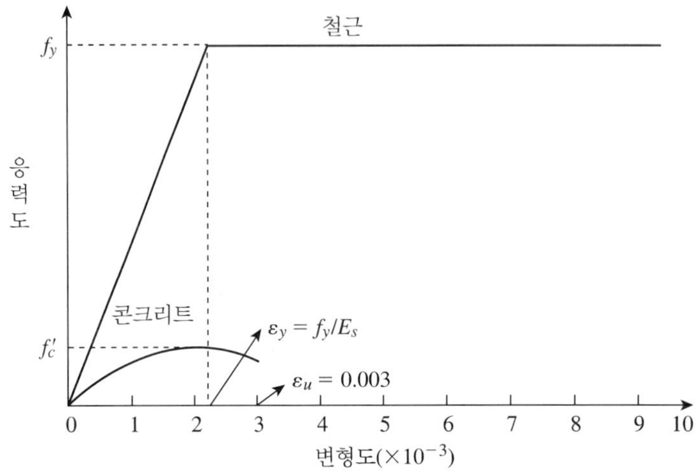


그림 2.6 ➜ 콘크리트와 철근의 응력도-변형도 관계곡선

일반적으로 보의 인장철근에 발생하는 변형도 $\varepsilon_t$는 항복변형도 $\varepsilon_y$를 초과한다. 그림 2.6을 보면 철근과 콘크리트의 응력-변형도 곡선을 비교할 수 있는데 철근의 $\varepsilon_y$는 콘크리트의 최대변형도 $\varepsilon_u$보다 작다. 중립축으로부터 압축단까지의 거리 $c$보다 중립축에서 인장철근까지의 거리가 크다면 인장철근의 $\varepsilon_y$는 콘크리트의 $\varepsilon_u$보다 크게 될 것이다. 즉, 인장철근은 항복하게 된다. 대체로 중립축에서 압축단까지의 거리 $c$보다 중립축에서 인장철근까지 거리가 크므로 인장철근은 항복하게 된다. 따라서 인장철근에 작용하는 응력은 항복응력 $f_y$를 사용한다.

인장철근의 면적 $A_s$에 작용하는 항복응력을 곱한 인장력 $T$를 수식으로 표현하면 식 (2.2)와 같다. 또한 콘크리트 면에 작용하는 압축력 $C_c$는 식 (2.3)과 같다.

$$T = A_s f_y \tag{2.2}$$

$$C_c = 0.85 f_{ck} b a \tag{2.3}$$

힘의 평형조건에 따라 압축력 $C_c$와 인장력 $T$가 같다는 조건을 이용하여 $a$를 구하면 식 (2.4)와 같다.

$$a = \frac{A_s f_y}{0.85 f_{ck} b} \tag{2.4}$$

부재의 공칭휨강도 $M_n$은 단면에 작용하는 하중에 팔길이를 곱하면 된다. 그림 2.5 (c)에서 압축단부에서 콘크리트의 압축력 $C_c$까지의 거리가 $a/2$이므로 팔길이는 $d-a/2$가 된다. 따라서 $M_n$은 식 (2.5)와 같으며 앞의 식 (2.4)를 대입하여 정리하면 식 (2.6)과 같다.

$$M_n = T(d-a/2) \tag{2.5}$$

$$M_n = A_s f_y\left(d - \frac{A_s f_y}{0.85 f_{ck} b}\right) \tag{2.6}$$

## 2.4 장방형 단근보의 설계

### (1) 설계원칙

보의 휨설계를 수행할 때 부재의 공칭휨강도 $M_n$에 강도저감계수 $\phi$를 곱한 값은 계수하중에 의한 $M_u$보다 항상 크거나 같아야 한다. 즉, 수식으로 나타내면 식 (2.7)과 같다.

$$\phi M_n \geq M_u \tag{2.7}$$

여기서 $M_u$는 제1장에서 정의한 바와 같이 작용하중에 하중계수를 곱한 값에 의한 휨모멘트이다. 예를 들어, 고정하중 $D$와 활하중 $L$이 작용하는 보부재의 하중계수에 의한 모멘트를 구하면 식 (2.8)과 같다.

$$M_u = 1.2M_D + 1.6M_L \tag{2.8}$$

여기서, $M_D$ : $D$에 의한 모멘트

$M_L$ : $L$에 의한 모멘트

## (2) 단근보의 균형변형률

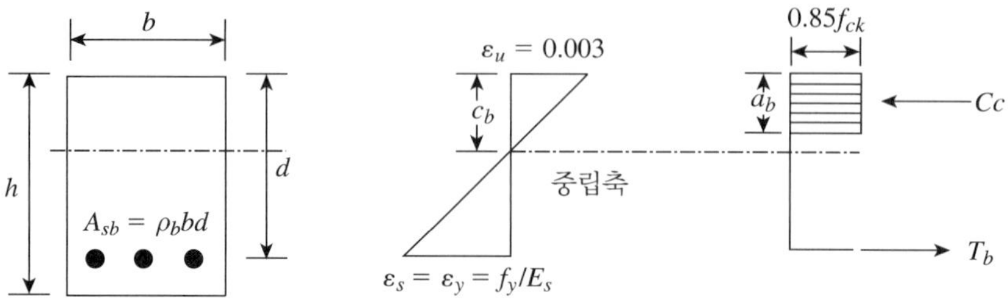


그림 2.7 ➡ 단근보의 평형상태

인장을 받는 철근의 양을 변화시킴에 따라 보 단면의 변형도는 변화될 것이다. 즉, 그림 2.5에서 철근의 면적이 감소하면 $T$가 작아지고 힘의 평형조건에 따라 $a$와 $c$가 줄어든다. 반대로 철근의 면적이 증가하면 $T$가 커지고 힘의 평형조건을 만족시키기 위해 압축력의 크기가 커야 하므로 $a$의 값과 $c$도 증가해야 한다.

철근의 면적이 어떤 양에 도달할 때 콘크리트의 변형률 $\varepsilon_u$가 0.003에 도달함과 동시에 인장철근이 항복변형도 $\varepsilon_y(= f_y/E_s)$에 도달하는 상태를 균형변형률상태(balanced strain condition)라 정의한다. 그림 2.7과 같이 이때의 철근비를 $\rho_b$라 정의하고 중립축의 길이를 $c_b$, 압축응력블록의 길이를 $a_b$라 표시한다.

평형상태를 이루는 철근비 $\rho_b$를 구해 보자. 구하는 순서는 중립축 길이 $c_b$를 구한 후 $a_b$를 구한다. 콘크리트의 압축력이 철근의 인장력과 같다는 조건을 이용하여 $\rho_b$을 구하면 된다. 그림 2.7 (b)의 변형도에서 다음과 같은 비례관계식을 얻을 수 있다.

$$c_b : 0.003 = (d - c_b) : \varepsilon_y$$

$$c_b = \frac{0.003}{0.003 + \varepsilon_y} d \tag{2.9}$$

$$a_b = \beta_1 \frac{0.003}{0.003 + \varepsilon_y} d \tag{2.10}$$

$$C_c = 0.85 f_{ck} b a_b \tag{2.11}$$

$$T_b = \rho_b b d f_y \tag{2.12}$$

식 (2.12)와 식 (2.11)이 같으므로 구하고자 하는 균형철근비는 식 (2.13)과 같다.

$$\rho_b = \frac{0.85 f_{ck}\beta_1}{f_y}\frac{c_b}{d} = \beta_1 \frac{0.85 f_{ck}}{f_y}\frac{0.003}{0.003+\varepsilon_y} \tag{2.13}$$

$\varepsilon_y$는 $f_y/E_s$이고, $E_s = 2\times 10^5$MPa를 대입하면 식 (2.14)와 같이 표현된다.

$$\rho_b = \beta_1 \frac{0.85 f_{ck}}{f_y}\frac{600}{600+f_y} \quad (\text{단, } f_y, f_{ck}\text{는 MPa}) \tag{2.14}$$

균형철근비의 의미를 다시 살펴보면 균형철근비보다 많은 철근을 사용하는 경우에는 철근에 인장이 발생하기 전에 콘크리트의 변형도가 $\varepsilon_u$를 초과한다. 따라서 콘크리트가 압축파괴에 먼저 도달하게 된다. 따라서 콘크리트의 압축파괴에 의하여 구조물에 갑작스런 취성 파괴가 발생할 수 있다. 반대로 철근을 균형철근비보다 작게 넣은 경우에는 콘크리트가 최대변형도에 도달하기 이전에 철근이 먼저 항복하므로 연성(ductile) 거동을 한다.

설계시 모든 구조물은 연성(ductile) 거동을 하도록 설계되어야 한다. 따라서 기존의 기준에서는 안전율을 고려해 균형철근비의 75%를 최대철근비로 사용한다. 즉, $\rho_{\max} = 0.75\rho_b$로써 인장철근의 최대철근비를 제한한다.

## (3) 강도저감계수 $\phi$

앞의 식 (2.7)에서 강도저감계수를 공칭강도에 곱한 값은 계수휨모멘트보다 커야 함을 보였다. 이 강도저감계수는 부재의 내력에 대한 신뢰도와 안전성 등을 반영한다. 즉, '1'에 가까울수록 부재가 가지고 있는 공칭 내력을 100% 발휘하는 것이다. 따라서 부재가 최대변형시에도 안정적으로 공칭 강도를 발휘할 수 있다면 '1'에 가까운 값을 사용할 수 있다.

휨재의 경우 순인장철근의 변형도에 따라 $\phi$를 표 2.1과 같이 정의하고 있다. 단, 순인장변형률 $\varepsilon_t$는 공칭강도에서 최외단 인장철근 또는 긴장재의 인장변형률에서 프리스트레스, 크리프, 건조수축, 온도변화에 의한 변형률을 제외한 인장변형률이다.

**표 2.1** ‖ 순인장변형도와 강도감소계수

| 구분 | 순인장변형도 $\varepsilon_t$ | $\phi$ |
|---|---|---|
| 압축지배단면 | $\varepsilon_t < \varepsilon_y$ | 0.65 |
| 변화구간단면 | $\varepsilon_y \le \varepsilon_t <$ 인장지배변형률* | 0.65~0.85 보간 |
| 인장지배단면 | 인장지배변형률* $\le \varepsilon_t$ | 0.85 |

* 인장지배변형률 한계가 0.0050이고 철근이 400MPa 이상인 경우는 철근 항복변형률의 2.5배

철근 400MPa의 경우 변화구간의 강도저감계수의 값의 산정식은 다음과 같다.

$$\phi = 0.65 + (\varepsilon_t - 0.002) \cdot \frac{200}{3} \tag{2.15}$$

균형상태의 철근비 $\rho_b$와 중립축의 길이비 $c_b/d$는 비례관계임을 식 (2.13)을 통해 알 수 있다. 그리고 $\varepsilon_t$와 $\rho_b$의 관계도 철근의 종류가 결정되면 비례적이다. 예를 들어 $f_{ck}=$ 24MPa, $f_y=$ 400MPa의 경우에 균형철근비 상태의 값들은 다음과 같다.

$$\varepsilon_t = \varepsilon_y = \frac{f_y}{E_s} = \frac{400}{2\times 10^5} = 0.002 \text{이므로 } \phi = 0.65$$

$$c_b/d = \frac{0.003}{0.003+0.002} = 0.6$$

$$\rho_b = 0.85\frac{0.85(24)}{400}0.6 = 0.0306$$

$\varepsilon_t$가 0.005인 경우에 값들은 다음의 식과 같게 된다.

$$\varepsilon_t = 0.005 \text{이므로 } \phi = 0.85$$

$$c/d = \frac{0.003}{0.003+0.005} = 0.375$$

0.375는 0.625$(c_b/d)$이므로 중립축의 깊이는 균형변형률 상태의 중립축길이의 62.5% 이다. 또한 이때의 철근비는 중립축의 깊이의 값과 동일한 62.5%이므로 다음과 같이 계산된다.

$$\rho = 0.625(0.0306) = 0.0191$$

## (4) 최소철근비

철근콘크리트보의 최소철근비는 무근 콘크리트보의 강도보다 크게 되도록 철근량을 선택하여야 한다. 무근 콘크리트의 경우는 휨에 의하여 취성파괴가 발생하므로 철근을 넣는 경우에는 반드시 무근 콘크리트 강도보다 크도록 하여야 한다. 기준에서는 최소 철근비를 다음 두 식 중 큰 값을 선택하도록 정하고 있다.

$$\rho_{\min} = \frac{0.25\sqrt{f_{ck}}}{f_y} \tag{2.16}$$

$$\rho_{\min} = \frac{1.4}{f_y} \tag{2.17}$$

## (5) 철근의 간격과 피복두께

그림 2.8의 철근의 수평 간격 $C$는 다음 중의 최대값을 사용하여야 한다.

① 25mm
② 철근직경
③ 최대골재 크기의 4/3

상단과 하단에 2단 이상으로 배치된 경우, 상하 철근은 동일 연직면 내에 배치되어야 하고 이때 상하 철근의 순간격은 25mm 이상으로 하여야 한다.

피복두께는 콘크리트 표면과 그에 가장 가까이 배치된 철근 표면 사이의 콘크리트 두께로서 그림 2.8의 A에 해당하는 거리이다. 일반적인 보나 기둥의 경우 피복두께는 40mm를 사용한다. 그러나 흙이나 수분과 접촉하는 곳에서의 피복두께는 이보다 두꺼워야 한다. 자세한 사항은 콘크리트구조설계 기준 5.4절을 참조하기 바란다.

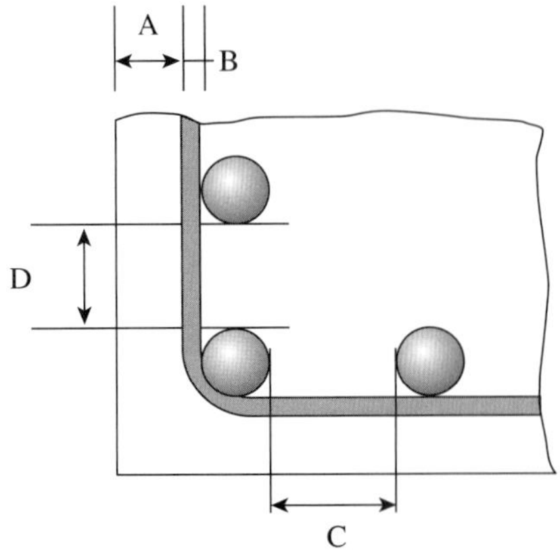


A : 스터럽의 순피복두께
B : 스터럽의 직경
C : 철근의 순간격(2.5cm, 철근직경, 최대골재 크기의 4/3 중 최대값)
D : 철근단의 순간격(2.5cm 이상)

그림 2.8 ➡ 철근의 간격과 피복두께

## (6) 공칭휨강도와 강도저감계수의 산정 절차

설계를 위한 공칭강도와 계수하중의 관계식을 다시 쓰면 다음과 같다.

$$\phi M_n \geq M_u \tag{2.7}$$

따라서 외부하중에 의한 계수 휨모멘트보다 큰 부재 단면의 $\phi M_n$을 설정하면 된다. 즉, $\phi M_n$을 계산하는 것이 바로 설계를 하는 것이라 할 수 있다.

지금까지의 내용을 정리하여 $\phi M_n$을 구하는 절차를 Flow Chart 2.1에 정리하였다.

## Flow Chart 2.1 ❙ 단근보의 공칭휨강도 계산

|  |  |  |
|---|---|---|
| 단계 1 | 재료정수 $f_{ck}$, $f_y$ 입력 | |
| 단계 2 | 단면크기($b \times h$) 입력<br>주근의 직경과 단면적 $D_{MB}$, $A_{MB}$<br>스터럽의 직경 $D_{ST}$ | $t_c$ =피복두께(=40mm) 가정 |
| 단계 3 | 유효춤의 산정<br>$d = h - t_c - D_{ST} - \frac{D_{MB}}{2}$ | |
| ↓ | | |
| 단계 4 | • 설정 : 주철근 개수 $N_{MB}$<br>인장철근면적 $A_s = A_{MB} \cdot N_{MB}$ | $\rho_{\min} = \min\left[\frac{1.4}{f_y}, \frac{0.25\sqrt{f_{ck}}}{f_y}\right]$<br>최소 철근개수 $N_{MB} = \frac{\rho_{\min} \times bd}{A_{MB}}$ |
| ↓ | | |
| 단계 5 | 철근의 인장력 $T = A_s \cdot f_y$ | |
| ↓ | | |
| 단계 6 | 등가응력블럭 길이 $a = \frac{T}{0.85 f_{ck} b}$ | |
| ↓ | | |
| 단계 7 | 순인장변형률 계산<br>$\varepsilon_t = (d - x)/x \cdot 0.003$ | |
| ↓ | | |
| 단계 8 | 강도저감계수 계산<br>$\phi = 0.65 + (\varepsilon_t - 0.002) \cdot \frac{200}{3}$<br>여기서, $0.65 \le \phi \le 0.85$ | |
| 단계 9 | $\phi Mn = \phi T \cdot \left(d - \frac{a}{2}\right)$ | |

### 예제 2.1

Flow Chart 2.1에 따라 인장철근 6-D19인 장방형 단근보의 공칭휨강도를 엑셀을 이용하여 계산해보자. 사용하는 콘크리트의 강도는 24MPa, 철근의 강도는 400MPa이다. 사용하는 주철근은 D19, 스터럽은 D10을 사용한다. 단, 보 단면의 크기는 300×600이고, 피복두께는 4cm이다.

### 풀이

| | A | B | C | D | E | F | G | H | I | J |
|---|---|---|---|---|---|---|---|---|---|---|
| 1 | | | <공칭휨강도> | | | | | | | |
| 2 | 단계 | | | | | | | | | |
| 3 | 1 | 재료정수 | $f_{ck}$= | 24 | Mpa | | | | | |
| 4 | | | $f_y$= | 400 | Mpa | | | [철근 데이터] | | |
| 5 | 2 | 단면크기 | b= | 30 | cm | 단면폭 | | 공칭 | 직경(cm) | 단면적(cm2) |
| 6 | | | h= | 60 | cm | 춤 | | D10 | 0.953 | 0.713 |
| 7 | | 철근 | | 공칭 | 직경(cm) | 단면적(cm$^2$) | | D13 | 1.27 | 1.267 |
| 8 | | | 주근 | D19 | 1.91 | 2.865 | | D16 | 1.59 | 1.986 |
| 9 | | | 스트럽 | D10 | 0.953 | 0.713 | | D19 | 1.91 | 2.865 |
| 10 | | | 피복두께 | 4 | cm | | | D22 | 2.22 | 3.871 |
| 11 | 3 | 유효춤 | d= | 54.1 | | | | D25 | 2.5 | 5.07 |
| 12 | | | $\beta_1$= | 0.85 | | | | | | |
| 13 | 4 | 주근의 개수 선택 | | | | | | | | |
| 14 | | | Nmb= | 6 | | | | | | |
| 15 | | | As= | 17.19 | cm$^2$ | | | | | |
| 16 | 5 | 인장력 계산 | | | | | | | | |
| 17 | | | T= | 687.6 | KN | | | | | |
| 18 | 6 | 압축블록의 길이 | | | | | | | | |
| 19 | | | a= | 11.24 | cm | | | | | |
| 20 | | | c= | 13.22 | cm | | | | | |
| 21 | 7 | 순인장변형율의 계산 | | | | | | | | |
| 22 | | | $\varepsilon_t$= | 0.0093 | | | | | | |
| 23 | 8 | 강도저감계수의 산정 | | | | | | | | |
| 24 | | | $\phi$= | 0.85 | | | | | | |
| 25 | 9 | 공칭휨강도 | | | | | | | | |
| 26 | | | Mn= | 333.3 | KN·m | | | | | |
| 27 | | 따라서 | $\phi$Mn= | 283.3 | KN·m | | | | | |

그림 ⟨예제 2.1⟩_1 공칭휨강도 계산

**참조** 분홍색 셀은 사용자가 텍스트로 입력하는 셀을 나타내며, 하늘색 셀은 엑셀에서 자동 계산하도록 수식을 입력하는 셀이다.

엑셀에서 글자는 보이는 대로 입력하면 된다. 그러나 수식을 계산하는 셀은 반드시 처음에 '+' 또는 '='로 시작하여 수식임을 인식시켜야 한다. 예를 들어, 'E8'셀에 '=VLOOKUP (D8,$H$6:$J$10,2)'를 입력한다.

다음은 각 셀에 들어가는 내용을 나타낸 것이다.

〈엑셀 계산식(셀의 내용)〉

E8 = VLOOKUP(D8,$H$6:$J$10,2)

: D8 셀에 해당하는 철근의 직경을 찾아서 읽음

F8 = VLOOKUP(D8,$H$6:$J$10,3)

: D8 셀에 해당하는 철근의 단면적을 찾아서 읽음

E9 = VLOOKUP(D9,$H$6:$J$10,2)

: D9 셀에 해당하는 철근의 직경을 찾아서 읽음

F9 = VLOOKUP(D9,$H$6:$J$10,3)

: D9 셀에 해당하는 철근의 단면적을 찾아서 읽음

D11 = D6−D10−E9−E8/2

: 단계 3 유효춤을 산정함

D12 = IF(D3〈28,0.85,IF(D3〉53,0.65,0.85−0.007*(D3−28)))

: $\beta_1$ 의 산정(식 2.1과 그림 2.4 참조)

D15 = D14*F8

: 단계 4 철근의 면적을 계산함

D17 = D15*D4/10

: 단계 5 철근의 인장력을 계산함. 단위를 kN으로 변환하기 위해 10으로 나눔

D19 = D15*D4/(0.85*D3*D5)

: 단계 6의 압축응력블록의 길이 $a$를 구함

D20 = D19/D12

: 중립축 길이 $c$를 계산함

D22 = (D11−D20)/D20*0.003

: 단계 7 순인장변형률을 계산함

D24 = IF(D22〉0.005,0.85,IF(D22〈0.002,0.65+(D22−0.002)*200/3))

: 단계 8 강도저감계수를 산정함

D26 = D17*(D11−D19/2)/100

: 단계 9 공칭휨강도를 계산함

D28 = D26*D24

: 공칭휨강도에 강도저감계수를 곱하여 최대 내력을 산정함

### 예제 2.2

앞의 〈예제 2.1〉의 결과를 이용하여 철근 개수의 변화에 따른 공칭 휨 모멘트의 변화를 도시해보자.

### 풀이

4단계까지의 내용은 앞의 <예제 2.1>과 동일하므로 참고하기 바란다.

| | A | B | C | D | E | F | G | H | I | J |
|---|---|---|---|---|---|---|---|---|---|---|
| 13 | 4 | 주근의 개수 선택 | | | | | | | | |
| 14 | | Nmb= | As(cm²) | T(KN) | a(cm) | Mn(KN-m) | x(cm) | et | Φ | ΦMn(kn-m) |
| 15 | | 2 | 5.73 | 229.20 | 3.75 | 119.7 | 4.41 | 0.0338 | 0.85 | 101.7 |
| 16 | | 3 | 8.60 | 343.80 | 5.62 | 176.3 | 6.61 | 0.0216 | 0.85 | 149.9 |
| 17 | | 4 | 11.46 | 458.40 | 7.49 | 230.8 | 8.81 | 0.0154 | 0.85 | 196.2 |
| 18 | | 5 | 14.33 | 573.00 | 9.36 | 283.1 | 11.01 | 0.0117 | 0.85 | 240.7 |
| 19 | | 6 | 17.19 | 687.60 | 11.24 | 333.3 | 13.22 | 0.0093 | 0.85 | 283.3 |
| 20 | | 7 | 20.06 | 802.20 | 13.11 | 381.4 | 15.42 | 0.0075 | 0.85 | 324.1 |
| 21 | | 8 | 22.92 | 916.80 | 14.98 | 427.2 | 17.62 | 0.0062 | 0.85 | 363.2 |
| 22 | | 9 | 25.79 | 1031.40 | 16.85 | 471.0 | 19.83 | 0.0052 | 0.85 | 400.3 |
| 23 | | 10 | 28.65 | 1146.00 | 18.73 | 512.6 | 22.03 | 0.0044 | 0.81 | 414.0 |
| 24 | | 11 | 31.52 | 1260.60 | 20.60 | 552.1 | 24.23 | 0.0037 | 0.76 | 421.3 |

그림 ➡ 〈예제 2.2〉_1 철근개수-공칭휨강도 최종 결과

철근의 변화를 고려하기 위하여 B15:B24까지 철근 개수 2개부터 11개까지 입력한다. C열부터 J열까지는 철근의 개수에 따른 계산식으로 단계 5부터 단계 9까지의 내용이다. 각 셀의 수식은 다음과 같다.

〈엑셀 계산식(셀의 내용)〉

C15 = B15*$F$8

: 철근의 면적

D15 = C15*$D$4/10

: 철근에 작용하는 인장력

E15 = D15/(0.85*$D$3/10*$D$5)

: 콘크리트 압축응력 블럭의 길이

F15 = D15*($D$11−E15/2)/100

: 공칭휨강도

G15 = E15/$D$12

: 중립축까지의 거리

H15 = ($D$11−G15)/G15*0.003

: 콘크리트 압축단의 최대 변형도

I15 = IF(H15>0.005,0.85,0.65+(H15−0.002)*200/3)

: 변형도에 따른 $\phi$의 산정

J15 = I15*F15

: 허용 최대 휨모멘트

이상과 같이 입력한 후의 모습은 그림 <예제 2.2>_2와 같다.

| | A | B | C | D | E | F | G | H | I | J |
|---|---|---|---|---|---|---|---|---|---|---|
| 13 | 4 | 주근의 개수 선택 | | | | | | | | |
| 14 | | Nmb= | As(cm²) | T(KN) | a(cm) | Mn(KN-m) | x(cm) | et | Φ | ΦMn(kn-m) |
| 15 | | 2 | 5.73 | 229.20 | 3.75 | 119.7 | 4.41 | 0.0338 | 0.85 | 101.7 |
| 16 | | 3 | | | | | | | | |
| 17 | | 4 | | | | | | | | |
| 18 | | 5 | | | | | | | | |
| 19 | | 6 | | | | | | | | |
| 20 | | 7 | | | | | | | | |
| 21 | | 8 | | | | | | | | |
| 22 | | 9 | | | | | | | | |
| 23 | | 10 | | | | | | | | |
| 24 | | 11 | | | | | | | | |

**그림 ➡** 〈예제 2.2〉_2 C15:J15까지 입력하고 드래그 다운하기 전의 모습

이제 24행까지 복사하여 프로그램을 완성하자. C15:J15번 셀을 선택한 후 드래그 다운(drag down)하면 그림 <예제 2.2>_1과 같은 모습이 나타나 완성된다.
철근의 개수와 허용 휨모멘트의 차트를 그리기 위하여 데이터 영역을 선택한다. 마우스로 B15:B24를 먼저 선택한 후에 Ctrl 키를 누른 상태에서 J15:J24를 선택하면 그림 <예제 2.2>_3과 같이 된다.

| | A | B | C | D | E | F | G | H | I | J |
|---|---|---|---|---|---|---|---|---|---|---|
| 13 | 4 | 주근의 개수 선택 | | | | | | | | |
| 14 | | Nmb= | As(cm²) | T(KN) | a(cm) | Mn(KN-m) | x(cm) | et | Φ | ΦMn(kn-m) |
| 15 | | 2 | 5.73 | 229.20 | 3.75 | 119.7 | 4.41 | 0.0338 | 0.85 | 101.7 |
| 16 | | 3 | 8.60 | 343.80 | 5.62 | 176.3 | 6.61 | 0.0216 | 0.85 | 149.9 |
| 17 | | 4 | 11.46 | 458.40 | 7.49 | 230.8 | 8.81 | 0.0154 | 0.85 | 196.2 |
| 18 | | 5 | 14.33 | 573.00 | 9.36 | 283.1 | 11.01 | 0.0117 | 0.85 | 240.7 |
| 19 | | 6 | 17.19 | 687.60 | 11.24 | 333.3 | 13.22 | 0.0093 | 0.85 | 283.3 |
| 20 | | 7 | 20.06 | 802.20 | 13.11 | 381.4 | 15.42 | 0.0075 | 0.85 | 324.1 |
| 21 | | 8 | 22.92 | 916.80 | 14.98 | 427.2 | 17.62 | 0.0062 | 0.85 | 363.2 |
| 22 | | 9 | 25.79 | 1031.40 | 16.85 | 471.0 | 19.83 | 0.0052 | 0.85 | 400.3 |
| 23 | | 10 | 28.65 | 1146.00 | 18.73 | 512.6 | 22.03 | 0.0044 | 0.81 | 414.0 |
| 24 | | 11 | 31.52 | 1260.60 | 20.60 | 552.1 | 24.23 | 0.0037 | 0.76 | 421.3 |

**그림 ➡** 〈예제 2.2〉_3

이 상태에서 차트 마법사를 선택하면 그림 <예제 2.2>_4와 같은 화면이 나타난다. 이 때 분산형의 점이 있는 직선연결선을 선택하고 '확인'을 선택한다. 그러면 그림 <예제 2.2>_5와 같은 차트가 생성된다.

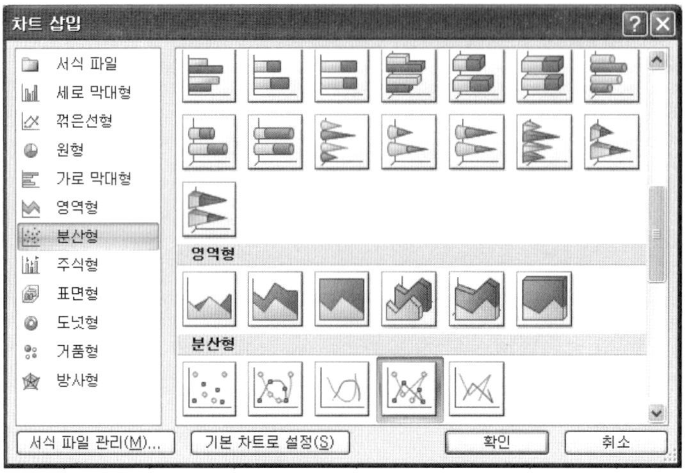


그림 ➡ 〈예제 2.2〉_4

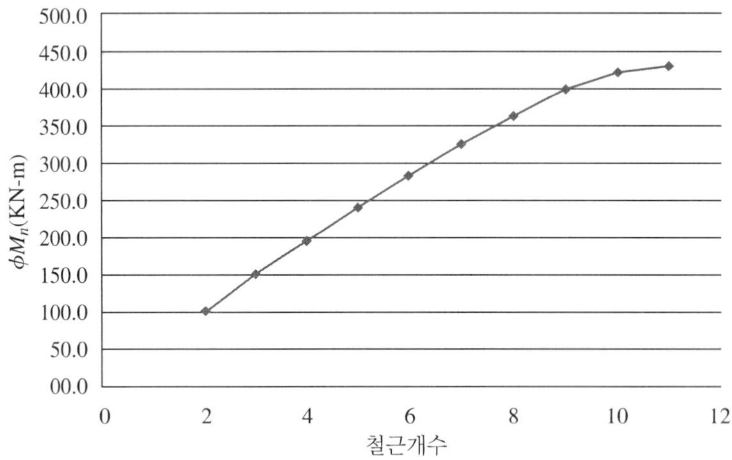


그림 ➡ 〈예제 2.2〉_5

생성된 차트의 가로축과 세로축, 차트 이름, 눈금선에 대한 간격 등을 설정하기 위하여 차트를 선택한 후 상단의 메인 메뉴의 '레이아웃'을 선택한다(그림 <예제 2.2>_6 참조).

그림 ➡ 〈예제 2.2〉_6

그림 <예제 2.2>_5에서 보듯이 철근의 개수에 따라 휨모멘트는 증가하지만 선형적인 비례관계가 아님을 볼 수 있다. 그 이유는 철근 단면적의 증가에 따라 $\phi$의 값이 감소하기 때문이다.

최종적으로 파일이름을 '휨설계.xls'라 하고 시트(sheet)의 이름을 두 번 클릭하여 그림 <예제 2.2>_7과 같이 화면의 하부에 '예제 2.2'라 하여 입력하고 저장한다.

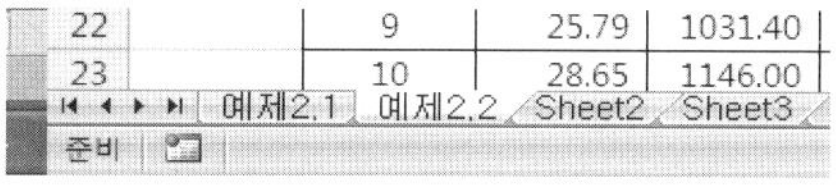


그림 ➡ 〈예제 2.2〉_7

**예제 2.3**

사용하는 철근의 강도가 240MPa과 400MPa인 경우의 공칭휨강도 비교곡선을 그려라. 단, 보의 단면의 크기는 300×600이며 사용 주철근은 D19, 스터럽은 D10, 피복두께는 4cm, 콘크리트의 강도는 27MPa이다.

**풀이**

앞의 예제 2.2의 결과를 이용하기 위하여 엑셀 하단의 예제 2.2의 시트를 복사하여 사용하자.

이제 시트를 복사하기로 하자. 시트 '예제 2.2'를 선택한 후 마우스 우측버튼을 클릭하면 그림 <예제 2.3>_1과 같은 메뉴가 나오고, 이때 '복사본 만들기'를 체크한 후 확인을 선택한다. 그러면 '예제 2.2(2)라는 복사본이 만들어진다.

이제 이름을 '예제 2.3'으로 바꾸고 문제를 풀어보자. $f_{ck}$의 값에 27, $f_y$의 값에 240을 대입하고 주근에 D19, 스터럽에 D10을 대입한다. 그러면 공칭강도가 자동으로 연산된다. 이 결과를 앞의 <예제 2.2>에서와 같이 철근개수와 휨강도의 차트로 그리면 그림 <예제 2.3>_2와 같다.

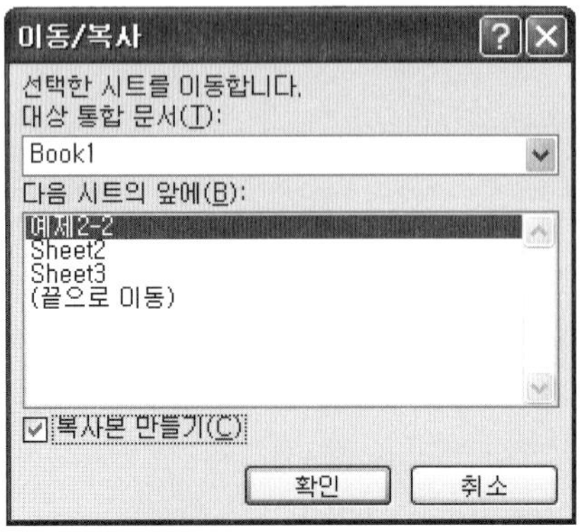


그림 ➡ 〈예제 2.3〉_1

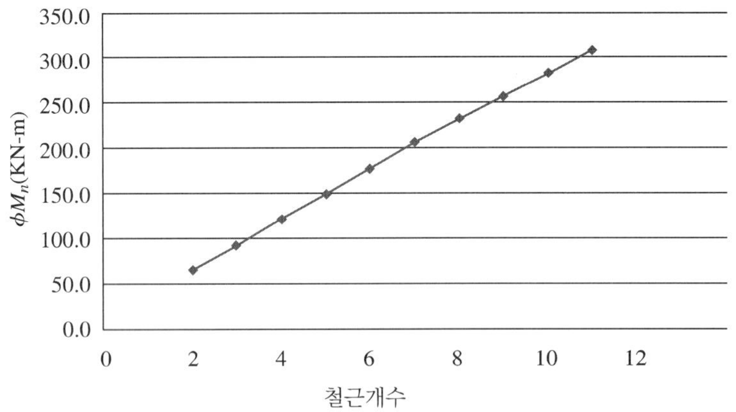


그림 ➡ 〈예제 2.3〉_2

<예제 2.2>의 결과인 그림 <예제 2.2>_5와 그림 <예제 2.3>_2를 같이 도시해보자. 그렇게 하기 위하여 그림 <예제 2.2>_5를 선택하여 복사(Ctrl-C)하고 그림 <예제 2.2>_2를 선택하여 붙여넣기(Ctrl-V)를 수행하면 그림 <예제 2.3>_3과 같은 차트가 된다. 차트를 선택한 후에 레이아웃에서 범례를 선택하여 두 가지 경우를 구분한다. 그림 <예제 2.3>_3에서 보듯이 철근의 강도가 240MPa에서 400MPa로 변화함에 따라 휨강도가 크게 증가하나, 철근의 개수가 증가함에 따라 증가비율은 감소하는데 이는 철근의 강도가 큰 경우에 $\phi$의 값이 빨리 작아지기 때문이다.

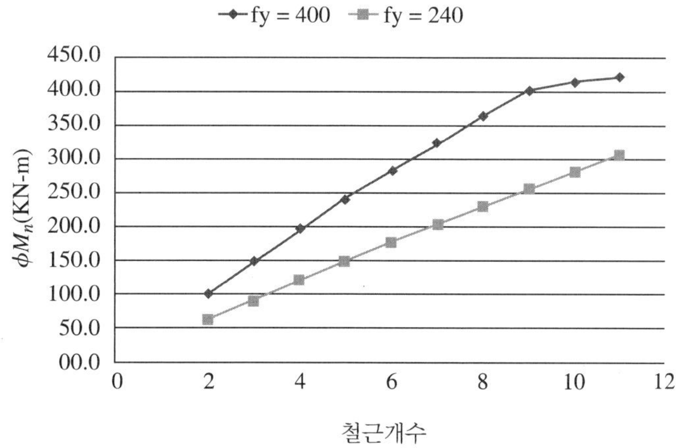


그림 〈예제 2.3〉_3

**문제 2.1** 사용하는 콘크리트의 강도가 24MPa에서 30MPa로 변경된 경우의 비교곡선을 그려라. 단, 보의 단면의 크기는 300×600이며 사용 주철근은 D22, 스터럽은 D13, 피복두께는 4cm, 철근의 강도는 400MPa이다.

## 2.5 장방형 복근보의 해석과 설계

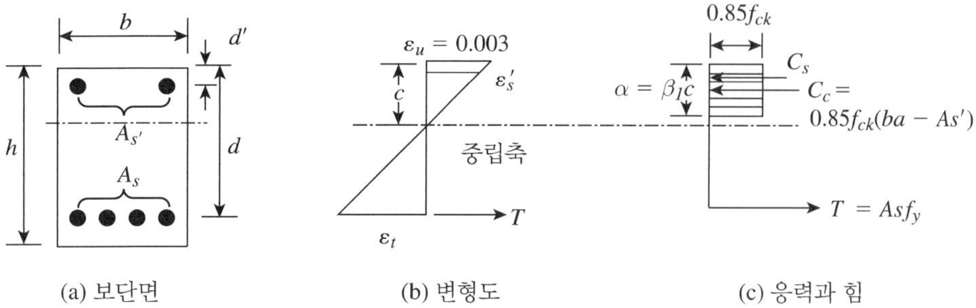


그림 2.9 장방형 복근보의 변형도와 응력

## (1) 힘의 평형조건

앞 절에서 다룬 장방형 단근보를 확장하여 장방형 복근보를 다뤄보기로 하자. 복근보는 압축부에 압축철근이 추가된 것을 제외하고는 단근보와 동일하다. 따라서 압축철근에 대한 추가적인 내용을 이해한다면 복근의 경우 공칭휨강도를 쉽게 산정할 수 있다.

먼저 압축철근의 면적을 $A_s'$, 압축철근의 변형도를 $\varepsilon_s'$, 압축단부에서 압축철근까지의 거리를 $d'$이라 하자. 그림 2.9에 장방형 복근보의 단면, 변형도와 응력과 힘을 나타내었다. 압축력은 콘크리트에 작용하는 것과 철근에 작용하는 두 가지가 있으므로 이를 구분하여 $C_c$와 $C_s$로 구분하였다. 그림에서 나머지 기호는 단근의 경우와 동일하다.

콘크리트에 작용하는 압축력 $C_c$는 압축 철근의 면적을 제외한 면적에 콘크리트의 응력을 곱하면 된다. 콘크리트에 작용하는 압축응력의 크기는 $0.85f_{ck}$이므로 다음 수식과 같이 표현된다.

$$C_c = 0.85 f_{ck}(ba - A_s') \tag{2.18}$$

다음으로 압축철근에 작용하는 압축력 $C_s$를 계산해 보자. 압축철근은 경우에 따라 항복할 수도 있고 항복하지 않을 수도 있다. 각각의 경우에 대하여 살펴보면 다음과 같다.

1) 압축철근이 항복하는 경우

$$C_s = A_s' f_y \tag{2.19}$$

2) 압축철근이 항복하지 않는 경우

$$C_s = A_s'(E_s \varepsilon_s') \tag{2.20}$$

여기서, 압축 철근의 변형도는 비례관계에 의하여

$$\frac{c}{c-d'} = \frac{\varepsilon_u}{\varepsilon_s'} \tag{2.21a}$$

$$\varepsilon_s' = \frac{c-d'}{c}\varepsilon_u \tag{2.21b}$$

이 경우 단면의 압축력과 인장력의 힘의 평형조건이 만족되어야 하므로

$$C_c + C_s = T \tag{2.22}$$

여기서 단근의 경우와 동일하게 $T = A_s f_y$이다.

## (2) 공칭휨강도

공칭휨강도는 작용하중에 팔길이를 곱해야 하므로 각각의 압축력 $C_s$, $C_c$에 해당하는 팔길이를 곱하여 구한다.

$$M_n = C_c\left(d - \frac{a}{2}\right) + C_s(d - d') \tag{2.23}$$

압축응력이 항복하는 경우 식 (2.18)과 식 (2.19), $a = \beta_1 c$를 식 (2.22)에 대입하면 $c$에 대한 1차 방정식이 나오게 된다. 이를 풀어 $c$를 구하고 $M_n$을 구할 수 있다.

압축응력이 항복하지 않는 경우 식 (2.18)과 식 (2.20), $a = \beta_1 c$를 식 (2.22)에 대입하면 $c$에 대한 2차 방정식이 나오게 된다. 이를 풀어 $c$를 구하고 $M_n$을 구할 수 있다.

## (3) 엑셀을 이용한 장방형 복근보의 공칭휨강도

매번 방정식을 푸는 번거로움을 피하기 위해 엑셀을 이용하여 복근보의 공칭휨강도를 구하는 방법을 알아보기로 하자. Flow Chart 2.2에 계산과정을 정리하였다.

단계 1, 2는 앞의 단근보의 경우와 동일한 재료정수, 단면크기의 입력데이터이다. 단계 3은 유효춤 산정이고, 단계 4는 임의의 압축철근 개수를 선택하여 압축철근량 $A_s'$의 계산이고, 단계 5는 임의의 인장철근 개수를 선택하여 인장철근량 $A_s$를 계산하는 것이다.

단계 6에서는 중립축의 길이 $c$를 가정한다. 이에 따라서 단계 7에서 단면에 작용하는 힘을 계산한다. 압축철근의 변형률 $\varepsilon_s'$를 계산하고, $\varepsilon_y$와 비교하여 압축응력을 계산하여 압축력 $C_s$를 계산한다. 또한 $C_c$와 $T$도 계산한다.

단계 8은 평형조건을 만족하는지 검토하는 것이다. 만약, 단면력의 합계 $\Sigma Force = C_c + C_s - T$의 값이 '0'이 아니라면 가정한 $c$ 값이 잘못된 것이다. $\Sigma Force$가 양의 값이면 압축력이 큰 상황이므로 중심축 길이 $c$를 줄여서 압축력을 감소시키고, 음의 값이라면 $c$를 증가시켜야 한다. 이를 반복하여 $\Sigma Force$의 절대값이 허용치보다 작을 때까지 단계 6~8을 반복한다. 일반적으로 허용치는 '0'에 가까운 수이나 사용하는 단위에 따라 사용자가 선정하면 된다.

단계 8에서 수렴이 되면 단계 9로 넘어가서 최종적으로 휨모멘트와 내력을 계산한다.

Flow Chart 2.1 ❙ 복근보의 공칭휨강도 계산

| | |
|---|---|
| 단계 1 | 재료정수 $f_{ck}$, $f_y$ 입력 |
| 단계 2 | 단면크기($b \times h$) 입력<br>주근의 직경과 단면적 $D_{MB}$, $A_{MB}$<br>스터럽의 직경 $D_{ST}$ |
| 단계 3 | 유효춤의 산정<br>$d = h - t_c - D_{ST} - \dfrac{D_{MB}}{2}$ |
| 단계 4 | 압축철근개수 $N_c$ 가정 → $A_s{}'$ |
| 단계 5 | 인장철근 개수 $N_t$ 선택 → $A_s$ |
| 단계 6 | 중립축길이 $c$의 가정 |
| 단계 7 | 압축과 인장력의 계산<br>$\varepsilon_s{}' = \dfrac{c-d'}{c} \cdot 0.003$<br>$C_s = \begin{cases} A_s{}' f_y & \text{for } \varepsilon_s{}' \geq \varepsilon_y \\ A_s{}'(E_s \varepsilon_s{}') & \text{for } \varepsilon_s{}' < \varepsilon_y \end{cases}$<br>$C_c = 0.85 f_{ck}(ba - A_s{}')$<br>$T = A_s \cdot f_y$ |
| 단계 8 | 평형조건의 검토<br>$\Sigma Force = C_c + C_s - T \leq$ 허용치 |
| 단계 9 | 최종결과의 출력<br>$\varepsilon_t = \dfrac{d-c}{c} \times 0.003$<br>$\phi$ : 표 2.1에 따라 산정. 식 (2.15) 참조<br>$\phi Mn = \phi\left[C_c\left(d - \dfrac{a}{2}\right) + C_s(d-d')\right]$ |

단계 8 → NO → 단계 6:

$\Sigma Force \geq 0$, $c$를 감소

$\Sigma Force < 0$, $c$를 증가

### 예제 2.4

Flow Chart 2.2에 따라 압축철근 3-D19, 인장철근 6-D19인 장방형 복근보의 공칭휨강도를 엑셀을 이용하여 계산해보자. 그리고 장방형 복근보의 허용 휨강도의 관계곡선을 그려보자. 콘크리트의 강도는 24MPa, 철근의 강도는 400MPa이다. 사용하는 스터럽은 D10을 사용한다. 단, 보 단면의 크기는 300×600이고 피복두께는 4cm이다.

### 풀이

단계 3까지는 예제 2.2와 동일하므로 앞의 결과를 그대로 복사하여 사용하면 된다. 단계 4에 압축철근의 개수와 단면적을 산정한다. 각 셀에 들어가는 수식은 다음과 같다.

| | A | B | C | D | E | F | G | H | I | J | K | L | M | N | O |
|---|---|---|---|---|---|---|---|---|---|---|---|---|---|---|---|
| 1 | | | | <공칭휨강도의 계산> | | | | | | | | | | | |
| 2 | | | | | | | | | | | | | | | |
| 3 | 1 | 입력 | fck= | 24 | Mpa | | | | | | | | | | |
| 4 | | | fy= | 400 | Mpa | | | | | | | | | | |
| 5 | 2 | 단면 | b= | 30 | cm | | | | | | | | | | |
| 6 | | | h= | 60 | cm | | | | | | [철근 데이터] | | | | |
| 7 | | | | 공칭 | 직경(cm) | 단면적(cm²) | | | 단면폭 | 공칭 | 직경(cm) | 단면적( cm²) | | | |
| 8 | | | 주근 | D19 | 1.91 | 2.865 | | | 춤 | D10 | 0.953 | 0.713 | | | |
| 9 | | | 스트럽 | D10 | 0.953 | 0.713 | | | | D13 | 1.27 | 1.267 | | | |
| 10 | | | 피복두께 | 4 | cm | | | | | D16 | 1.59 | 1.986 | | | |
| 11 | 3 | 유효춤 | d= | 54.092 | cm | d`= | 5.908 | cm | | D19 | 1.91 | 2.865 | | | |
| 12 | 4 | 최대 철근비의 계산 | | | | | | | | D22 | 2.22 | 3.871 | | | |
| 13 | | | β1= | 0.878 | | | | | | | | | | | |
| 14 | | | As'= | 8.595 | cm² | 압축철근의개수= | 3 | | | | | | | | |
| 15 | | | εy= | 0.002 | | | | | | del= | 0.001 | | | | |
| 16 | | As(cm²) | x(cm) | a(cm) | εs' | fs'(Mpa) | Cs(kN) | Cc(kN) | T(kN) | Sum | x' | Mn(kN-m) | et | Φ | ΦMn(kN-m) |
| 17 | 2 | 5.73 | 5.43 | 4.77 | -0.00026 | -52.46 | -45.09 | 274.40 | 229.20 | 0.11 | 5.43 | 120.16 | 0.0269 | 0.850 | 102.14 |
| 18 | 3 | 8.60 | 6.23 | 5.47 | 0.00015 | 30.92 | 26.58 | 317.17 | 343.80 | -0.05 | 6.23 | 175.70 | 0.0231 | 0.850 | 149.34 |
| 19 | 4 | 11.46 | 7.17 | 6.30 | 0.00053 | 105.61 | 90.77 | 367.74 | 458.40 | 0.11 | 7.17 | 231.08 | 0.0196 | 0.850 | 196.42 |
| 20 | 5 | 14.33 | 8.26 | 7.25 | 0.00085 | 170.74 | 146.75 | 426.20 | 573.00 | -0.05 | 8.26 | 285.80 | 0.0167 | 0.850 | 242.93 |
| 21 | 6 | 17.19 | 9.50 | 8.34 | 0.00113 | 226.71 | 194.85 | 492.72 | 687.60 | -0.03 | 9.50 | 339.87 | 0.0141 | 0.850 | 288.89 |
| 22 | 7 | 20.06 | 10.87 | 9.55 | 0.00137 | 274.01 | 235.51 | 566.77 | 802.20 | 0.08 | 10.87 | 393.00 | 0.0119 | 0.850 | 334.05 |
| 23 | 8 | 22.92 | 12.37 | 10.86 | 0.00157 | 313.51 | 269.46 | 647.31 | 916.80 | -0.03 | 12.37 | 444.82 | 0.0101 | 0.850 | 378.10 |
| 24 | 9 | 25.79 | 13.98 | 12.27 | 0.00173 | 346.44 | 297.76 | 733.66 | 1031.40 | 0.03 | 13.98 | 495.30 | 0.0086 | 0.850 | 421.01 |
| 25 | 10 | 28.65 | 15.67 | 13.76 | 0.00187 | 373.83 | 321.30 | 824.63 | 1146.00 | -0.06 | 15.67 | 544.14 | 0.0074 | 0.850 | 462.52 |
| 26 | 11 | 31.52 | 17.44 | 15.31 | 0.00198 | 396.75 | 341.01 | 919.63 | 1260.60 | 0.04 | 17.44 | 591.35 | 0.0063 | 0.850 | 502.65 |

그림 ➡ 〈예제 2.4〉_1 장방형 복근보의 공칭휨강도 계산

D11 = D6–D10–E9–E8/2

: 유효춤의 산정

G11 = D10+E9+E8/2

: 압축단부에서 압축철근 중심까지 거리

D13 = IF($D$3>=53,0.65,IF(D3<28,0.85,0.85–0.007*($D$3–28)))

: $\beta_1$의 산정

D14 = G14*F9

: $A_s{}'$의 계산 A17:A26에서 인장철근 개수를 2~11개로 설정함

B17 = A17*$F$8

: 인장철근의 면적

C17 = K17

: 처음에는 보 춤의 절반보다 작은 수치를 대입하여 프로그램의 계산이 정상적으로 작동되고 있나 확인한 후에, 프로그램이 완성되어 자동연산을 시작할 때 '=K17'로 바꾸어 자동 반복계산 되도록 한다.

D17 = C17*$D$13

: 등가블록길이 $a$의 계산

E17 = (C17-$G$11)/C17*0.003

: 압축철근의 변형도

F17 = IF(E17>=$D$15,$D$4,E17*200000)

: 압축철근의 응력

G17 = F17*$D$14/10

: 압축철근의 단면력, MPa단위를 kN단위로 바꾸기 위해 10으로 나눔

H17 = 0.85*$D$3*($D$5*D17-$D$14)/10

: 압축콘크리트의 단면력 산정

I17 = B17*$D$4/10

: 인장철근의 단면력

J17 = G17+H17-I17

: 단면에 작용하는 힘의 합

K15 = 1.0

: 중립축의 위치를 이동하는 값으로 처음에는 큰 양의 수(예 : 10.0)를 넣고, J17의 힘의 합을 '0'에 가깝게 하기 위하여서는 작은 수(예 : 0.01)를 대입한다.

K17 = IF(J17>0,C17-$K$15,C17+$K$15)

: 단면의 합력이 '0'보다 크면 K17에서 K15의 값을 빼고, 작으면 K15의 값을 더한다. K17셀의 수식입력 후 옵션에 가서 반복계산(해설1) 값을 입력하고, K15셀의 del값을 수정해가며 Sum이 0에 근접하여 수렴하도록 한다.

L17 = (G17*($D$11-$G$11)+H17*($D$11-D17/2))/100

: 공칭휨모멘트의 계산

M17 = ($D$11-C17)/C17*0.003

: 인장철근의 변형도 산정

N17 = IF(M17>0.005,0.85,IF(M17<0.002,0.65,0.65+(M17-0.002)*200/3)

: 강도저감계수의 산정

O17 = N17*L17

: $\phi M_n$의 산정

K17셀을 입력 후 그림 <예제 2.4>_2와 같이 B17~K17셀까지 선택하고 B26~K26까지 드래그 다운한다. 그러면 결과가 <예제 2.4>_1과 같이 나타난다.

| | A | B | C | D | E | F | G | H | I | J | K | L | M | N | O |
|---|---|---|---|---|---|---|---|---|---|---|---|---|---|---|---|
| 16 | | As(㎠) | x(㎝) | a(㎝) | $\varepsilon_s'$ | fs'(Mpa) | Cs(kN) | Cc(kN) | T(kN) | Sum | x' | Mn(kN-m) | et | Φ | ΦMn(kN-m) |
| 17 | 2 | 5.73 | 5.43 | 4.77 | -0.00026 | -52.46 | -45.09 | 274.40 | 229.20 | 0.11 | 5.43 | 120.16 | 0.0269 | 0.850 | 102.14 |
| 18 | 3 | | | | | | | | | | | | | | |
| 19 | 4 | | | | | | | | | | | | | | |
| 20 | 5 | | | | | | | | | | | | | | |
| 21 | 6 | | | | | | | | | | | | | | |
| 22 | 7 | | | | | | | | | | | | | | |
| 23 | 8 | | | | | | | | | | | | | | |
| 24 | 9 | | | | | | | | | | | | | | |
| 25 | 10 | | | | | | | | | | | | | | |
| 26 | 11 | | | | | | | | | | | | | | |

**그림** ⟨예제 2.4⟩_2

그 후 J열의 단면의 합 Sum값을 '0'에 근접하게 하기 위해 K15셀의 del값을 작은 값(예 : 0.001)으로 수정해가며 Sum값이 수렴할 수 있도록 한다.

**해설** '반복계산'

엑셀에서 반복계산을 할 경우에 반복계산 옵션을 사용한다. 본 수식 K17은 C17을 사용하고, C17은 K17을 사용한다. 따라서 논리적으로 순환되는 경우이다. 이러한 경우에 반복되는 회수를 지정하여 계산을 수행할 수 있다. 지정하는 방법은 엑셀 옵션으로 가서 '수식' → '계산옵션'을 선택한 후 '반복계산 사용'을 체크하고 '반복회수' 및 '변화한도값'을 설정한다.

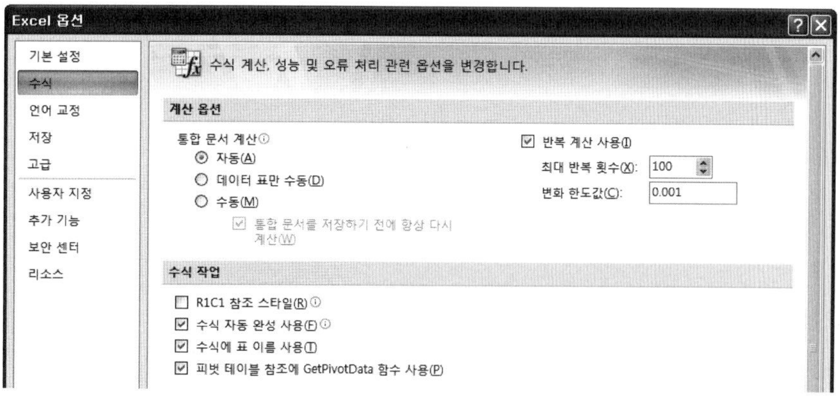


다음으로 곡선을 작성하여 보자. 그림 <예제 2.4>_3과 같이 A17:A26의 값을 선택한 후에 Ctrl 키를 누른 상태에서 O17:O26을 마우스로 선택한다. 선택 후에 삽입의 분산형 그래프를 선택하면 그림 <예제 2.4>_4와 같은 차트가 나타난다. 단, 가로축과 세로축의 값과 눈금선 등을 수정하기 위해서는 차트를 선택한 후에 상단 주메뉴의 레이아웃에서 필요한 항목들을 선택하여 수정한다.

| | A | B | C | D | E | F | G | H | I | J | K | L | M | N | O |
|---|---|---|---|---|---|---|---|---|---|---|---|---|---|---|---|
| 16 | | As(㎠) | x(㎝) | a(㎝) | εs' | fs'(Mpa) | Cs(kN) | Cc(kN) | T(kN) | Sum | x' | Mn(kN-m) | et | Φ | ΦMn(kN-m) |
| 17 | 2 | 5.73 | 5.44 | 4.78 | -0.00026 | -51.38 | -44.16 | 274.88 | 229.20 | 1.52 | 5.43 | 120.85 | 0.0268 | 0.850 | 102.72 |
| 18 | 3 | 8.60 | 6.22 | 5.46 | 0.00015 | 30.28 | 26.03 | 316.80 | 343.80 | -0.98 | 6.23 | 175.25 | 0.0231 | 0.850 | 148.96 |
| 19 | 4 | 11.46 | 7.16 | 6.29 | 0.00053 | 105.05 | 90.29 | 367.31 | 458.40 | -0.80 | 7.17 | 230.64 | 0.0197 | 0.850 | 196.05 |
| 20 | 5 | 14.33 | 8.26 | 7.25 | 0.00085 | 170.95 | 146.93 | 426.41 | 573.00 | 0.35 | 8.25 | 285.99 | 0.0166 | 0.850 | 243.09 |
| 21 | 6 | 17.19 | 9.50 | 8.34 | 0.00113 | 226.94 | 195.06 | 493.04 | 687.60 | 0.50 | 9.49 | 340.12 | 0.0141 | 0.850 | 289.10 |
| 22 | 7 | 20.06 | 10.88 | 9.55 | 0.00137 | 274.25 | 235.72 | 567.20 | 802.20 | 0.71 | 10.87 | 393.29 | 0.0119 | 0.850 | 334.30 |
| 23 | 8 | 22.92 | 12.38 | 10.87 | 0.00157 | 313.71 | 269.64 | 647.80 | 916.80 | 0.63 | 12.37 | 445.12 | 0.0101 | 0.850 | 378.35 |
| 24 | 9 | 25.79 | 13.98 | 12.28 | 0.00173 | 346.47 | 297.79 | 733.77 | 1031.40 | 0.16 | 13.97 | 495.36 | 0.0086 | 0.850 | 421.06 |
| 25 | 10 | 28.65 | 15.68 | 13.77 | 0.00187 | 373.96 | 321.42 | 825.12 | 1146.00 | 0.53 | 15.67 | 544.39 | 0.0073 | 0.850 | 462.73 |
| 26 | 11 | 31.52 | 17.44 | 15.31 | 0.00198 | 396.77 | 341.02 | 919.69 | 1260.60 | 0.11 | 17.43 | 591.37 | 0.0063 | 0.850 | 502.67 |

그림 ➡ 〈예제 2.4〉_3

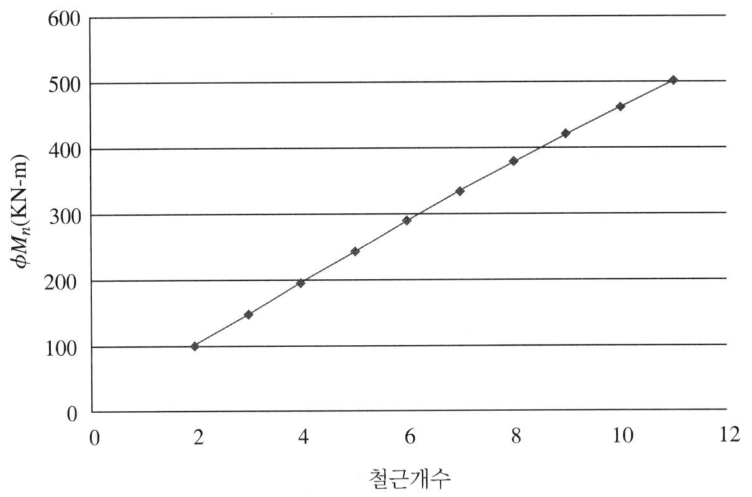


그림 ➡ 〈예제 2.4〉_4 철근개수와 휨내력의 관계도

### 예제 2.5

예제 2.2 단근보의 결과와 예제 2.5 복근보의 결과를 함께 그래프로 나타내보자.

### 풀이

<예제 2.3>과 같이 2개의 그림을 하나로 나타내고자 한다. 그렇게 하기 위하여 그림 <예제 2.4>_4를 선택하여 복사(Ctrl-C)하고 그림 <예제 2.2>_5를 선택하여 붙여넣기(Ctrl-V)를 수행하면 그림 <예제 2.5>_1과 같은 차트가 된다. 차트를 선택한 후에 레이아웃에서 범례를 선택하여 두 가지 경우를 구분한다.

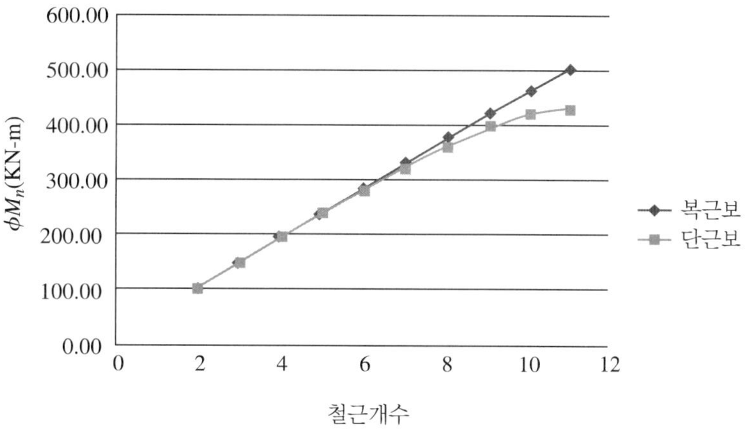


그림 ➡ 〈예제 2.5〉_1

철근의 개수가 6개 이하에서는 거의 동일한 휨내력을 보여 준다. 그러나 복근보의 경우 단근보의 경우보다 철근이 증가할수록 휨내력이 크게 나타났다. 이는 압축철근에 의해 중립축까지의 거리 $x$가 감소하여 모멘트팔길이가 증가하였기 때문이다.

# 03
# 전단 설계

3.1 개요

3.2 전단응력과 사인장력

3.3 전단력의 전달

3.4 전단스팬과 전단파괴

3.5 전단강도

3.6 전단설계의 요구사항

## 3.1 개요

구조물의 전단파괴는 취성파괴이므로 전단파괴가 발생하지 않도록 하여야 한다. 철근콘크리트의 휨 설계에서는 콘크리트의 압축파괴에 의하여 취성거동을 방지하여야 했다. 이에 따른 강도저감계수가 $\phi$가 0.65~0.85이었다. 전단의 취성파괴는 강도저감계수 $\phi$= 0.75를 사용한다.

전단에 저항하는 능력은 콘크리트와 전단철근에 의한 것으로 구성된다고 볼 수 있다. 콘크리트에 전단 균열이 발생한 후에는 전단 철근이 저항력을 발휘한다고 볼 수 있다. 앞의 2장에서 휨에 의한 내력식은 이론적 근거에 따라 유도하였으나 전단내력식은 실험값에 근거하여 철근과 콘크리트의 내력의 합으로 표시된다.

## 3.2 전단응력과 사인장력

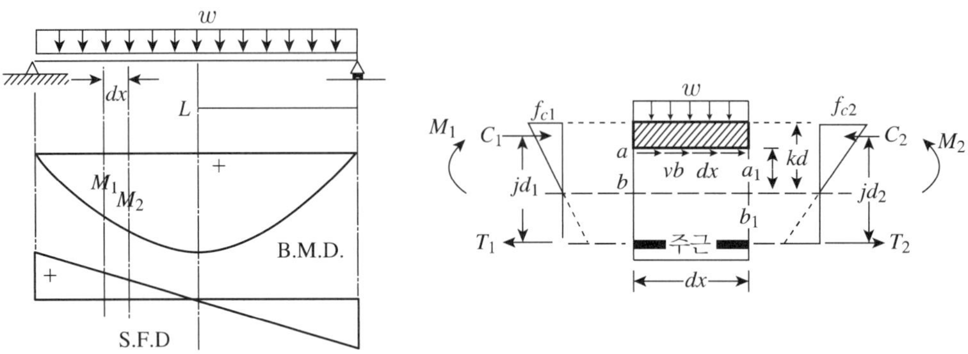


(a) 휨모멘트와 전단력도　　(b) 전단응력의 분석

그림 3.1 ➡ 단순지지보의 모멘트, 전단력도와 전단응력

단순보에 등분포하중이 작용하는 보에 있어서 휨모멘트와 전단력은 그림 3.1 (a)와 같다. 이때 작용하는 휨응력에 의한 전단응력의 발생은 그림 3.1 (b)와 같다. 따라서 전단응력과 휨응력의 조합에 의하여 사인장력이 발생한다. 예를 들어, 그림 3.2에서 보의 중심선에 위치한 요소 1은 전단응력만 작용하나, 중심선보다 낮은 위치 2에서는 전단응력과

휨응력이 동시에 작용하게 된다. 각 위치에서 동일한 주응력을 이은 등응력도선은 그림 3.2 (f)와 같이 나타난다. 압축등응력선과 인장등응력선은 중심선에 대하여 대칭으로 나타나고 인장등응력선과 압축등응력선은 직교한다. 그림 3.3에서 보듯이 보에 발생하는 균열의 방향은 압축등응력선과 동일하게 나타난다. 즉, 인장등응력에 직각방향으로 균열이 발생한다.

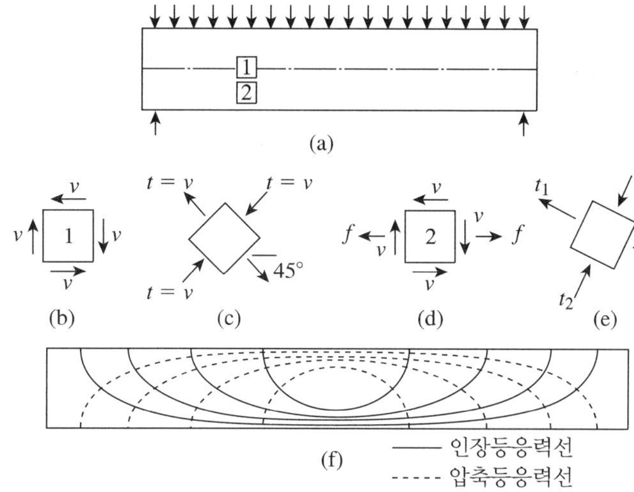


그림 3.2 부재위치에 따른 전단응력과 휨응력의 조합

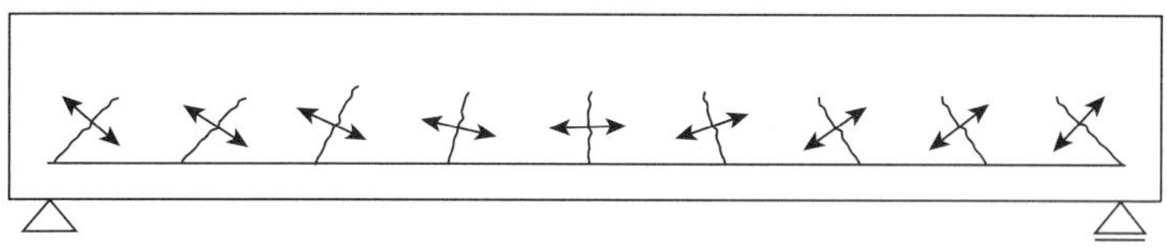

그림 3.3 단순지지보의 위치에 따른 균열의 방향

## 3.3 전단력의 전달

보의 전단력은 콘크리트에 의한 것과 철근에 의한 것으로 구분되며 균열이 발생한 후에 골재간의 맞물림에 의하여 전단력이 전달되기도 한다. 그림 3.4와 같이 사인장 균열이 발생한 경우의 전단력을 전단하는 요소는 다음과 같다.

① 균열이 발생하지 않은 콘크리트의 전단저항
② 골재의 맞물림 힘 : 균열의 접선방향으로 발생하여 균열 양쪽 면에서 골재의 불규칙적인 맞물림으로 생기는 마찰력
③ 다우얼 작용 : 주근의 수직방향에 대한 저항
④ 전단보강근의 작용
⑤ 깊은 보의 경우에 발생하는 아치작용

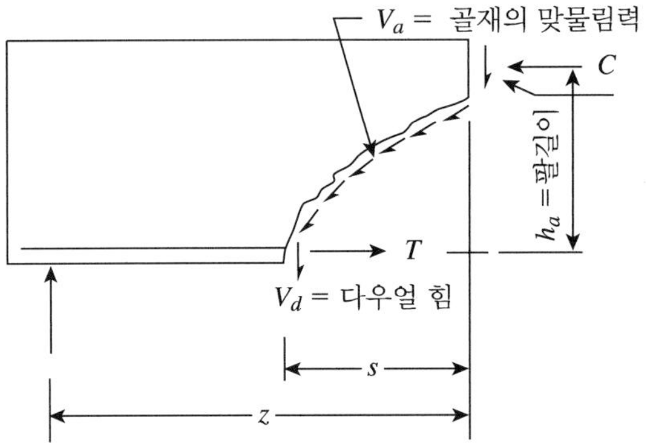


그림 3.4 균열이 발생한 후 전단력의 전달

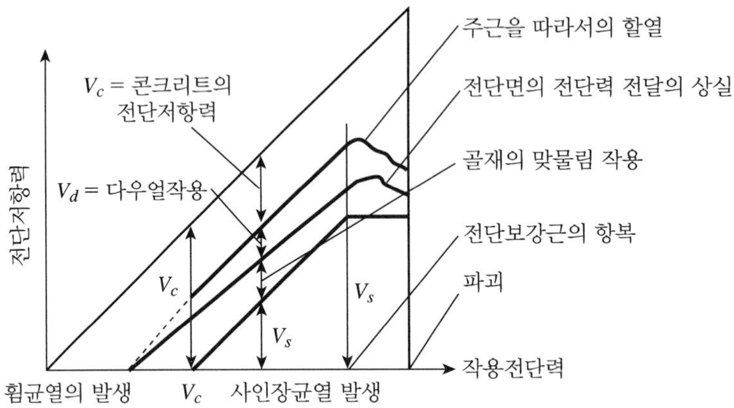


그림 3.5 전단보강된 보의 내부 전단력의 분배

그림 3.5는 전단력의 크기가 증가함에 따라 전달되는 비율을 도식적으로 나타낸 것이다. 사인장 균열이 발생하기 전에는 콘크리트가 전체 전단력을 전달하나 균열이 발생하면서 다우얼과 골재의 맞물림 작용이 시작한다. 전단력이 더욱 크게 되어 전단철근이 항복하면 접촉면을 통한 전단력의 전달 비율이 골재의 맞물림에 의한 것보다 증가한다.

## 3.4 전단스팬과 전단파괴

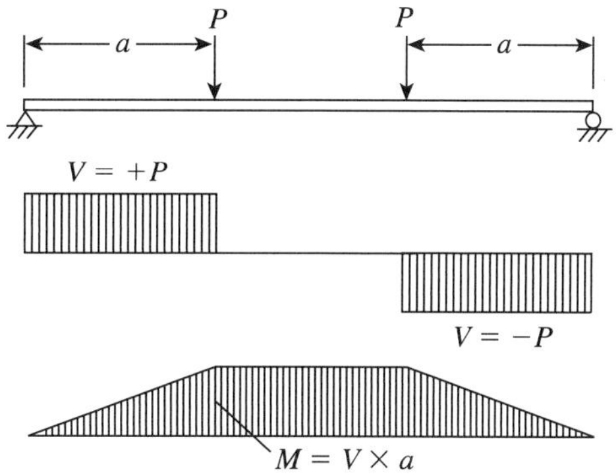


그림 3.6 ➡ 집중하중과 전단길이에 의한 전단 파괴

그림 3.6에서 $a$를 전단스팬이라 할 때, 보의 단면에 작용하는 전단응력 $v$와 휨응력 $f$는 다음과 같다.

$$a = M/V \tag{a}$$

$$v = K_1 \frac{V}{bd} \tag{b}$$

$$f = K_2 \frac{M}{bd^2} \tag{c}$$

$$\frac{f}{v} = \frac{K_2 M}{K_1 Vd} = K_3 \frac{M}{Vd} \tag{d}$$

식 (a)를 식 (d)에 입력하면 식 (3.1)이 된다.

$$\frac{f}{v} = K_3 \frac{a}{d} \tag{3.1}$$

따라서 $a/d$의 값은 보의 전단 거동을 나타내는 중요한 요소가 된다. $a/d$의 값에 따라 4개의 범위로 구분하면 다음과 같다.

① $a/d \ \leq 1$ : 깊은 보

② 1 < $a/d$ ≤ 2.5 : 짧은 보로서 전단강도가 사인장 균열강도보다 크므로 전단압축 또는 전단인장(사인장)에 의한 파괴가 발생한다.

③ 2.5 < $a/d$ ≤ 6 : 보통 보의 형태로서 전단강도와 사인장 균열강도가 거의 비슷하므로 사인장 균열에 의한 파괴가 주로 발생한다.

④ $a/d$ > 6 : 긴 보로서 휨강도가 전단강도보다 작으므로 휨에 의한 파괴가 발생한다.

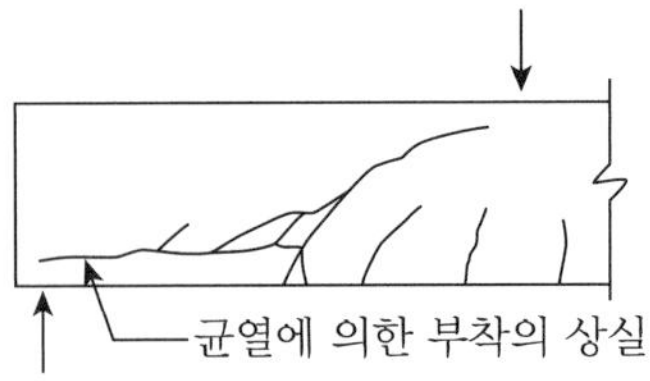


(a) 전단-인장 파괴

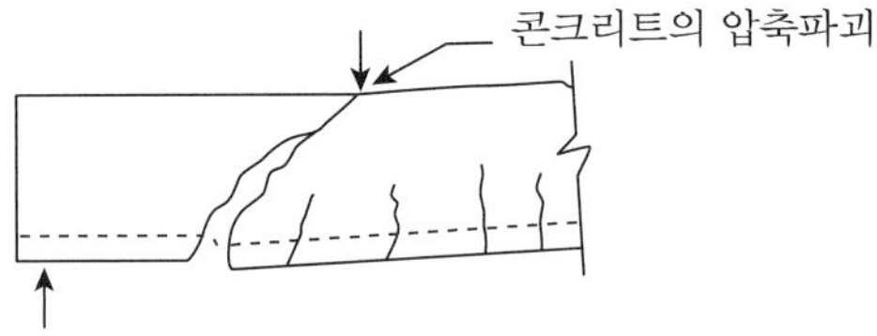


(b) 전단-압축 파괴

그림 3.7 ➔ 전단인장과 전단압축 파괴의 형상

## 3.5 전단강도

### (1) 콘크리트의 전단강도

전단력과 휨모멘트만을 받는 부재의 경우 전단강도는 식 (3.2)에 의해 계산할 수 있다.

$$V_c = \frac{1}{6}\lambda\sqrt{f_{ck}}\,b_w d \tag{3.2}$$

전단력과 휨모멘트가 큰 부위에서는 휨전단균열이 발생하며, 이때의 공칭전단강도는 다음과 같다.

$$V_c = \left(0.16\lambda\sqrt{f_{ck}} + 17.6\rho_w\frac{V_u d}{M_u}\right)b_w d \tag{3.3}$$

단, $V_c$의 값은 $0.29\lambda\sqrt{f_{ck}}b_w d$를 초과할 수 없으며 식 (3.3)에서 $V_u d/M_u$의 값을 1.0 이하로 취하여야 한다. 여기서 $M_u$는 전단을 검토하는 단면에서 $V_u$와 동시에 발생하는 계수휨모멘트이다.

여기서, $\lambda$ : 보통콘크리트의 경우 1.0

$\rho_w$ : 철근비 = $A_w/b_w d$

$b_w$ : 복부의 폭

$M_u$, $V_u$ : 단면에서 발생하는 최대 계수모멘트와 계수전단력

현저히 큰 축방향 인장력을 받는 부재의 경우 식 (3.4)에 의해 계산할 수 있다.

$$V_c = \frac{1}{6}\left(1 + \frac{N_u}{3.5A_g}\right)\lambda\sqrt{f_{ck}}b_w d \tag{3.4}$$

여기서, $N_u$는 인장력일 경우 음(−)이며, $N_u/A_g$의 단위는 N/mm$^2$이다.

## (2) 철근의 전단강도

철근을 이용한 전단보강근의 종류는 다음과 같다.

① 주근과 직각인 스터럽
② 주근과 45° 이상의 각도를 이루는 스터럽
③ 30° 이상으로 구부린 주근
④ 위의 ①과 ② 또는 ③의 조합

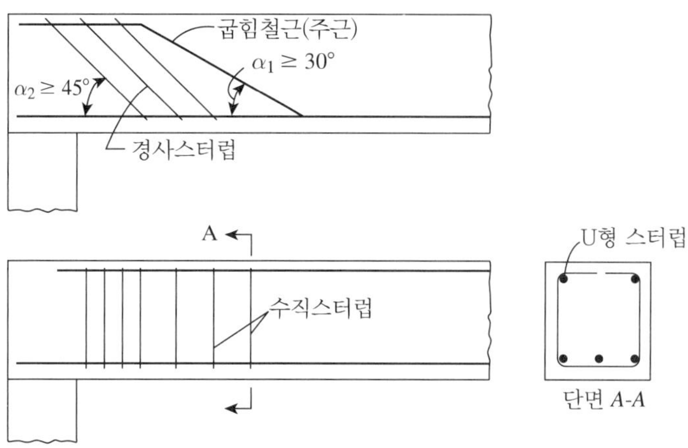


그림 3.8 ➡ 전단보강근의 종류

## (3) 공칭전단강도

콘크리트보의 공칭전단강도는 콘크리트의 강도 $V_c$와 철근의 강도 $V_s$의 합으로서 다음 식과 같이 표현된다.

$$V_n = V_c + V_s \tag{3.5}$$

$V_c$는 식 (3.2)~(3.4)에서 적절한 것을 선택하며, $V_s$는 그림 3.8에서 전단력에 저항하는 철근의 내력으로 계산된다. 그림 3.8에서 균열의 방향이 45°라고 가정하고 스터럽 배근의 경사각이 $\alpha$, 배근 간격을 $s$, 균열에 유효한 철근의 개수를 $N$, 부재의 유효춤을 $d$라고 하자. 그러면 그림 3.8에서 전단보강근이 배근된 길이 $N_S$는 다음과 같이 계산된다.

$$N_S = d(\cot 45^\circ + \cot\alpha) = d\frac{\sin\alpha + \cos\alpha}{\sin\alpha} \tag{3.6}$$

전단보강근 스터럽은 균열이 발생함에 따라 항복이 발생한다고 가정하고 스터럽의 항복값을 $f_{vy}$, 거리 $s$ 내에서 전단에 참여하는 전단보강근의 단면적을 $A_v$라 하면, 1개의 전단보강근의 수직방향 분력은 $A_v f_{yt} \sin\alpha$ 이다. 따라서 식 (3.6)의 결과를 이용하여 $N$개의 전단보강근의 전단내력은 다음과 같이 표현된다.

$$V_s = \frac{A_v f_{vy} d(\sin\alpha + \cos\alpha)}{s} \tag{3.7}$$

$\alpha = 90°$일 때

$$V_s = \frac{A_v f_{vy} d}{s} \tag{3.8}$$

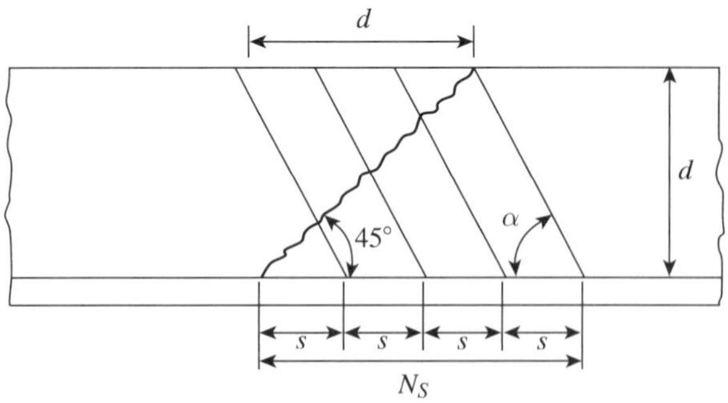


그림 3.9 ➡ 전단보강근의 개념도

## 3.6 전단설계의 요구사항

**1) 전단에 대한 위험단면**

받침부로부터 $d$만큼 떨어진 곳

**2) 전단보강근의 제한**

① 전단 최소철근

$$A_{v,\min} = 0.0625\sqrt{f_{ck}}\frac{b_w s}{f_{yt}} \tag{3.9}$$

그러나 최소 전단철근량은 $0.035 b_w s / f_{yt}$보다 작지 않아야 한다.

여기서, $b_w$와 $s$의 단위는 mm이다.

② 최대 강도

$V_s = \frac{2}{3}\sqrt{f_{ck}}\,b_w d$ (MPa) (3.10)

③ 사용철근

전단보강근의 항복강도 $f_y$는 500MPa 이하

용접이형철망을 이용한 전단보강근의 경우 600MPa 이하

**3) 설계범주와 요구사항**

전단보강근이 부담하여야 할 전단력은 다음과 같다.

$$\phi V_s = (V_u - \phi V_c)$$

① $V_u < 0.5\phi V_c$

이 범위에서는 전단보강근이 불필요하다.

② $0.5\phi V_c \le \phi V_s < \min \phi V_s$

$\phi V_s = \min \phi V_s = 0.035\phi b_w d$

최대간격 $s \le d/s \le 60\text{cm}$

③ $\min \phi V_s \le \phi V_s < \phi \frac{1}{3}\sqrt{f_{ck}}\,b_w d$

최대간격 $s \le d/2 \le 60\text{cm}$.

④ $\phi\frac{1}{3}\sqrt{f_{ck}}b_wd \le \phi V_s < \phi\frac{2}{3}\sqrt{f_{ck}}b_wd$ (기준 7.3.4 (4) ③)

최대간격 $s \le d/4 \le 30\text{cm}$

**예제 3.1**

다음조건에 따라 전단 설계를 수행하여라.

- 전단계수하중 $V_u$= 360kN
- 사용재료 : $f_{ck}$= 24MPa, $f_y$= 400MPa
- 보의 단면 : $b$= 400 $h$= 600mm
- 주철근은 D22, 스터럽은 D10을 사용한다.

**풀이**

1) 유효춤 $d = 60 - 4 - 1.0 - 2.2/2 = 53.9\text{cm}$

2) 콘크리트의 전단내력 $V_c$

$$V_c = \frac{1}{6}\sqrt{f_{ck}}b_wd = \frac{1}{6}\sqrt{24}(0.4)(0.539) = 176\text{kN}$$

3) 전단보강근이 부담하여야 할 전단력

$$\phi V_s = (V_u - \phi V_c) = 360 - 0.75(176) = 228.0\text{kN}$$

4) 설계범주 선택

$$\phi 0.35b_wd = 56.6\text{kN}$$

$$\phi\frac{1}{3}\sqrt{f_{ck}}b_wd = 264\text{kN}$$

$$\phi\frac{2}{3}\sqrt{f_{ck}}b_wd = 528\text{kN}$$

$\phi\frac{1}{3}\sqrt{f_{ck}}b_wd \le \phi V_s < \phi\frac{2}{3}\sqrt{f_{ck}}b_wd$ (기준 7.3.4 (4) ③)이므로

최대간격 $s \le d/4 \le 30\text{cm}$

5) 스터럽 간격

$$s = \frac{A_vf_y}{V_s}d = \frac{2\times 0.713\times 400}{(228\div 0.75)\times 10}0.539$$

$$= 0.101\text{m} < 0.539/2 = 0.2695\text{m or } 0.6\text{m} \quad \therefore \text{O.K.}$$

6) 따라서 Use D10@100

### 예제 3.2

그림의 철근콘크리트조 건물의 보에 대한 엑셀을 이용하여 단부의 전단력에 대하여 설계하시오. 고정하중은 35kN/m, 활하중은 55kN/m, $f_{ck}=24\text{MPa}$, $f_y=400\text{MPa}$이다.

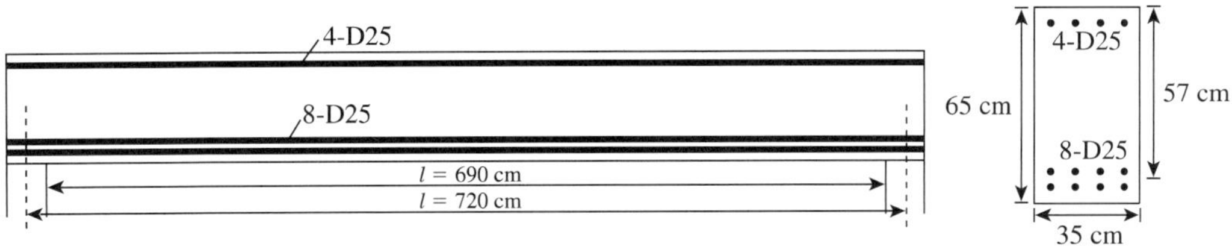


그림 ⟨예제 3.2⟩_1 보의 배근도

### 풀 이

고정하중과 활하중에 의한 계수하중에 의한 최대 전단력을 3단계까지 구하고, 4단계에서 구한 콘크리트의 강도를 그림 <예제 3.2>_2에 나타내었다. 5단계의 보의 전단강도는 $V_u-\phi V_c$를 계산한 것이다. 엑셀의 각 셀의 수식은 다음과 같다.

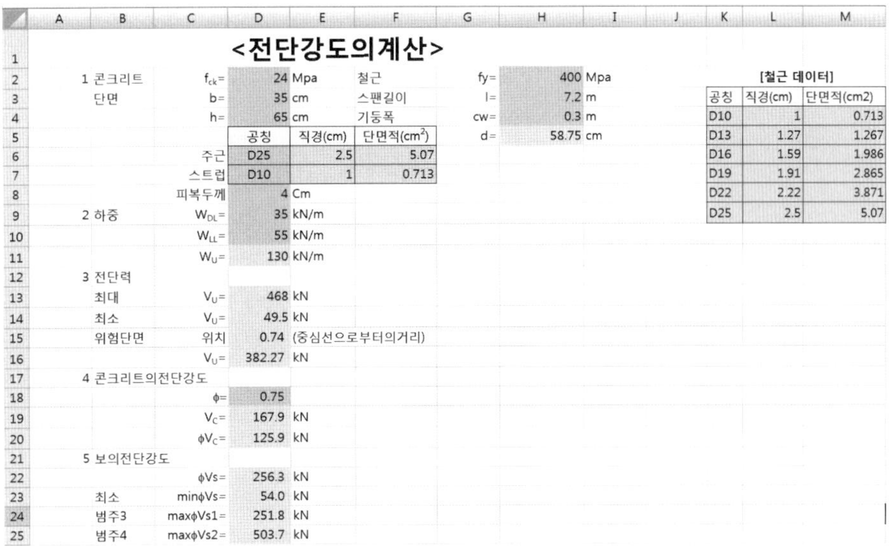

| | A | B | C | D | E | F | G | H | I | J | K | L | M |
|---|---|---|---|---|---|---|---|---|---|---|---|---|---|
| 1 | | | | <전단강도의계산> | | | | | | | | | |
| 2 | | 1 콘크리트 | fck= | 24 | Mpa | 철근 | fy= | 400 | Mpa | | | [철근 데이터] | |
| 3 | | 단면 | b= | 35 | cm | 스팬길이 | l= | 7.2 | m | | 공칭 | 직경(cm) | 단면적(cm2) |
| 4 | | | h= | 65 | cm | 기둥폭 | cw= | 0.3 | m | | D10 | 1 | 0.713 |
| 5 | | | | 공칭 | 직경(cm) | 단면적(cm²) | d= | 58.75 | cm | | D13 | 1.27 | 1.267 |
| 6 | | | 주근 | D25 | 2.5 | 5.07 | | | | | D16 | 1.59 | 1.986 |
| 7 | | | 스트럽 | D10 | 1 | 0.713 | | | | | D19 | 1.91 | 2.865 |
| 8 | | | 피복두께 | 4 | Cm | | | | | | D22 | 2.22 | 3.871 |
| 9 | | 2 하중 | WDL= | 35 | kN/m | | | | | | D25 | 2.5 | 5.07 |
| 10 | | | WLL= | 55 | kN/m | | | | | | | | |
| 11 | | | WU= | 130 | kN/m | | | | | | | | |
| 12 | | 3 전단력 | | | | | | | | | | | |
| 13 | | 최대 | VU= | 468 | kN | | | | | | | | |
| 14 | | 최소 | VU= | 49.5 | kN | | | | | | | | |
| 15 | | 위험단면 | 위치 | 0.74 | (중심선으로부터의거리) | | | | | | | | |
| 16 | | | VU= | 382.27 | kN | | | | | | | | |
| 17 | | 4 콘크리트의전단강도 | | | | | | | | | | | |
| 18 | | | ϕ= | 0.75 | | | | | | | | | |
| 19 | | | VC= | 167.9 | kN | | | | | | | | |
| 20 | | | ϕVC= | 125.9 | kN | | | | | | | | |
| 21 | | 5 보의전단강도 | | | | | | | | | | | |
| 22 | | | ϕVs= | 256.3 | kN | | | | | | | | |
| 23 | | 최소 | minϕVs= | 54.0 | kN | | | | | | | | |
| 24 | | 범주3 | maxϕVs1= | 251.8 | kN | | | | | | | | |
| 25 | | 범주4 | maxϕVs2= | 503.7 | kN | | | | | | | | |

그림 ⟨예제 3.2⟩_2

〈엑셀 계산식〉
H5 = D4−D8−E7−E6/2
D11 = 1.2*D9+1.6*D10
D13 = D11*H3/2
D14 = D10*H3/8
D15 = H5/100+H4/2
D16 = $D$13−($D$13−$D$14)*$D$15/($H$3/2)
D19 = 1/6*SQRT($D$2)*$D$3*$H$5/10
D20 = $D$18*D19
D22 = $D$16−$D$19*$D$18
D23 = $D$18*0.35*$D$3*$H$5/10
D24 = $D$18*1/3*SQRT($D$2)*$D$3*$H$5/10
D25 = $D$18*2/3*SQRT($D$2)*$D$3*$H$5/10

| | A | B | C | D | E | F | G | H | I |
|---|---|---|---|---|---|---|---|---|---|
| 26 | | 6 전단보강근의 최대 부담하중 | | | | | | | |
| 27 | | | φVs= | 256.3 | kN | > | 251.8 | (최대전단강도) | |
| 28 | | | | 따라서 | 범주4 | | | | |
| 29 | | | s(cm) | 17.4 | > | 14.7 | cm or | 30 | cm |
| 30 | | 7 전단보강근의 간격에 따른 전단강도 | | | | | | | |
| 31 | | | Stirrup(cm) | d(cm) | φV_C(kN) | φVs(kN) | φVn(kN) | maxφVs(kN) | |
| 32 | | | 10 | 58.75 | 125.9 | 278.1 | 404.0 | 503.7 | |
| 33 | | | 15 | 58.75 | 125.9 | 185.4 | 311.3 | 503.7 | |
| 34 | | | 20 | 58.75 | 125.9 | 139.0 | 265.0 | 503.7 | |
| 35 | | | 25 | 58.75 | 125.9 | 111.2 | 237.1 | 503.7 | |
| 36 | | | 30 | 58.75 | 125.9 | 92.7 | 218.6 | 503.7 | |
| 37 | | 8 실제배근 | | | | | | | |
| 38 | | | | 간격(cm) | 배근 | | | | |
| 39 | | | 첫째배근 | 5 | | | | | |
| 40 | | | 단부 | 10 | D10@100 | | | | |
| 41 | | | 중앙부 | 20 | D10@200 | | | | |

그림 ➡ 〈예제 3.2〉_3

그림 <예제 3.2>_3은 전단보강근이 부담하는 하중에 따라 범주를 결정하고 범주에 따른 스터럽의 최대간격을 결정한 것이다. 7단계에서는 스터럽의 간격에 따른 전단 내력을 표로 나타냈다. 위험단면(단부)에서 $V_u$=382.3kN이므로 스터럽의 간격을 100mm로 선정함을 볼 수 있다. 해당되는 셀의 내용은 다음과 같다.

〈엑셀 계산식〉
D27 = $D$16−$D$19*$D$18
F27 = IF(D27〈=D24,"〈","〉")
G27 = D24
D29 = F7*2*H2*H5/($D$27/D18)/10

F29 = H5/4

H29 = 30

7단계는 32셀에 식을 입력 후 41셀까지 드래그하여 채워준다.

D32 = $H$5

E32 = $D$20

F32 = $D$18*$H$2*2*$F$7*$D$4/C32/10

G32 = E32+F32

H32 = $D$25

7단계를 마치면 전단보강근 간격에 따른 전단강도를 확인하고 전단보강근 간격을 결정한다.

# 04
# 슬래브 설계

4.1 슬래브의 종류

4.2 1방향 슬래브의 설계

4.3 슬래브의 설계조건

4.4 슬래브의 설계절차

4.5 배근도

## 4.1 슬래브의 종류

### (1) 1방향 및 2방향 슬래브

슬래브는 수직하중을 보나 기둥 또는 벽체로 하중을 전달하는 평면 구조요소라고 할 수 있다. 기둥과 보는 선으로 구성된 구조요소이나 슬래브는 2차원으로 된 구조요소로서, 면에 작용하는 연직 하중을 전달하는 기능을 가지고 있다. 이러한 슬래브는 하중을 전달하는 방향에 따라 1방향과 2방향 슬래브로 구분한다.

그림 4.1 (a)와 같이 슬래브의 단스팬 $S$에 대한 장스팬 $L$의 비가 2 이상일 경우, 슬래브에 재하되는 하중의 대부분이 작은 보로 전달되므로 이 슬래브는 1방향으로 설계되어야 한다. 따라서 이런 경우를 1방향 슬래브(One-Way Slab)라 한다.

그림 4.1 (b)와 같이 단스팬 $S$에 대한 장스팬 $L$의 비가 2 이하일 경우, 슬래브의 처짐은 복곡률(Double Curvature)이 된다. 이 때 슬래브에 재하되는 하중은 슬래브를 지지하고 있는 네 개의 보를 향해 두 방향으로 전달되므로 2방향 슬래브(Two-Way Slab)로 설계되어야 한다. 2방향 슬래브의 설계는 복잡한 과정이 필요하므로 9장에서 별도로 다루기로 하자.

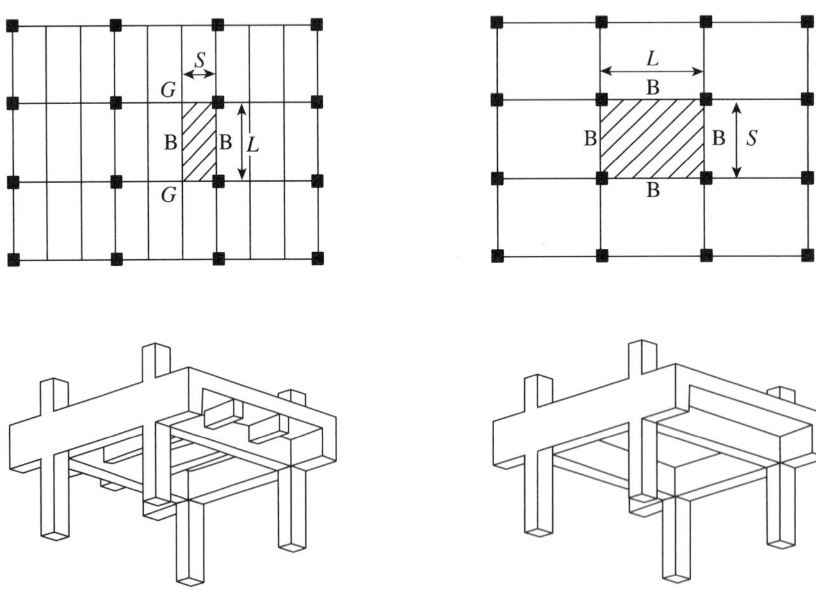


(a) 1방향 슬래브(One-way Slab)　　(b) 2방향 슬래브(Two-way Slab)

그림 4.1 ➔ 1방향 슬래브와 2방향 슬래브

### (2) 슬래브 종류

슬래브는 형상에 따라 평판(flat-plate)슬래브, 플랫슬래브(flat slab), 와플(waffle slab), 리브드(ribbed slab) 등으로 구별된다. 그림 4.2 (b)의 평판슬래브는 슬래브에 기둥이 직접 연결된 시스템으로 건축물의 층고를 낮추는 데는 유효하지만 기둥 주변에서 힘의 전달을 위하여 세밀한 설계를 수행하여야 한다. 그림 4.2 (c)의 플랫슬래브는 슬래브의 펀칭(punching) 전단을 방지하기 위한 주두를 제외하고는 평판슬래브와 유사하다. 그림 4.2 (d)의 와플슬래브는 리브드슬래브를 2방향으로 적용한 격자형 보 시스템으로 볼 수도 있다.

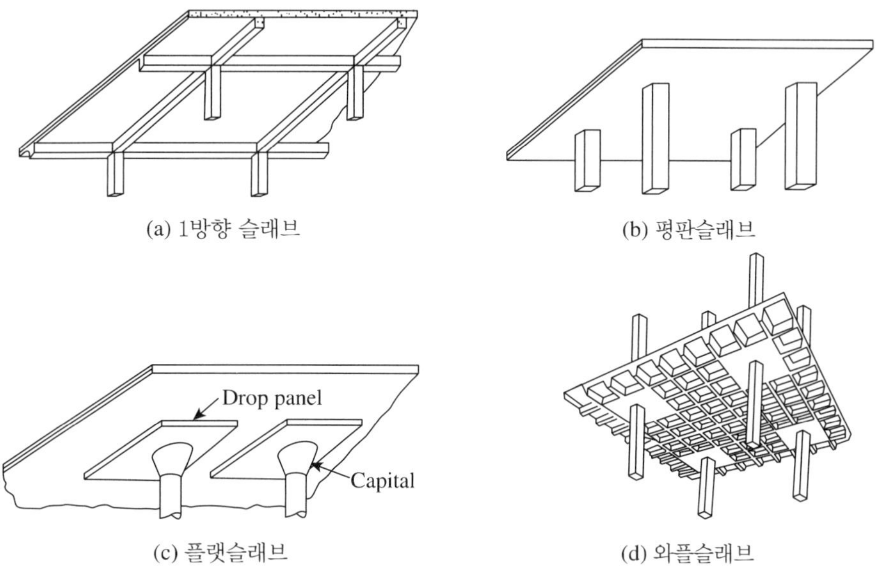


그림 4.2 슬래브의 종류

## 4.2 1방향 슬래브의 설계

### (1) 작용하는 하중의 산정

슬래브의 반력은 단부에서 휨모멘트와 전단력이 있다. 그림 4.3에서 양단이 보에 의하여 지지되는 슬래브의 경우를 생각해보자. 보의 중심에서 중심까지의 슬래브의 길이는 $L$이고 단위 폭을 1m라 하자. 작용하는 등분포하중 $w$에 의한 A점의 단부 반력모멘트는

$wL^2/12$이지만, 실제 슬래브의 최대 모멘트는 슬래브를 지지하는 보와 만나는 A′ 점의 값이 된다. 슬래브에 작용하는 최대모멘트를 계산하기 위하여 순경간 $l_n$을 사용하는 것이 일반적인 경우이다. 다음은 ACI의 간편계산식에 의한 반력 모멘트를 계산하는 수식을 소개하고자 한다.

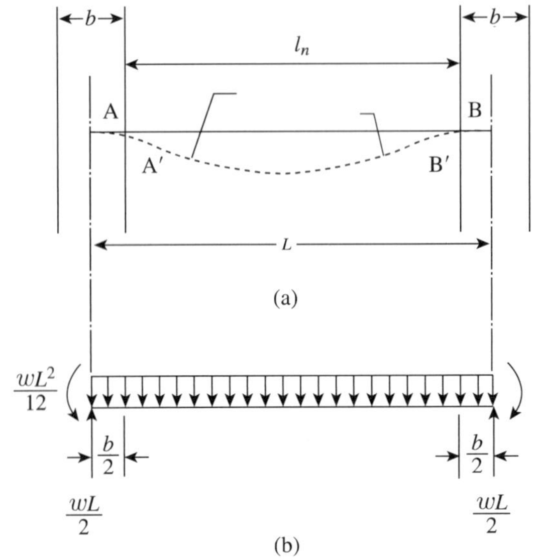


그림 4.3 슬래브의 반력

□ 2경간

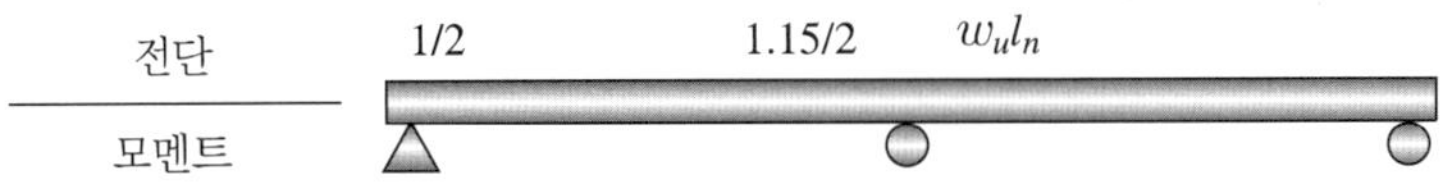


| | | | | |
|---|---|---|---|---|
| ■ 구속보 없음 | 0 | 1/11 | −1/9 | $w_u l_n^2$ |
| ■ 테두리보 | −1/24 | 1/14 | " | |
| ■ 기둥과 일체 | −1/16 | " | " | |

□ 3경간

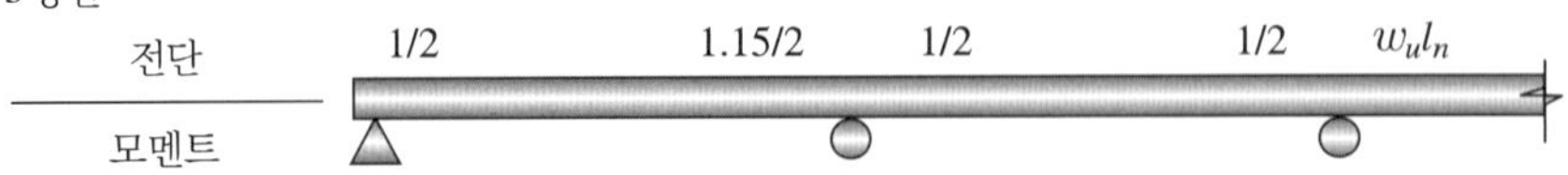


| | | | | | | |
|---|---|---|---|---|---|---|
| ■ 구속보 없음 | 0 | 1/11 | −1/10 | −1/11 | 1/16 | $w_u l_n^2$ |
| ■ 테두리보 | −1/24 | 1/14 | " | " | " | |
| ■ 기둥과 일체 | −1/16 | " | " | " | " | |

그림 4.4 ACI 계수방법에 의한 모멘트와 전단력

그림 4.4에서 2경간 부재와 3경간 부재에 대하여 각각 전단력과 모멘트의 계수를 정의하고 있다. 각각은 외단부에 구속 보가 없는 경우, 테두리 보가 있는 경우와 기둥과 일체된 3가지 경우로 구분하고 있다. 이러한 계수에 대하여 $w_u\, l_n^2$을 곱하면 전단력과 모멘트를 약산식으로 계산할 수 있다.

## (2) 철근량의 계산

1방향 슬래브는 부재의 춤에 비하여 스팬이 길어서 휨에 의한 파괴가 지배적이므로 휨설계가 주요 고려대상이 된다. 이 경우 앞에서 다룬 보의 경우와 동일한 개념을 적용하면 된다. 제2장의 보의 휨공칭강도의 설계 수식을 다시 쓰면 다음과 같다.

$$M_n = A_s f_y \left( d - \frac{A_s f_y}{0.85 f_{ck} b} \right) \tag{2.6}$$

철근비 $\rho = A_s/(bd)$를 대입하여 정리하면 다음의 수식과 같다.

$$M_n = \rho f_y \left( 1 - \frac{\rho f_y}{0.85 f_{ck}} \right) bd^2$$

$R_n = M_n/(bd^2)$이라 정의하고 수식을 정리하면 식 (4.1)을 얻게 된다.

$$R_n = \rho f_y \left( 1 - \frac{\rho f_y}{0.85 f_{ck}} \right) \tag{4.1}$$

일반적으로 설계는 주어진 계수하중에 대한 최적단면을 설계하는 경우이므로 $\phi M_n = M_u$라고 할 수 있다. 양변을 동일하게 $bd^2$으로 나누면

$$\phi M_n / bd^2 = M_u / db^2 \tag{4.2.a}$$

$$\phi R_n = R_u \tag{4.2.b}$$

식 (4.2.b)에서 $R_n = R_u/\phi$을 식 (4.1)에 대입하여 철근비에 대한 2차 방정식의 해를 구하면 다음과 같다.

$$\rho = \frac{0.85 f_{ck}}{f_y} \left[ 1 - \sqrt{1 - \frac{2R_u}{\phi 0.85 f_{ck}}} \right] \tag{4.3}$$

따라서 슬래브에 작용하는 하중 $M_u$가 주어지면 이에 따라 슬래브의 두께와 사용재료를 가정하면 식 (4.3)에 따라 필요 철근비가 계산된다. 단, $\phi$= 0.85로 가정하고 이 철근비에 따라 철근량을 산정하고 배근 간격을 결정한다.

## 4.3 슬래브의 설계조건

### (1) 구조상세

1방향 슬래브의 두께는 표 4.1에 따라야 하며 상기 두께를 만족시키지 못한 경우에는 처짐의 검토가 필요하다.

슬래브의 정모멘트 철근 및 부모멘트 철근의 중심 간격은 위험단면에서는 슬래브 두께의 2배 이하이어야 하고, 또한 300mm 이하로 하여야 한다. 기타의 단면에서는 슬래브 두께의 3배 이하이어야 하고, 또한 450mm 이하로 하여야 한다.

**표 4.1 ❙ 처짐을 계산하지 않은 경우 1방향 슬래브의 최소두께**

| 단순지지일 때 | $l/20$ |
|---|---|
| 1단이 연속일 때 | $l/24$ |
| 양단이 연속일 때 | $l/28$ |
| 캔틸레버일 때 | $l/10$ |

### (2) 건조수축 및 온도철근

슬래브는 온도와 건조수축에 대한 균열을 방지하기 위하여 수축・온도철근을 배근하며 다음의 철근비 이상으로 하여야 한다. 여기서, 수축・온도철근비는 콘크리트 전체 단면적에 대한 수축・온도철근 단면적의 비로 한다.

① 항복강도가 400MPa 이하인 이형철근사용시 최소철근비 = 0.002

② 항복 변형률 0.0035에서 측정된 항복강도가 400MPa을 초과할 때 최소철근비 = $0.002 \times 400/f_y$

앞의 규정에 따라 요구되는 수축 · 온도철근비에 전체 콘크리트 단면적을 곱하여 계산한 수축 · 온도철근 단면적을 단위 폭 1m당 1,800mm$^2$보다 크게 취할 필요는 없다. 어떠한 경우라도 이형철근비는 0.0014 이상이어야 하며, 간격은 슬래브 두께의 5배 이하 또는 450mm 이하이어야 한다.

## 4.4 슬래브의 설계절차

(1) 슬래브의 두께와 유효춤 $d$를 계산한다.
(2) ACI 모멘트 계수법 또는 구조해석으로 $M_u$를 계산한다.
(3) $R_u = \dfrac{M_u}{bd^2}$를 계산한다.
(4) 필요 철근비 $\rho$를 식 (4.3)에 따라 계산하다.
(5) 최소철근비를 만족하는지 검토한다.
(6) 철근면적 $A_s = \rho(bd)$
단, 최소철근비의 경우는 $d$(유효춤) 대신 $h$(춤)를 사용한다.
(7) 철근을 배근한다.

## 4.5 배근도

전형적인 슬래브의 철근은 상부근과 하부근 그리고 벤트근으로 구성되어 있다. 이러한 철근은 주열대와 주간대를 따라 다른 배근형태가 되며, 그림 4.5와 같이 매우 복잡한 형태를 지니게 된다.

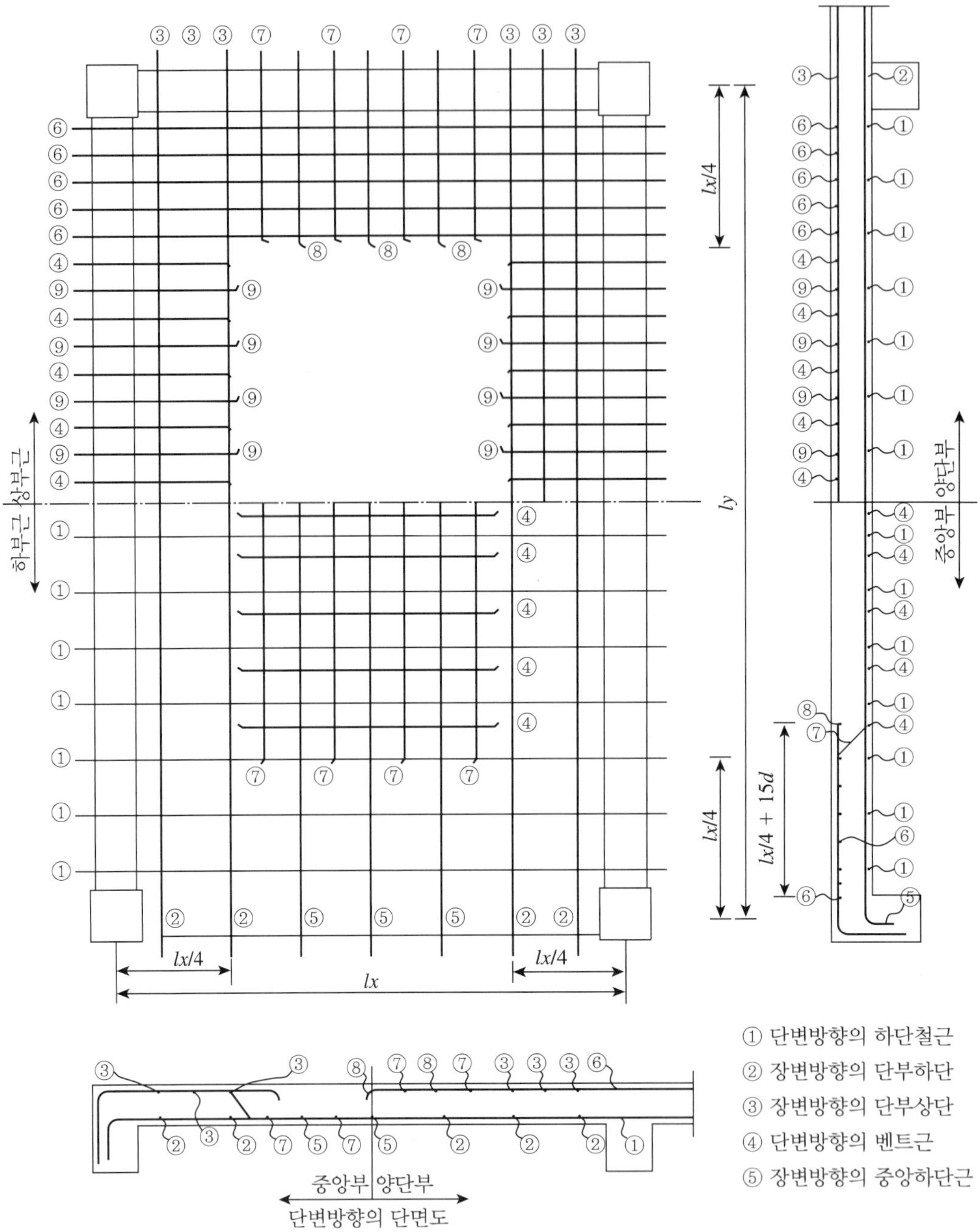


① 단변방향의 하단철근
② 장변방향의 단부하단
③ 장변방향의 단부상단
④ 단변방향의 벤트근
⑤ 장변방향의 중앙하단근

**그림 4.5** 바닥 슬래브근의 배근순서

1방향 슬래브의 단변방향의 철근은 주철근이다. 단변방향의 길이를 $l_x$라 하면, 기둥 중심선에서 좌우 $l_x/4$의 폭까지를 주열대라 하고 이외의 구간을 주간대라 한다. 단변방향 주열대의 상부근은 연속철근으로 배근하여야 한다. 그러나 주간대에서는 상부근을 연속철근이 아닌 불연속 철근과 벤트철근을 이용하여 배근한다. 단변방향의 하부철근은 주열대에서는 연속철근을 배근하고, 주간대에서는 연속철근과 벤트철근으로 배근한다.

장변방향의 철근은 온도근으로서 온도 및 건조수축에 의한 균열을 제어하기 위한 철근이다. 철근의 배근방법은 단변방향과 동일하다.

### 예제 4.1

활하중이 3kN/m$^2$이고 슬래브의 자중을 제외한 고정하중이 5kN/m$^2$인 경우, 엑셀을 이용하여 슬래브 $_2S_1$을 설계하라. 슬래브 양단의 보의 크기는 300×550으로 가정한다. 사용하는 콘크리트의 강도는 24MPa, 철근의 강도는 400MPa이다. 철근은 D10과 D13을 사용한다.

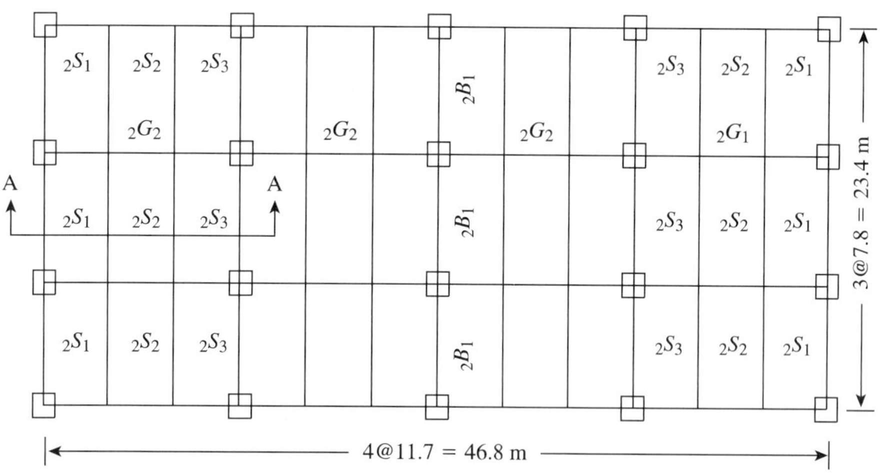

## 풀이

| | A | B | C | D | E | F | G |
|---|---|---|---|---|---|---|---|
| 1 | <일방향 슬래브 설계> | | | | | | |
| 2 | 입력 | $D_L$= | 5.0 | kN/m² | | | |
| 3 | | $L_L$= | 3.0 | kN/m² | | | |
| 4 | | $w_u$= | 10.8 | kN/m | | | |
| 5 | | $f_{ck}$= | 24 | Mpa | | | |
| 6 | | $fy$= | 400 | Mpa | | | |
| 7 | | $l$= | 3.9 | m | beam width= | 0.3 | m |
| 8 | | $ln$= | 3.6 | m | | | |
| 9 | | 슬라브두께 | 13.9 | cm | 슬래브 단위폭 | 100 | cm |
| 10 | | use 슬라브두께 | 14 | cm | | | |
| 11 | | 사용철근 | 공칭 | 직경(cm) | 단면적(㎠) | | |
| 12 | | | D10 | 0.953 | 0.713 | | |
| 13 | | | D13 | 1.27 | 1.267 | | |
| 14 | | | D10+D13 | 1.587 | 0.99 | | |
| 15 | | 피복두께 | 2 | cm | | | |
| 16 | | d= | 11.52 | cm | | | |
| 17 | 설계 | S1 | 단변방향 | | | | |
| 18 | | | 외단부 | 중앙부 | 내단부 | | |
| 19 | | 모멘트계수 | -1/24 | 1/14 | -1/10 | | |
| 20 | | 모멘트(kN-m) | -5.83 | 10.00 | -14.00 | | |
| 21 | | Ru(Mpa)= | 0.44 | 0.75 | 1.05 | | |
| 22 | | Φ= | 0.85 | 0.85 | 0.85 | | |
| 23 | | req. ρ= | 0.00131 | 0.00226 | 0.00320 | | |
| 24 | | req. As(㎠) | 1.51 | 2.61 | 3.69 | | |
| 25 | | 최소철근= | 2.8 | 2.8 | 2.8 | | |
| 26 | | 최종 철근= | 2.8 | 2.8 | 3.7 | | |
| 27 | | use D10 | **255** | **255** | **193** | | |
| 28 | | use D13 | 453 | 453 | 344 | | |
| 29 | | use D10+13 | 354 | 354 | 268 | | |
| 30 | | 따라서 | D10@250 | D10@250 | D10+13@250 | | |

그림 ➡ 〈예제 4.1〉_1

엑셀의 계산식이 완성된 모습은 그림 <예제 4.1>_1과 같다. 다음은 계산식의 내용이다.

〈엑셀 계산식(셀의 내용)〉

C4 = C2*1.2+C3*1.6

C8 = C7–F7

C9 = (C7/28)*100 (양단연속인 슬래브의 최소두께 $h=l/28$)

C10 = C9의 올림값을 사용

C16 = C10–$C$15–$D$12/2

C19 = –1/11 : 모멘트계수 입력

D19 = 1/16 : 모멘트계수 입력

E19 = –1/11 : 모멘트계수 입력

C2 = C19*$C$4*$C$8^2 : 모멘트의 산정

C21 = ABS(C20*0.001/($C$16/100)^2)

C22 = 0.85 : 입력
C23 = 0.85*$C$5/$C$6*(1-SQRT(1-2*C21/C22/0.85/$C$5))
C24 = C23*$F$9*$C$16
C25 = 0.002*100*$C$10 : 최소철근비는 철근비 * 폭 * 두께
C26 = MAX(C24:C25)
C27 = C26*$F$9* $C$16
C28 = 1000/(C26/$E12)
C29 = 1000/(D26/$E12)
C30 = 1000/(E26/$E12)
D20:E29셀은 C20~29셀을 드래그하여 복사한다.

철근의 개수가 계산되었으므로 1,000mm를 필요 철근개수로 나누면 철근의 간격이 산정된다. 설계 결과 단면방향의 외단부와 중앙부는 온도근에 의하여 최소철근으로 배근된다. 따라서 장변방향의 철근배근도 이 부위와 동일하게 배근하면 된다. 설계에서 철근의 간격을 250mm로 하면 외단부와 중앙부는 D10철근을 사용하면 되고, 내단부는 D10과 D13 철근을 교대로 배근하면 된다. 이를 그림으로 도시하면 그림 <예제 4.1>_2와 같다.

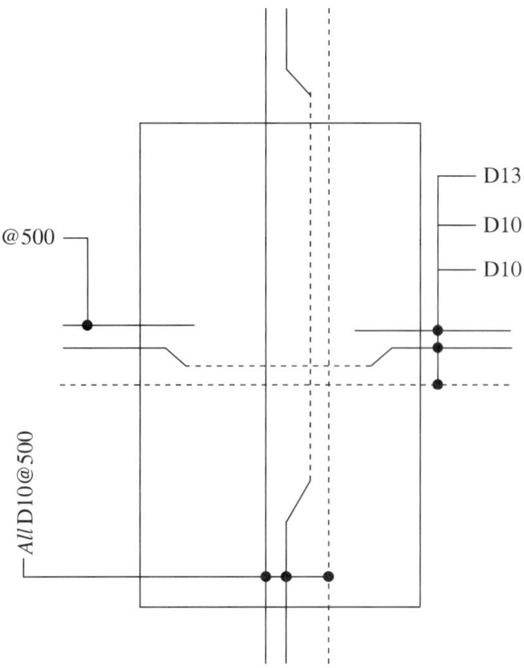


그림 ➡ 〈예제 4.1〉_2 $_2S_2$슬래브 설계결과

### 예제 4.2

예제 4.1의 가정과 결과를 이용하여 ${}_2S_2$와 ${}_2S_3$를 설계하여라. 단, 이웃하는 슬래브의 배근은 동일한 철근이 연속되도록 조정하여라.

### 풀이

${}_2S_2$와 ${}_2S_3$는 동일한 ACI 계수를 사용하므로 동일한 설계결과가 나오게 된다. 최종 설계결과는 그림 <예제 4.2>_1과 같다. 설계조건에서 철근의 간격이 250mm이므로 중앙부는 D10 철근을 사용하면 되고, 단부는 D10과 D13 철근을 교대로 배근하면 된다. 이를 그림으로 도시하면 그림 <예제 4.2>_2와 같다.

| | A | B | C | D | E | F | G |
|---|---|---|---|---|---|---|---|
| 1 | | | <일방향 슬래브 설계> | | | | |
| 2 | 입력 | $D_L$= | 5.0 | $kN/m^2$ | | | |
| 3 | | $L_L$= | 3.0 | $kN/m^2$ | | | |
| 4 | | $w_u$= | 10.8 | kN/m | | | |
| 5 | | $f_{ck}$= | 24 | Mpa | | | |
| 6 | | $fy$= | 400 | Mpa | | | |
| 7 | | $l$= | 3.9 | m | beam width= | 0.3 | m |
| 8 | | $ln$= | 3.6 | m | | | |
| 9 | | 슬라브두께 | 13.9 | cm | 슬래브 단위폭 | 100 | cm |
| 10 | | use 슬라브두께 | 14 | cm | | | |
| 11 | | | 공칭 | 직경(cm) | 단면적(㎠) | | |
| 12 | | 사용철근 | D10 | 0.953 | 0.713 | | |
| 13 | | | D13 | 1.27 | 1.267 | | |
| 14 | | | D10+D13 | 1.587 | 0.99 | | |
| 15 | | 피복두께 | 2 | cm | | | |
| 16 | | d= | 11.52 | cm | | | |
| 17 | 설계 | S1 | 단변방향 | | | | |
| 18 | | | 외단부 | 중앙부 | 내단부 | | |
| 19 | | 모멘트계수 | -1/11 | 1/16 | -1/11 | | |
| 20 | | 모멘트(kN-m) | -12.72 | 8.75 | -12.72 | | |
| 21 | | Ru(Mpa)= | 0.96 | 0.66 | 0.96 | | |
| 22 | | Φ= | 0.85 | 0.85 | 0.85 | | |
| 23 | | req. ρ= | 0.00290 | 0.00198 | 0.00290 | | |
| 24 | | req. As(㎠) | 3.34 | 2.28 | 3.34 | | |
| 25 | | 최소철근= | 2.8 | 2.8 | 2.8 | | |
| 26 | | 최종 철근= | 3.3 | 2.8 | 3.3 | | |
| 27 | | use D10 | **213** | **255** | **213** | | |
| 28 | | use D13 | 379 | 453 | 379 | | |
| 29 | | use D10+13 | 296 | 354 | 296 | | |
| 30 | | 따라서 | D10+13@250 | D10@250 | | | |

그림 ⟨예제 4.2⟩_1

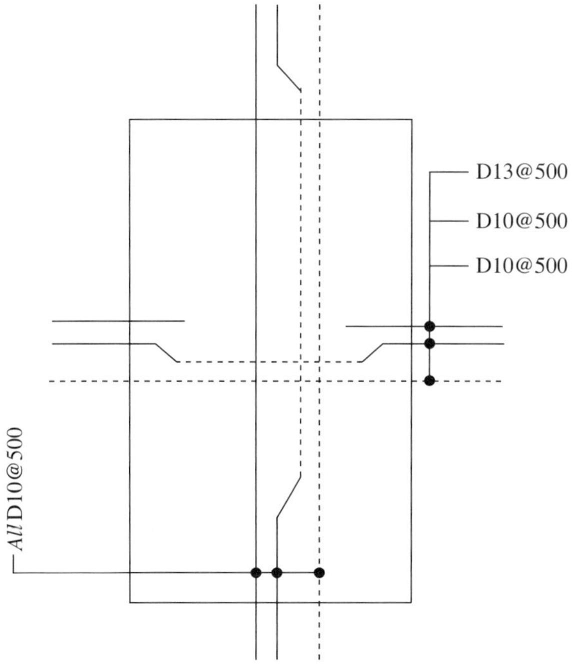


그림 ➜ 〈예제 4.2〉_2 ${}_2S_2$, ${}_2S_3$슬래브 설계결과

# 05
# 압축재 설계

5.1 개요

5.2 기둥의 공칭 축하중

5.3 축모멘트와 축력을 받은 기둥

5.4 철근이 다수의 Layer로 배근된 기둥

5.5 이축 휨을 받는 기둥

5.6 압축부의 띠철근 상세

## 5.1 개요

기둥은 수직부재로서 보에 작용하는 수직하중을 기초에 전달하는 기능을 수행한다. 수직하중만 작용할 경우에 기둥에는 주로 축력이 작용하지만, 기둥의 위치에 따라 불균형 모멘트에 의한 전단력과 모멘트가 작용한다. 물론 지진하중과 풍하중과 같은 횡력이 작용할 때는 모든 기둥에 전단력과 모멘트가 발생한다. 기준에서는 '휨과 압축'을 받는 부재로서 기둥에 대한 내용을 다루고 있다.

기둥의 종류는 그림 5.1과 같이 단면 형상에 따라 띠철근기둥과 나선철근기둥으로 구분할 수 있다. 재료적인 측면에서 콘크리트와 형강을 복합하여 사용할 경우 합성기둥이라고 한다. 이러한 합성기둥은 내부에 H형강을 설치하고 후에 외부에 후프철근과 철근을 배근하고 콘크리트를 타설하는 방법과, 외부에 강관을 설치하고 내부에 콘크리트를 타설하는 방법이 있다.

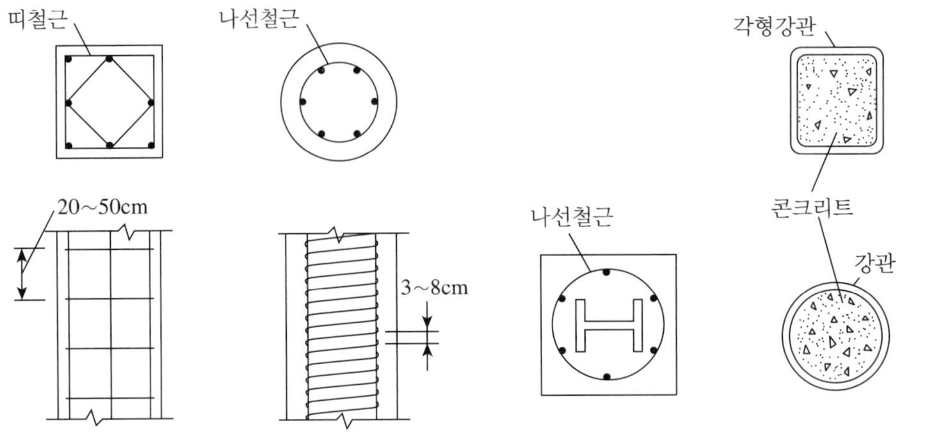


그림 5.1 ➡ 기둥의 종류

기둥은 반드시 후프철근이 있어야 하는데, 이는 기둥의 주철근을 붙잡아주는 역할을 할 뿐 아니라 내부의 콘크리트를 구속하는 주요한 기능을 수행한다.

그림 5.2는 철근콘크리트 기둥에서 후프철근과 나선철근을 사용하였을 때 축하중에 대한 변형을 나타낸 것이다. 후프철근은 하중이 증가하여 항복 후에 후프철근 외부의 피복이 떨어지면서 구속하는 능력이 감소하게 됨에 따라 기둥의 저항 능력이 급격히 감소

되는 취성파괴를 나타낸다. 그러나 나선철근을 사용한 경우에는 피복이 떨어져나간 이후에도 나선철근의 구속효과가 지속되어 기둥에 연성거동이 발생함을 알 수 있다.

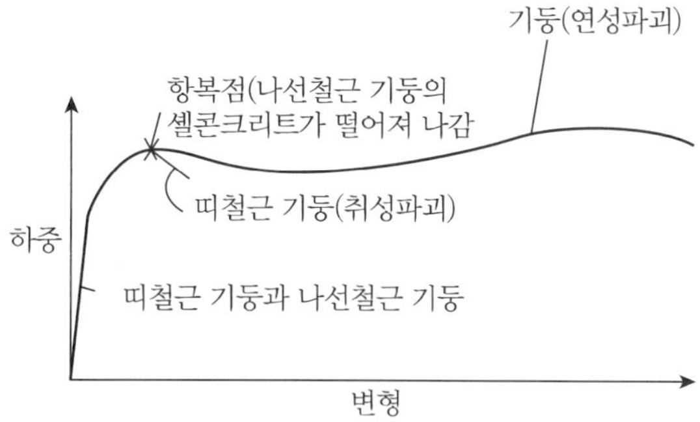


**그림 5.2** 철근콘크리트 기둥의 거동

그림 5.3은 후프철근과 나선철근을 사용한 파괴실험의 결과를 나타낸 사진으로서 후프철근을 사용한 경우에 파괴가 후프철근의 내부까지 확산됨을 볼 수 있으나 원형 나선철근의 경우 내부 코어는 손상이 발생하지 않음을 볼 수 있다.

그림 5.4는 대만 Chi-Chi지진(1999년)에 의하여 학교 건물의 기둥이 손상된 사진으로서 기둥의 코어 콘크리트의 대부분이 손실되어 축내력이 현저히 감소한 모습이다.

(a) 나선철근 기둥

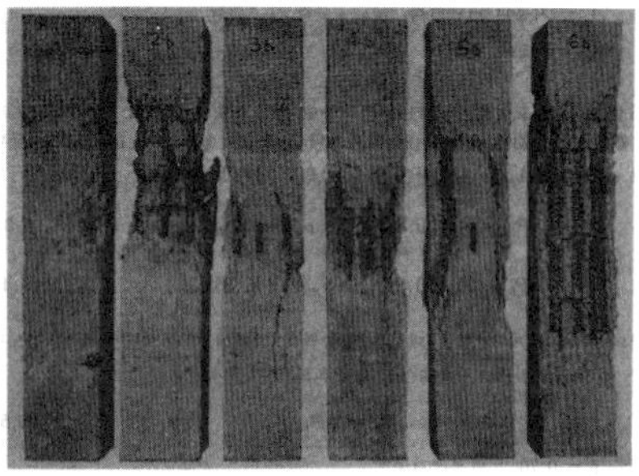

(b) 후프철근 기둥

**그림 5.3** 나선철근과 후프철근 기둥의 거동

그림 5.4 ➡ 1999년 Chi-Chi 지진으로 인한 기둥의 손상

따라서 기둥의 주철근을 구속하는 후프철근의 역할은 기둥의 연성거동 확보를 위하여 매우 중요함을 알 수 있다. 특히 지진과 같이 짧은 시간에 반복하중이 발생하는 경우 후프철근의 구속효과는 매우 중요하다. 이러한 경우 기준에서는 그림 5.5의 상세 A와 같은 폐쇄형 후프철근을 사용하도록 한다. 이러한 폐쇄형태는 시공상 어려움이 따르므로 상세 B의 내진갈고리와 상세 C와 같은 U자형 후프철근을 연결철근과 같이 사용할 수 있다.

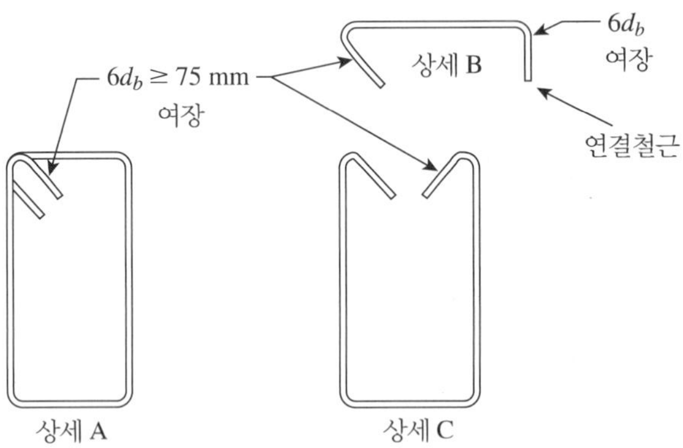


그림 5.5 ➡ 내진성능향상을 위한 후프철근과 내진갈고리

## 5.2 기둥의 공칭 축하중

기둥의 최대 축하중 $P_0$를 식 (5.1)과 같이 산정한다. 콘크리트의 평균 압축응력은 0.85 $f_{ck}$로 가정하고, 철근 응력은 항복값 $f_y$라 한다. 이때 압축응력을 받는 콘크리트의 면적은 철근의 면적과 중복되지 않도록 한다.

$$P_0 = 0.85 f_{ck}(A_g - A_{st}) + f_y A_{st} \tag{5.1}$$

여기서, $A_g$ : 기둥의 단면적

$A_{st}$ : 주근의 전단면적

주근의 철근비 $\rho_g = A_{st}/A_g$이므로 식 (5.1)을 다시 정리하면 다음과 같다.

$$P_0 = A_g[0.85 f_c'(1-\rho_g) + f_y \rho_g] \tag{5.2}$$

$$P_0 = A_g[0.85 f_c' + \rho_g(f_y - 0.85 f_c')] \tag{5.3}$$

기둥의 공칭축하중 $P_n$은 다음과 같이 정의한다.

$$\text{후프철근 사용시 } P_n = 0.80 P_0 \tag{5.4}$$

$$\text{나선철근 사용시 } P_n = 0.85 P_0 \tag{5.5}$$

축하중 공칭강도가 최대강도의 0.8 또는 0.85를 곱하는 이유는 단부조건, 시공의 정밀도, 재료의 불확실성 등에 따른 편심하중을 고려한 것이다. 일반적으로 기둥은 설계시부터 중심선이 일치하지 않는다. 예를 들어, 기둥의 단면이 상부층으로 갈수록 좁아지는 경우에 외부면과 접하는 기둥은 외부면을 기준으로 단면의 크기를 줄여가기 때문에 기둥의 중심은 상부로 갈수록 외부면으로 이동하게 된다. 또한 기둥은 슬래브가 타설되고 경화된 후에 다음 기둥의 철근과 거푸집 작업을 하기 때문에 정확하게 아래층의 기둥과 상부층의 기둥을 일치시키기가 쉽지 않다.

## 5.3 축모멘트와 축력을 받은 기둥

기둥에 축력과 모멘트가 동시에 작용할 때 기둥에 예상되는 파괴를 생각해보자. 먼저 압축에 의해 콘크리트가 압괴(crushing)파괴되는 경우와, 휨에 의하여 철근에 항복이 발생하는 경우로 구별할 수 있다. 또한 압괴파괴와 인장철근의 파괴의 중간 지점이 있는데 이를 균형상태라고 하자.

그림 5.6은 기둥의 축력 $P$와 휨모멘트 $M$의 관계곡선을 나타낸 것이다. 즉, 기둥에 축력이 작용할 때 최대 공칭휨강도를 나타낸 것이다. 그림에서 보면 최대축하중 $P_0$가 작용할 때는 공칭휨강도가 '0'이고 축력이 감소됨에 따라 공칭휨강도가 증가한다. 그러나 어떤 시점까지는 축력이 감소함에 따라 휨강도가 증가하나, 그 이하부터는 휨강도가 감소함을 볼 수 있다. 이 점을 균형상태(balanced state)라 하며, 콘크리트의 최대변형도가 0.003에 도달하고 인장철근의 변형도가 항복변형도 $\varepsilon_y$에 동시에 도달할 때이다. 이 균형상태보다 축력이 큰 영역을 압축파괴 영역, 작은 영역을 인장파괴 영역이라 한다. 이상을 정리하면 다음과 같다.

① 압축파괴 영역 : 콘크리트 압축파괴
② 인장파괴 영역 : 인장철근 항복
③ 균형상태 : 철근에 항복이 발생하면서 동시에 콘크리트 최대변형도가 0.003에 도달하는 상태

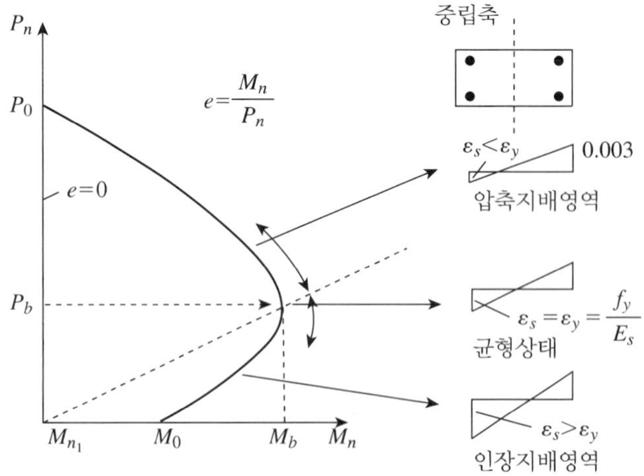


그림 5.6 ➡ $P-M$ 상관곡선

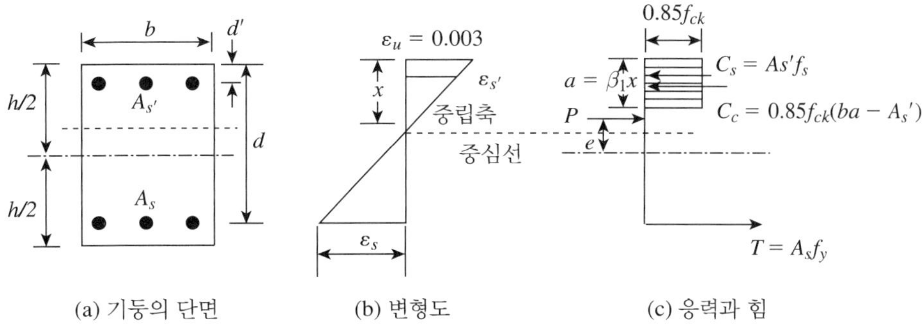


그림 5.7 ➜ 휨과 축력을 받는 부재의 변형도와 반력하중

## (1) 공칭 축강도의 산정

기둥의 공칭휨강도의 산정을 생각해보자. 휨과 압축 강도를 계산하기 위하여 그림 5.7과 같이 복근보의 경우에 축력을 추가한 단순한 기둥의 경우를 고려하여 보자. 그림 (c)에서 압축력 $P$가 기둥의 중심선으로부터 편심거리 $e$만큼 떨어져서 작용하면 기둥에 축력과 휨모멘트가 동시에 작용한다. 이 경우 보의 경우와 마찬가지로 압축을 받는 콘크리트의 최대변형도는 0.003으로 가정한다. 축력 $P$에 대하여 압축 콘크리트의 반력 $C_c$와 압축철근의 반력 $C_s$와 인장철근의 반력 $T$는 단면의 힘의 평형조건을 만족하여야 한다. 즉,

$$\sum F = P + T - C_c - C_s = 0 \tag{5.6}$$

콘크리트의 반력 $C_c$는 복근보의 경우와 마찬가지로, 콘크리트와 철근의 압력축이 중복되지 않게 하기 위하여 콘크리트의 순 압축면적만을 식 (5.7)과 같이 고려한다.

$$C_c = 0.85 f_{ck}(ab - A_s') = 0.85 f_{ck}(\beta_1 x b - A_s') \tag{5.7}$$

복근보의 경우와 같이 철근이 항복할 수도 있고 항복하지 않을 수도 있다. 이를 고려하기 위하여서는 철근의 압축변형도를 산정하고 응력은 탄성계수를 곱하여 식 (5.8)과 식 (5.9)와 같이 산정한다.

$$C_s = A_s'(f_s' - 0.85 f_{ck}) \tag{5.8.a}$$

$$f_s' = E_s \varepsilon_s' \tag{5.8.b}$$

$$\varepsilon_s' = \frac{x - d'}{x} \cdot 0.003 \tag{5.8.c}$$

여기서, 변형도는 그림 5.7 (b) 삼각형의 비례관계를 이용한다.

마찬가지로 인장철근도 변형도를 먼저 산정하고 그에 따른 응력을 계산하여 산정한다.

$$T = A_s \cdot f_s \tag{5.9.a}$$

$$f_s = E_s \varepsilon_t \tag{5.9.b}$$

$$\varepsilon_t = \frac{d-x}{x} \cdot 0.003 \tag{5.9.c}$$

식 (5.7), (5.8), (5.9)를 식 (5.6)에 대입하면 중립축 거리 $x$에 관한 2차 방정식이 작성되며, 이를 풀어 철근과 콘크리트의 힘을 계산하면 된다. 각 힘을 계산하고 중립축으로부터 거리를 곱하면 구하고자 하는 모멘트를 구할 수 있다. 즉, 구하고자 하는 공칭휨모멘트의 외력 모멘트와 내력 저항모멘트는 같다.

$$M_n = Pe = C_c(h/2 - a/2) + C_s(h/2 - d') + T(h/2 - d') \tag{5.10}$$

중립축을 구하기 위하여 중립축을 가정하여 식 (5.6)의 평형방정식이 만족될 때까지 반복 계산하는 엑셀 프로그램을 작성하여 보자.

이를 위하여 Flow Chart 5.1을 먼저 작성해 보자. 가정한 중리축의 거리 $x$에 따른 콘크리트의 압축력과 철근의 압축력과 인장력을 계산하여 8단계에서 힘의 합계 $P+T-C_c-C_s$를 계산하여 허용하는 값보다 크게 나오면 중립축의 위치를 증가시키거나 감소시킨다. 즉, 힘의 합계가 '0'보다 크면 중립축의 길이를 증가시키고, 반대이면 감소시킨다.

힘의 합계가 허용하는 값보다 작게 되면 9단계로 넘어가 강도저감계수를 구하고, 공칭휨강도에 곱하여 최종 내력을 구한다.

## Flow Chart 5.1 ▌ 기둥의 공칭휨강도 계산

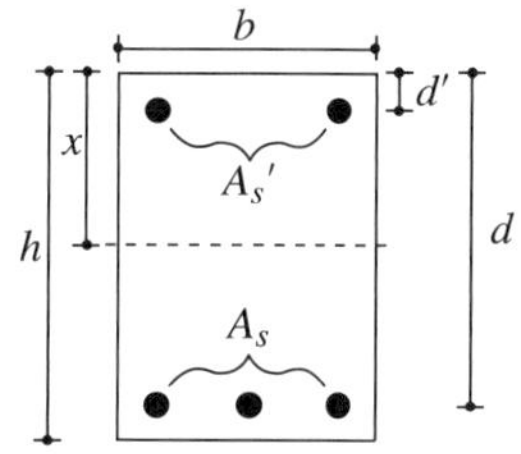


**1** Given : $f_{ck}$, $f_y$, $\beta_1$

**2** Input : $b, h$
Mainbar $-$ $D_{MB}$(직경), $A_{MB}$(단면적)
Stirrup $-$ $D_{ST}$

**3** Calculate : $d = h - cover - D_{ST} - \dfrac{D_{MB}}{2}$

↓

**4** 압축철근개수 $N_c$ 가정 → $A_s'$

↓

**5** 인장철근 개수 $N_t$ 선택 → $A_s$

↓

**6** 중립축길이 $x$의 가정

↓

**7** 변형도 및 반력의 계산

$C_s = A_s'(f_s' - 0.85 f_{ck})$

$f_s' = E_s \varepsilon_s'$, $\varepsilon_s' = \dfrac{x - d'}{x} \cdot 0.003$

$C_c = 0.85 f_{ck}(\beta_1 x b - As')$

$T = A_s \cdot f_s$

$f_s = E_s \varepsilon_t$, $\varepsilon_t = (d - x)/x \times 0.003$

↓ Yes

**8** 평형조건의 검토
힘의 합계$= P + T - C_c - C_s \le$ 허용치

NO → 6으로
힘의 합계 $\ge 0$, $x$ 증가
힘의 합계 $< 0$, $x$ 감소

**9** 최종결과의 출력

나선철근 $\phi = 0.7 + (\varepsilon_t - 0.002) \cdot 50$

기타 $\phi = 0.65 + (\varepsilon_t - 0.002) \cdot \dfrac{200}{3}$

$\phi M_n = \phi\left[c_c\left(\dfrac{h}{2} - \dfrac{a}{2}\right) + c_s\left(\dfrac{h}{2} - d'\right) + T\left(\dfrac{h}{2} - d'\right)\right]$

### (2) 균형상태의 공칭 축강도

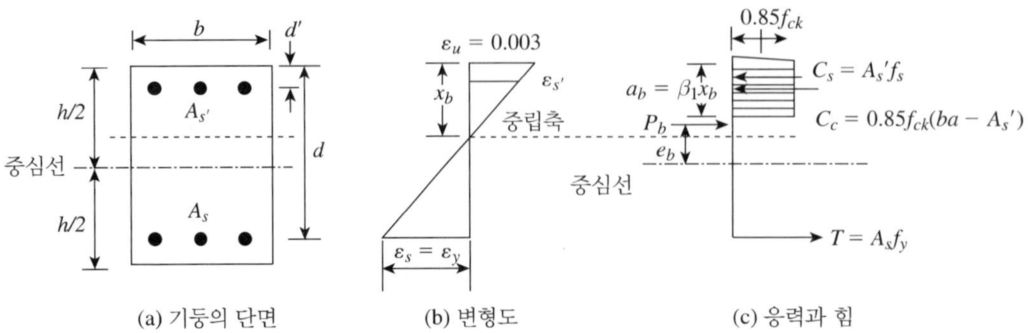


그림 5.8 ➡ 휨과 축력을 받는 부재의 균형상태

균형상태의 공칭 축강도를 산정하여 보자. 균형상태이므로 인장을 받는 철근의 변형도 $\varepsilon_t = \varepsilon_y$이다. 이때의 축강도를 $P_b$라 하고 편심거리를 $e_b$라 하자. 그림 5.8에서 균형상태의 중립축의 길이를 $x_b$라 하면 삼각형의 비례식에 따라 다음과 같은 관계식을 구할 수 있다.

$$\frac{x_b}{d} = \frac{0.003}{\varepsilon_y + 0.003} \tag{5.11.a}$$

여기에 $E_s = 2.0 \times 10^5$MPa을 대입하여 정리하면

$$x_b = \frac{600}{f_y + 600} d \tag{5.11.b}$$

힘의 평형조건으로부터 축강도 $P_b$를 구하여 식 (5.12)와 같이 된다.

$$P_b = C_c + C_s - T \tag{5.12}$$

$$C_c = 0.85 f_{ck}(ba_b - A_s') = 0.85 f_{ck}(b\beta_1 x_b - A_s') \tag{5.13}$$

$$C_s = A_s' f_s \tag{5.14.a}$$

$$\varepsilon_s' = \frac{x - d'}{x} \cdot 0.003 \tag{5.14.b}$$

$$f_s' = E_s \varepsilon_s' \ (\text{단, } f_s' \geq f_y \text{이면 } f_s' = f_y) \tag{5.14.c}$$

$$T = A_s f_y \tag{5.15}$$

균형상태의 공칭휨모멘트는 식 (5.16)과 같다.

$$M_{nb} = P_b e_b = C_c(h/2 - a/2) + C_s(h/2 - d') + T(h/2 - d') \tag{5.16}$$

위의 수식으로 편심거리 $e_b$를 구할 수 있다.

**예제 5.1**

그림의 철근콘크리트 기둥에 대해 $x$축에 대한 휨모멘트-하중 상관관계 곡선을 나타내시오. 단, 기둥의 단면은 400×600, 주철근은 8-D25, 후프철근은 D13을 사용, $f_{ck} = 27\text{MPa}$, $f_y = 400\text{MPa}$이다.

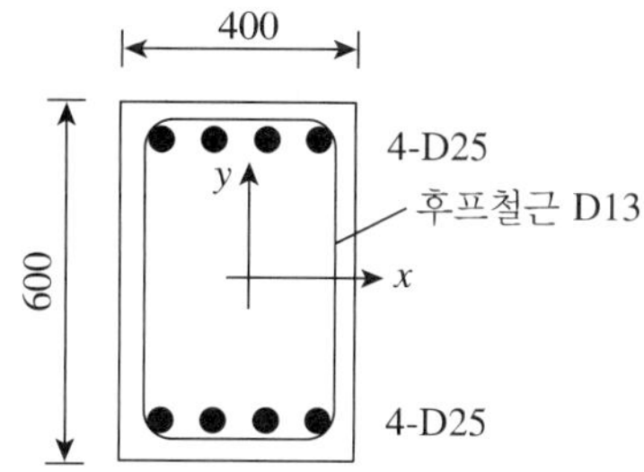


**풀이**

| | A | B | C | D | E | F | G | H | I | J | K |
|---|---|---|---|---|---|---|---|---|---|---|---|
| 1 | | | <기둥 공칭 축-모멘트강도> | | | | | | | | |
| 2 | | | | | | | | | | | |
| 3 | 1 | 입력 | fck= | 27 | Mpa | | | | | | |
| 4 | | | fy= | 400 | Mpa | | | | | [철근 데이터] | |
| 5 | 2 | 단면 | b= | 40 | ㎝ | | | | 공칭 | 직경(㎝) | 단면적(㎠) |
| 6 | | | h= | 60 | ㎝ | | | | D10 | 0.953 | 0.713 |
| 7 | | | | 공칭 | 직경(㎝) | 단면적(㎠) | | | D13 | 1.27 | 1.267 |
| 8 | | | 주근 | D25 | 2.54 | 5.067 | | | D16 | 1.59 | 1.986 |
| 9 | | | 스트럽 | D13 | 1.27 | 1.267 | | | D19 | 1.91 | 2.865 |
| 10 | | | 피복두께 | 4 | ㎝ | | | | D22 | 2.22 | 3.871 |
| 11 | 3 | 유효층 | d= | 53.46 | ㎝ | | | | D25 | 2.54 | 5.067 |
| 12 | 4 | 최대철근비의 계산 | | | | | | | | | |
| 13 | | | ß1= | 0.85 | | | | | | | |
| 14 | | | As'= | 20.268 | ㎠ | 압축철근개수 | 4 | 개 | | | |
| 15 | | | As= | 20.268 | ㎠ | 인장철근개수 | 4 | 개 | | | |
| 16 | | | Ag= | 2400 | ㎠ | Ast= | 40.536 | ㎠ | | | |
| 17 | | | d'= | 6.54 | ㎝ | $\varepsilon_y$= | 0.002 | | del= | 0.001 | |

그림 ➡ 〈예제 5.1〉_1

부재단면의 $x$축에 대하여 축력과 모멘트의 관계도를 작성하기로 한다. 16행까지는 입력값을 삽입한다. 다음은 4단계까지 엑셀의 수식을 설명한 것으로 자세한 것은 <예제 2.1>을 참조한다.

〈엑셀 계산식(셀의 내용)〉
E8 = VLOOKUP(D8,$J$6:$L$11,2)
F8 = VLOOKUP(D8,$J$6:$L$11,3)
E9 = VLOOKUP(D9,$J$6:$L$11,2)
F9 = VLOOKUP(D9,$J$6:$L$11,3)
D11 = D6−D10−E9−E8/2
D14 = G14*$F$8
D15 = G15*$F$8
D16 = D5*D6
G16 = D14+D15
D17 = D6−D11
G17 = D4/2E+5
  : 인장철근 강도/탄성계수
J17 = 반복계산시 중립축의 이동거리 입력
  : 중립축의 위치를 이동하는 값으로 처음에는 큰 양의 수(예 : 10.0)를 넣어서 힘의 합이 수렴하는 것을 확인하면서 점차 작은 숫자(예 : 0.01)를 대입한다.

| | A | B | C | D | E | F | G | H | I | J | K | L | M |
|---|---|---|---|---|---|---|---|---|---|---|---|---|---|
| 19 | | Pu(kN) | x(㎝) | Cc(kN) | $\varepsilon_s'$ | fs'(Mpa) | Cs(kN) | $\varepsilon_t$ | fs(Mpa) | T(kN) | Sum | x'(㎝) | Mn(kN-m) |
| 20 | Po | 6793.194 | | | | | | | | | | | 0 |
| 21 | 80% | 5434.56 | 58.99 | 4556.3 | 0.00267 | 400.00 | 764.20 | -0.00028 | -56.23 | -113.96 | 0.07 | 58.99 | 377.18 |
| 22 | 60% | 4075.92 | 45.69 | 3518.6 | 0.00257 | 400.00 | 764.20 | 0.00051 | 102.05 | 206.84 | -0.05 | 45.69 | 600.15 |
| 23 | 40% | 2717.28 | 34.32 | 2631.4 | 0.00243 | 400.00 | 764.20 | 0.00167 | 334.64 | 678.25 | -0.07 | 34.32 | 744.02 |
| 24 | 30% | 2037.96 | 27.31 | 2084.4 | 0.00228 | 400.00 | 764.20 | 0.00287 | 400.00 | 810.72 | 0.07 | 27.31 | 752.88 |
| 25 | 20% | 1358.64 | 18.82 | 1422.2 | 0.00196 | 391.53 | 747.04 | 0.00552 | 400.00 | 810.72 | 0.07 | 18.82 | 678.35 |
| 26 | 10% | 679.32 | 12.72 | 945.8 | 0.00146 | 291.44 | 544.17 | 0.00961 | 400.00 | 810.72 | 0.08 | 12.72 | 550.48 |
| 27 | 0% | 0.00 | 8.29 | 600.4 | 0.00063 | 126.72 | 210.31 | 0.01634 | 400.00 | 810.72 | -0.02 | 8.29 | 398.51 |

그림 ➡ 〈예제 5.1〉_2

그림 <예제 5.1>_2는 기둥의 공칭 축−휨강도의 자동계산을 위한 엑셀시트의 일부를 보여주는 것이다. 계산을 위하여 처음에 최대축력 $P_o$를 B20에 산정하고, 이 값의 0~80%까지 값을 B21:B27에 계산한다. Flow Chart 5.1에 따라 C21에 $x$의 값을 가정하고 그에 따른 변형도와 반력 등을 산정한다. 다음은 각 셀은 입력값이다.

B21 = $D$18*0.8

: 최대축하중 $P_0$의 80%

C21 = L21

: 중립축의 위치, 처음에는 보 춤의 절반보다 작은 수치를 대입하여 프로그램의 계산이 정상적으로 작동됨을 확인한 후에, 프로그램이 완성되어 자동연산을 시작할 때 '= L21'로 바꾸어 자동 반복계산 되도록 한다.

D21 = 0.85*$D$3*($D$5*C21*$D$13−$D$14)/10

: 콘크리트의 압축력 $C_c$

E21 = (C21−$D$17)/C21*0.003

: 압축철근의 변형도

F21 = IF(E21>=$G$17,$D$4,E21*200000)

: 압축철근의 응력

G21 = $D$14*F21/10

: 철근의 압축력 $C_s$

H21 = ($D$11−C21)/C21*0.003

: 인장철근의 변형도

I21 = IF(H21>=$G$17,$D$4,H21*200000)

: 인장철근의 응력

J21 = $D$15*I21/10

: 인장철근 힘, $T$

K21 = B21+J21−D21−G21

: 힘의 합력=$P+T-C_c-C_s$

L21 = IF(K21<0,C21−$L$19,C21+$L$19)

: 단면의 합력이 '0' 보다 크면 L21에서 J17의 값을 빼고, 작으면 J17의 값을 더한다. J17셀의 수식입력 후 옵션에 가서 반복계산(해설1) 값을 입력하고, J17셀의 del값을 수정해가며 Sum이 '0' 에 근접하여 수렴하도록 한다.

M21 = (D21*($D$6/2−C21*$D$13/2) + G21*($D$6/2−$D$17) + J21*($D$6/2−$D$17)) /100

: 공칭휨모멘트의 계산

엑셀의 21행을 완성하였으면 B21:M21을 선택하여 27행까지 드래그 다운하여 복사한다. 이제 28행 균형상태를 완성하여 보자. 균형상태의 거리 $x_b$는 식 (5.11)에 따라 정확하게 구할 수 있으므로 반복계산이 필요 없다. 따라서 C28에 다음 수식을 기입한다.

C28 = 600/(600+$D$4)*$D$11

D28:M28은 위의 행과 동일하므로 복사를 하면 된다. 즉, D27:M27를 선택하여(그림 <예제 5.1>_3 참조) 드래그 다운한다. 그러면 그림 <예제 5.1>_4와 같은 결과가 나오는데 아직 B28은 입력하지 않았다. K28은 힘의 합계이고 '0'이어야 하므로

다음을 입력하면 된다.

B28 = -K28

그러면 K28과 B28은 서로 참조하는 순환계산을 하게 되므로 B28의 값이 우리가 원하는 값을 얻을 수 없다. 따라서 순환참조를 하지 않도록 다음과 같이 K28의 수식을 변경하여야 한다. 그러면 최종적으로 그림 <예제 5.1>_2와 같은 결과를 얻을 수 있다.

K28 = J28-D28-G28

| | A | B | C | D | E | F | G | H | I | J | K | L | M |
|---|---|---|---|---|---|---|---|---|---|---|---|---|---|
| 19 | | Pu(kN) | x(㎝) | Cc(kN) | $\varepsilon_s'$ | fs'(Mpa) | Cs(kN) | $\varepsilon_t$ | fs(Mpa) | T(kN) | Sum | x'(㎝) | Mn(kN-m) |
| 20 | Po | 6793.194 | | | | | | | | | | | 0 |
| 21 | 80% | 5434.56 | 58.99 | 4556.3 | 0.00267 | 400.00 | 764.20 | -0.00028 | -56.23 | -113.96 | 0.07 | 58.99 | 377.18 |
| 22 | 60% | 4075.92 | 45.69 | 3518.6 | 0.00257 | 400.00 | 764.20 | 0.00051 | 102.05 | 206.84 | -0.05 | 45.69 | 600.15 |
| 23 | 40% | 2717.28 | 34.32 | 2631.4 | 0.00243 | 400.00 | 764.20 | 0.00167 | 334.64 | 678.25 | -0.07 | 34.32 | 744.02 |
| 24 | 30% | 2037.96 | 27.31 | 2084.4 | 0.00228 | 400.00 | 764.20 | 0.00287 | 400.00 | 810.72 | 0.07 | 27.31 | 752.88 |
| 25 | 20% | 1358.64 | 18.82 | 1422.2 | 0.00196 | 391.53 | 747.04 | 0.00552 | 400.00 | 810.72 | 0.07 | 18.82 | 678.35 |
| 26 | 10% | 679.32 | 12.72 | 945.8 | 0.00146 | 291.44 | 544.17 | 0.00961 | 400.00 | 810.72 | 0.08 | 12.72 | 550.48 |
| 27 | 0% | 0.00 | 8.29 | 600.4 | 0.00063 | 126.72 | 210.31 | 0.01634 | 400.00 | 810.72 | -0.02 | 8.29 | 398.51 |
| 28 | B.P. | | 32.08 | | | | | | | | | | |

그림 ➡ 〈예제 5.1〉_3

| | A | B | C | D | E | F | G | H | I | J | K | L | M |
|---|---|---|---|---|---|---|---|---|---|---|---|---|---|
| 19 | | Pu(kN) | x(㎝) | Cc(kN) | $\varepsilon_s'$ | fs'(Mpa) | Cs(kN) | $\varepsilon_t$ | fs(Mpa) | T(kN) | Sum | x'(㎝) | Mn(kN-m) |
| 20 | Po | 6793.194 | | | | | | | | | | | 0 |
| 21 | 80% | 5434.56 | 58.99 | 4556.4 | 0.00267 | 400.00 | 764.20 | -0.00028 | -56.24 | -113.98 | -0.03 | 58.99 | 377.16 |
| 22 | 60% | 4075.92 | 45.69 | 3518.5 | 0.00257 | 400.00 | 764.20 | 0.00051 | 102.07 | 206.87 | 0.06 | 45.69 | 600.16 |
| 23 | 40% | 2717.28 | 34.32 | 2631.3 | 0.00243 | 400.00 | 764.20 | 0.00167 | 334.67 | 678.31 | 0.06 | 34.32 | 744.03 |
| 24 | 30% | 2037.96 | 27.31 | 2084.5 | 0.00228 | 400.00 | 764.20 | 0.00287 | 400.00 | 810.72 | -0.01 | 27.31 | 752.88 |
| 25 | 20% | 1358.64 | 18.82 | 1422.3 | 0.00196 | 391.54 | 747.06 | 0.00552 | 400.00 | 810.72 | -0.03 | 18.82 | 678.36 |
| 26 | 10% | 679.32 | 12.72 | 945.8 | 0.00146 | 291.44 | 544.17 | 0.00961 | 400.00 | 810.72 | 0.08 | 12.72 | 550.48 |
| 27 | 0% | 0.00 | 8.29 | 600.4 | 0.00063 | 126.72 | 210.31 | 0.01634 | 400.00 | 810.72 | -0.02 | 8.29 | 398.51 |
| 28 | B.P. | | 32.08 | 2456.4 | 0.00239 | 400.00 | 764.20 | 0.00200 | 400.00 | 810.72 | -2409.86 | 32.08 | 771.53 |

그림 ➡ 〈예제 5.1〉_4

이제 $P-M$ 관계곡선을 그리기 위하여 B20:B27을 선택한 후, Ctrl을 누른 상태에서 M20:M27까지 같이 선택한다. 선택이 완료되면 삽입 → 차트 → 분산형을 차례로 선택하여 차트를 그린다. 균형상태의 점을 추가하기 위하여 차트를 선택한 후 우측 마우스를 누르면 메뉴가 나오는데 '데이터선택'을 선택하면 그림 <예제 5.1>_5의 창이 나온다. 추가 버튼을 누르면 그림 <예제 5.1>_6과 같은 추가의 창이 나오는데 '계열이름'에 A28을, '계열 X값'에 M28을, '계열 Y값'에 B28을 입력하면 그림 <예제 5.1>_7과 같은 차트를 얻을 수 있다.

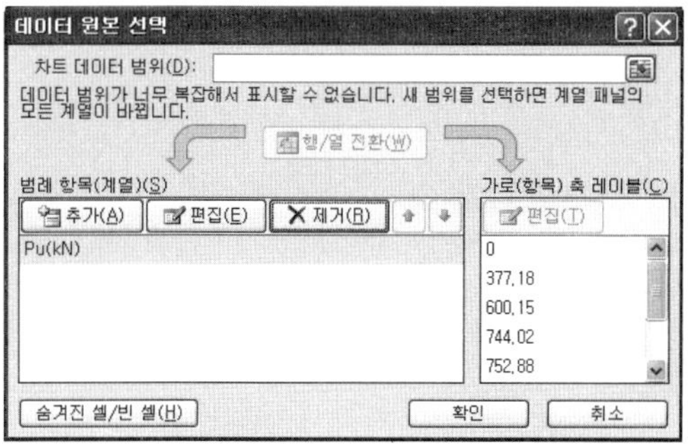


그림 〈예제 5.1〉_5

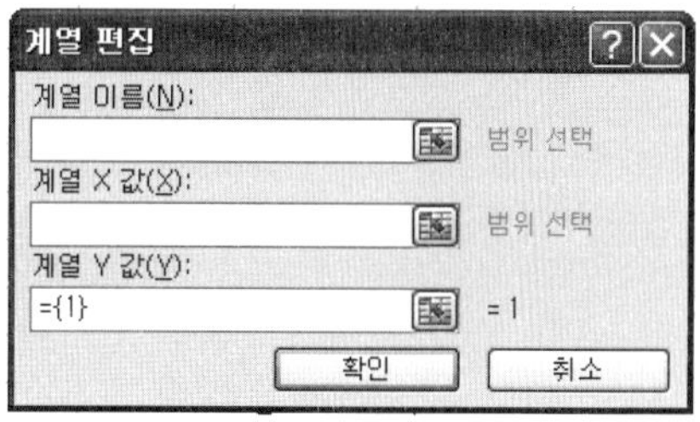


그림 〈예제 5.1〉_6

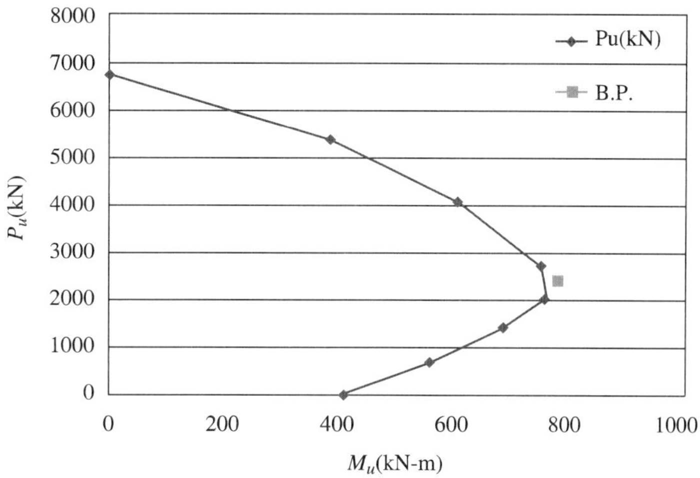


그림 〈예제 5.1〉_7

### 예제 5.2

〈예제 5.2〉 앞의 〈예제 5.1〉의 결과를 이용하여, 강도저감계수를 구하고 축하중과 모멘트에 강도저감계수를 곱하여 최대설계내력의 $P-M$ 곡선을 작성하여라.

### 풀 이

그림 <예제 5.2>_1과 같이 N21:P27을 추가 완성한다. $\phi$값을 산정하는 방법은 보의 경우와 동일하다. N열에서 구한 $\phi$값을 M열의 모멘트에 곱하여 O열에 계산한다. 또한 $\phi$값을 B열의 축력에 곱하여 P열에 계산한다. 다음은 입력수식의 결과이다.

|  | F | G | H | I | J | K | L | M | N | O | P |
|---|---|---|---|---|---|---|---|---|---|---|---|
| 19 | fs'(Mpa) | Cs(kN) | εt | fs(Mpa) | T(kN) | Sum | x'(㎝) | Mnx(kN-m) | Φ | ΦMnx(kN-m) | ΦPu(kN) |
| 20 |  |  |  |  |  |  |  | 0 |  | 0 | 3532.46 |
| 21 | 400.00 | 764.20 | -0.00028 | -56.15 | -113.80 | 0.94 | 58.99 | 377.36 | 0.65 | 245.28 | 3532.46 |
| 22 | 400.00 | 764.20 | 0.00051 | 101.91 | 206.56 | -1.03 | 45.69 | 600.02 | 0.65 | 390.02 | 2649.35 |
| 23 | 400.00 | 764.20 | 0.00167 | 334.40 | 677.76 | -1.27 | 34.32 | 743.91 | 0.65 | 483.54 | 1766.23 |
| 24 | 400.00 | 764.20 | 0.00287 | 400.00 | 810.72 | 0.77 | 27.31 | 752.83 | 0.71 | 533.24 | 1443.52 |
| 25 | 391.43 | 746.84 | 0.00552 | 400.00 | 810.72 | 0.98 | 18.82 | 678.20 | 0.85 | 576.47 | 1154.84 |
| 26 | 291.22 | 543.73 | 0.00962 | 400.00 | 810.72 | 1.22 | 12.72 | 550.24 | 0.85 | 467.70 | 577.42 |
| 27 | 126.14 | 209.15 | 0.01637 | 400.00 | 810.72 | 1.91 | 8.29 | 398.05 | 0.85 | 338.35 | 0.00 |
| 28 | 400.00 | 764.20 | 0.00200 | 400.00 | 810.72 | -2409.86 | 32.07 | 771.53 | 0.65 |  |  |

그림 ➡ 〈예제 5.2〉_1

```
N21 = IF(H21>0.005,0.85,IF(H21<0.002,0.65,0.65+(H21-0.002)*200/3))
O21 = N21*M21
P21 = N21*B21
```

상기 식을 입력한 후 N21:P21을 선택한 후 27행까지 드래그 다운한다. 후프철근의 경우 $P_u$의 최대값은 최대축하중의 80%이므로 P21의 값과 동일하여야 하므로

```
P20 = +P21
```

의 값을 삽입하면 <예제 5.2>_1과 같은 결과를 얻게 된다. 이 결과를 차트로 보기 위하여 P21:P27, O21:O27를 선택한 후 메뉴에서 삽입 → 차트 → 분산형을 차례로 선택한다. 최종적으로 <예제 5.2>_2와 같은 차트를 얻게 된다.

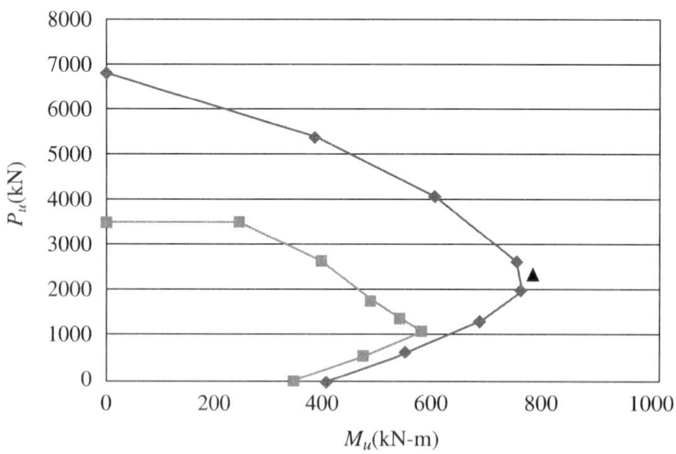


그림 ➡ 〈예제 5.2〉_2

## 5.4 철근이 다수의 Layer로 배근된 기둥

일반적으로 기둥의 철근은 압축과 인장철근으로 배근된 보의 경우와는 달리, 여러 layer로 철근이 배근되게 된다. 그림 5.9는 일반적으로 여러 layer로 된 철근이 배근된 경우로 압축을 받는 단부로부터 $l_i$만큼 떨어진 곳에 철근량 $A_i$가 배근된 경우를 나타낸 것이다. 이러한 경우 공칭 축하중과 휨모멘트는 각 layer에 배치된 철근의 변형도를 산정하고 응력을 계산하여 힘을 산정하면 된다. 즉, 앞의 5.3절에서는 인장철근과 압축철근의 두 가지 layer가 존재했지만 그림 5.9에서는 3개 이상의 layer가 존재한다. 철근의 변형도와 응력의 관계를 일관성 있게 하기 위하여 음과 양의 부호를 구분하여 산정하여야 한다. 일반적인 철근의 변형도는 식 (5.17)과 같다.

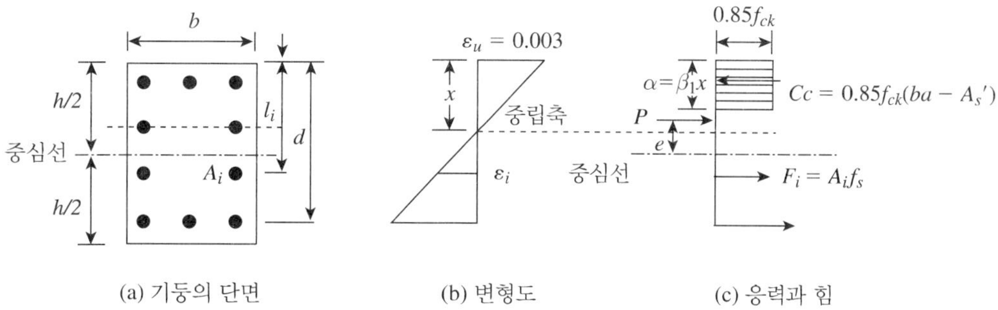


그림 5.9 철근이 여러 Layer로 배근된 기둥의 경우

$$\varepsilon_i = \frac{l_i - x}{x} 0.003 \tag{5.17}$$

$$f_s = E_s \varepsilon_i \tag{5.18}$$

$$F_i = A_{si} f_s \tag{5.19}$$

여기서, $F_i$ : $i$번째 layer 철근의 반력

$A_{si}$ : $i$번째 layer 철근의 면적

$l_i$ : $i$번째 layer 철근의 압축단부로부터의 거리

단면의 힘의 평형조건식은 다음과 같다.

$$\text{힘의 합력} = P + \sum_i F_i - C_c = 0 \tag{5.20}$$

식 (5.17)에서 중립축의 길이 $x$보다 $l_i$의 길이가 길면 양의 값을, 작으면 음의 값을 가지게 된다. 따라서 휨모멘트 산정에 있어서 철근의 반력이 (+)의 값인 경우에 (+) 거리값을 곱하여야 한다. 이를 수식화하면 식 (5.21)과 같다.

$$M_n = C_c(h/2 - a/2) + \sum F_i(l_i - h/2) \tag{5.21}$$

**예제 5.3**

다음 그림과 같은 단면에서 $x$축에 대한 휨모멘트–하중 상관관계 곡선을 그려보시오. 단, 기둥의 단면은 400×600, 주철근은 10-D25, 후프철근은 D13을 사용, $f_{ck} = 27\text{MPa}$, $f_y = 400\text{MPa}$이다.

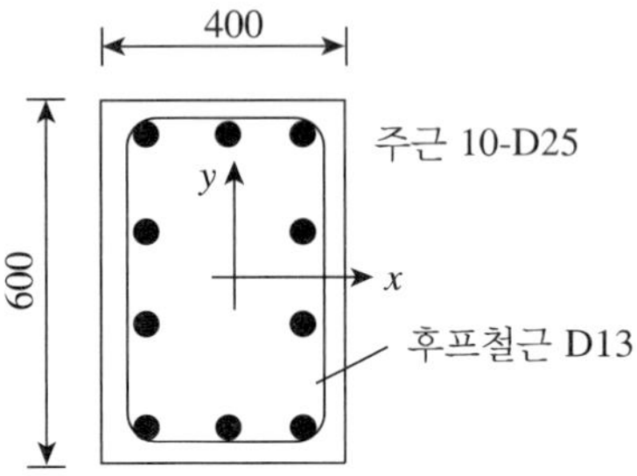


**풀이**

철근이 4개의 layer에 위치하므로 layer = 4이다. 그림의 상부로부터 첫 번째와 4번째 layer의 철근 개수는 3개이고, 2번째와 3번째 layer의 철근개수는 2이다. 철근 layer의 총 단면적 합과 위치를 산정하고 공칭 축강도 및 모멘트를 산정한다. 입력과 관계된 엑셀 시트는 그림 <예제 5.3>_1과 같다.

| | A | B | C | D | E | F | G | H | I | J | K |
|---|---|---|---|---|---|---|---|---|---|---|---|
| 1 | | | <기둥 공칭 축-모멘트강도> | | | | | | | | |
| 2 | | | | | | | | | | | |
| 3 | 1 | 입력 | fck= | 27 | Mpa | | | | | | |
| 4 | | | fy= | 400 | Mpa | | | | | [철근 데이터] | |
| 5 | 2 | 단면 | b= | 40 | cm | | | | 공칭 | 직경(cm) | 단면적(㎠) |
| 6 | | | h= | 60 | cm | | | | D10 | 0.953 | 0.713 |
| 7 | | | | 공칭 | 직경(cm) | 단면적(㎠) | | | D13 | 1.27 | 1.267 |
| 8 | | | 주근 | D25 | 2.54 | 5.067 | | | D16 | 1.59 | 1.986 |
| 9 | | | 스트럽 | D13 | 1.27 | 1.267 | | | D19 | 1.91 | 2.865 |
| 10 | | | 피복두께 | 4 | cm | | | | D22 | 2.22 | 3.871 |
| 11 | 3 | 유효층 | d= | 53.46 | cm | | | | D25 | 2.54 | 5.067 |
| 12 | 4 | 최대철근비의 계산 | | | | | | | | | |
| 13 | | | β1= | 0.85 | | 총 layer = | 4 | | | | |
| 14 | | | d'= | 6.54 | cm | 주근간격= | 15.64 | cm | | | |
| 15 | | | Ag= | 2400 | ㎠ | Ast= | 50.67 | ㎠ | | | |
| 16 | | | layer | 철근개수 | 철근면적 | 위치(cm) | 팔길이 | | | | |
| 17 | | | 1 | 3 | 15.201 | 6.54 | -23.46 | | | | |
| 18 | | | 2 | 2 | 10.134 | 22.18 | -7.82 | | | | |
| 19 | | | 3 | 2 | 10.134 | 37.82 | 7.82 | | | | |
| 20 | | | 4 | 3 | 15.201 | 53.46 | 23.46 | | | | |
| 21 | | | | | | εy= | 0.002 | | del= | 0.01 | |

그림 ➡ 〈예제 5.3〉_1

3단계까지는 앞의 〈예제 5.1〉과 동일

D14 = D6−D11

: 유효춤의 산정

G14 = (D6−2*D14)/(G13−1)

: 주근의 간격

D15 = D5*D6

: 총단면적

G15 =E17+E18+E19+E20

E17 = D17*$F$8

: layer에서 철근 단면적의 합계

F17 = $D$14+(C17−1)*$G$14

: 콘크리트 압축단부, 즉 상부로부터의 거리

G17 = F17−$D$6/2

: 콘크리트의 중심축으로부터의 거리

E18:G20은 E17:G17을 복사

| | A | B | C | D | E | F | G | H | I | J |
|---|---|---|---|---|---|---|---|---|---|---|
| 23 | | Pu(kN) | x(cm) | Cc(kN) | Sum | x'(cm) | Mnx (kN-m) | Φ | ΦMnx | ΦPu(kN) |
| 24 | Po | 7114 | | | | | 0 | | 0 | 3700 |
| 25 | 80% | 5692 | 57.38 | 4442.2 | -0.8 | 57.37 | 390 | 0.65 | 254 | 3700 |
| 26 | 60% | 4269 | 44.60 | 3445.1 | -0.8 | 44.59 | 582 | 0.65 | 379 | 2775 |
| 27 | 40% | 2846 | 34.00 | 2618.3 | -1.0 | 33.99 | 694 | 0.65 | 451 | 1850 |
| 28 | 30% | 2134 | 28.57 | 2194.1 | 0.8 | 28.58 | 703 | 0.69 | 486 | 1474 |
| 29 | 20% | 1423 | 23.24 | 1778.4 | -0.9 | 23.23 | 675 | 0.78 | 525 | 1106 |
| 30 | 10% | 711 | 17.39 | 1321.9 | 0.9 | 17.40 | 594 | 0.85 | 505 | 605 |
| 31 | 0% | 0 | 12.89 | 970.8 | -0.9 | 12.88 | 486 | 0.85 | 413 | 0 |
| 32 | B.P. | 2547 | 32.08 | 2468.0 | -2546.7 | 32.07 | 712 | 0.65 | 463 | 1655 |

그림 ➡ 〈예제 5.3〉_2

다음은 그림 <예제 5.3>_2의 셀에 입력한 수식에 대한 설명이다.

B24 = 0.85*($D$3*($D$5*$D$6−G15)+G15*$D$4)/10

: 최대축하중 $P_0$

J24 = J25

: 최대축하중의 $0.8P_0$

A25:A31에 80%~0%를 삽입한다.

B25 = A25*$B$24

: 최대축하중 $P_0$의 80%

B26:B31은 B25를 복사하여 B열을 먼저 작성한다.

C25 = F25

: 중립축의 위치, 처음에는 보 춤의 절반보다 작은 수치를 대입하여 프로그램의 계산이 정상

적으로 작동되고 있나 확인한 후에, 프로그램이 완성되어 자동연산을 시작할 때 '=F25' 로 바꾸어 자동 반복계산 되도록 한다.

D25 = 0.85*$D$3*($D$5*$D$13*C25−$E$17)/10

: 콘크리트의 압축력 $C_c$, 압축을 받는 철근의 면적을 정확하게 알 수 없으므로 첫 번째 layer의 철근면적 E17만을 제한다.

: 인장철근 힘, $T$

E25 = B25+N35−D25

: 힘의 합력 = $P+\sum_i F_i - C_c$

단, N35는 철근에 작용하는 힘의 합계로 그림 〈예제 5.3〉_3을 참조하라.

F25 = IF(E25<0,C25−$J$21,C25+$J$21)

: 단면의 합력이 '0' 보다 크면 L21에서 J21의 값을 빼고, 작으면 J21의 값을 더한다. J21셀의 수식입력 후 옵션에 가서 반복계산(해설1) 값을 입력하고, J21셀의 del값을 수정해가며 Sum이 0에 근접하여 수렴하도록 한다.

G25 = (D25*($D$6/2−C25*$D$13/2) + D35*$G$17 + G35*$G$18 + J35*$G$19 + M35*$G$20)/100

: 공칭휨모멘트의 계산

H25 = IF(K35>0.005,0.85,IF(K35<0.002,0.65,0.65+(K35−0.002)*200/3))

: 강도저감계수 $\phi$의 산정

I25 = H25*G25

J25 = H25*B25

B26:J31은 B25:J25를 선택한 후 드래그 다운으로 복사한다.

균형점(B.P)을 산정하기 위하여 먼저 다음의 중립축거리를 계산한다.

C32= 600/(600+$D$4)*$D$11

D32:J32는 윗줄 D31:J31을 복사하여 사용한다. 단, E32는 반복계산을 방지하기 위하여 다음과 같이 수정하여야 한다.

E32 = N42−D32

최종적으로 축력은 힘의 합계와 크기는 같고 부호는 반대이어야 하므로

A32 = −E32

각 철근 layer의 반력을 계산하기 위하여 그림 <예제 5.3>_3과 같이 산정한다. 다음은 각 셀의 수식이다.

| | A | B | C | D | E | F | G | H | I | J | K | L | M | N |
|---|---|---|---|---|---|---|---|---|---|---|---|---|---|---|
| 33 | | Layer 1 | | | Layer 2 | | | Layer 3 | | | Layer 4 | | | ΣF |
| 34 | Po | ε | fs(Mpa) | F(kN) | ε | fs(Mpa) | F(kN) | ε | fs(Mpa) | F(kN) | ε | fs(Mpa) | F(kN) | |
| 35 | 80% | -0.00266 | -400.00 | -608 | -0.00184 | -368.06 | -373 | -0.00102 | -204.50 | -207 | -0.00020 | -40.95 | -62 | -1251 |
| 36 | 60% | -0.00256 | -400.00 | -608 | -0.00151 | -301.60 | -306 | -0.00046 | -91.19 | -92 | 0.00060 | 119.23 | 181 | -825 |
| 37 | 40% | -0.00242 | -400.00 | -608 | -0.00104 | -208.61 | -211 | 0.00034 | 67.37 | 68 | 0.00172 | 343.36 | 522 | -229 |
| 38 | 30% | -0.00231 | -400.00 | -608 | -0.00067 | -134.13 | -136 | 0.00097 | 194.37 | 197 | 0.00261 | 400.00 | 608 | 61 |
| 39 | 20% | -0.00216 | -400.00 | -608 | -0.00014 | -27.32 | -28 | 0.00188 | 376.50 | 382 | 0.00390 | 400.00 | 608 | 354 |
| 40 | 10% | -0.00187 | -374.33 | -569 | 0.00083 | 165.36 | 168 | 0.00353 | 400.00 | 405 | 0.00622 | 400.00 | 608 | 612 |
| 41 | 0% | -0.00148 | -295.53 | -449 | 0.00216 | 400.00 | 405 | 0.00580 | 400.00 | 405 | 0.00944 | 400.00 | 608 | 970 |
| 42 | B.P. | -0.00239 | -400.00 | -608 | -0.00093 | -185.11 | -188 | 0.00054 | 107.44 | 109 | 0.00200 | 400.00 | 608 | -79 |

그림 ➡ 〈예제 5.3〉_3

```
B35 = ($F$17-$C25)/$C25*0.003
C35 = IF(B35>=$G$21,$D$4,IF(B35<=-$G$21,-$D$4,B35*200000))
D35 = C35*$E$17/10
E35 = ($F$18-$C25)/$C25*0.003
F35 = IF(E35>=$G$21,$D$4,IF(E35<=-$G$21,-$D$4,E35*200000))
G35 = F35*$E$18/10
H35 = ($F$19-$C25)/$C25*0.003
I35 = IF(H35>=$G$21,$D$4,IF(H35<=-$G$21,-$D$4,H35*200000))
J35 = I35*$E$19/10
K35 = ($F$20-$C25)/$C25*0.003
I35 = IF(K35>=$G$21,$D$4,IF(K35<=-$G$21,-$D$4,K35*200000))
M35 = L35*$E$20/10
N35 = D35+G35+J35+M35
```

B36:N42는 B35:N35를 드래그 다운하여 복사한다.

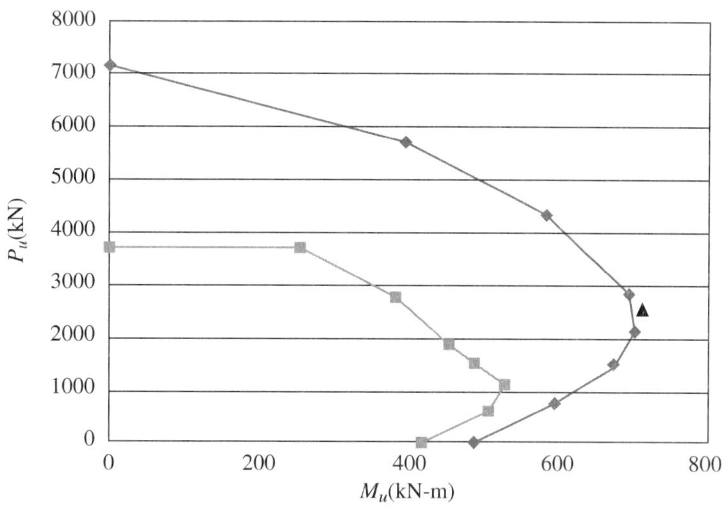


그림 ➔ 〈예제 5.3〉_4 $P-M$ 관계곡선

최종적으로 나온 $P-M$, 강도저감계수를 곱한 $P-M$ 관계도는 그림 <예제 5.3>_4와 같다. 그림에서 삼각형은 균형점이다.

## 5.5 이축 휨을 받는 기둥

일반적으로 모서리에 있는 기둥은 연결되는 보가 대칭이 아니므로 2방향으로 휨을 받게 된다. 이러한 경우와 같이 이축 휨을 받는 부재에 대한 설계가 필요하다. 이축 휨에 대한 설계를 수행하기 위하여 일축 휨을 받는 경우를 2차원으로 확대하여 사용하자. 일축 휨을 받는 경우를 확장하기 위하여 기둥단면의 모멘트에서 $x$방향의 모멘트를 $M_x$, $y$방향의 모멘트를 $M_y$라고 하자. 최대축력 $P$와 $M_x$, $M_y$의 관계도는 그림 5.10과 같다.

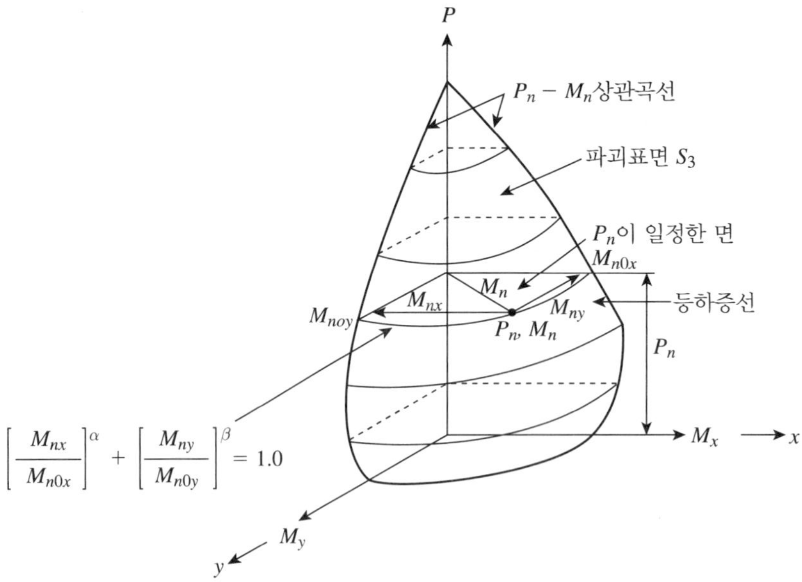


그림 5.10 ➡ 2방향 P-M 관계도

축력 $P_n$이 작용하는 점에서 공칭휨강도를 $M_{nx}$와 $M_{ny}$라 하자. 또한 $x$방향 모멘트만 작용한 경우의 공칭휨모멘트를 $M_{n0x}$, $y$방향 모멘트만 작용한 경우의 공칭휨모멘트를 $M_{n0y}$라 하자. 축하중 $P_n$이 작용하는 $xy$평면에서 Bresler(1960)는 식 (5.22)와 같은 관계식을 제안하였으며, 지수 $\alpha$와 $\beta$는 정방형 단면에서 장방형으로 변화하면서 1.15~1.55의 분포를 갖는다고 제안하였다.

$$\left[\frac{M_{nx}}{M_{n0x}}\right]^{\alpha} + \left[\frac{M_{ny}}{M_{n0y}}\right]^{\beta} = 1.0 \tag{5.22}$$

그림 5.10과 같은 삼차원의 그림을 작도하기보다는, 설계를 위하여 좀 더 효율적인 방법을 <예제 5.4>에서 작성해 보기로 하자.

### 예제 5.4

그림과 같은 단면에 작용하는 계수하중이 다음과 같이 2방향으로 작용할 때 내력을 검토하여라. 축하중 $P_u$=1200kN, $x$방향 휨모멘트 $M_{ux}$= 300kN·m, $y$방향 휨모멘트 $M_{uy}$=1200kN·m. 단, 기둥의 단면은 400×600, 주철근은 10-D25, 후프철근은 D13을 사용, $f_{ck}$ = 27MPa, $f_y$ = 400MPa이다.

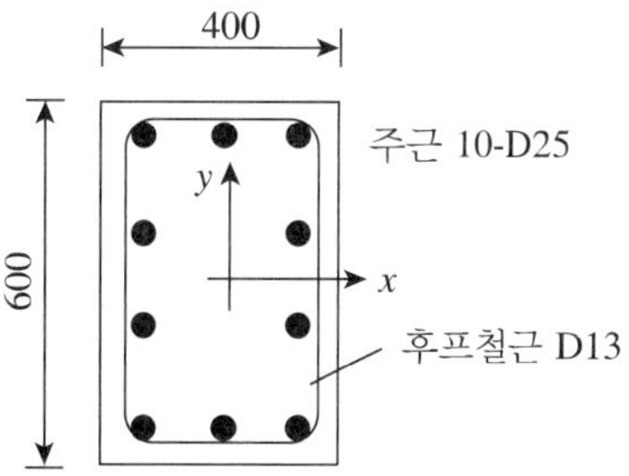


### 풀이

| | A | B | C | D | E | F | G | H | I | J | K |
|---|---|---|---|---|---|---|---|---|---|---|---|
| 1 | | | <기둥 공칭 축-모멘트강도> | | | | | | | | |
| 2 | | | | | | | | | | | |
| 3 | 1 | 입력 | fck= | 27 | Mpa | | | | | | |
| 4 | | | fy= | 400 | Mpa | | | | | [철근 데이터] | |
| 5 | 2 | 단면 | b= | 60 | cm | | | | 공칭 | 직경(cm) | 단면적(cm²) |
| 6 | | | h= | 40 | cm | | | | D10 | 0.953 | 0.713 |
| 7 | | | | 공칭 | 직경(cm) | 단면적(cm²) | | | D13 | 1.27 | 1.267 |
| 8 | | | 주근 | D25 | 2.54 | 5.067 | | | D16 | 1.59 | 1.986 |
| 9 | | | 스트럽 | D13 | 1.27 | 1.267 | | | D19 | 1.91 | 2.865 |
| 10 | | | 피복두께 | 4 | cm | | | | D22 | 2.22 | 3.871 |
| 11 | 3 | 유효춤 | d= | 33.46 | cm | | | | D25 | 2.54 | 5.067 |
| 12 | 4 | 최대철근비의 계산 | | | | | | | | | |
| 13 | | | β1= | 0.85 | | 총 layer = | 3 | | | | |
| 14 | | | d'= | 6.54 | cm | 주근간격= | 13.46 | cm | | | |
| 15 | | | Ag= | 2400 | cm² | Ast= | 50.67 | cm² | | | |
| 16 | | | layer | 철근개수 | 철근면적 | 위치(cm) | 팔길이 | | | | |
| 17 | | | 1 | 4 | 20.268 | 6.54 | -13.46 | | | | |
| 18 | | | 2 | 2 | 10.134 | 20.00 | 0 | | | | |
| 19 | | | 3 | 4 | 20.268 | 33.46 | 13.46 | | | | |
| 20 | | | 4 | | 0 | 46.92 | 26.92 | | | | |

그림 ➡ 〈예제 5.4〉_1 입력데이터

앞의 예제 결과를 이용하여 최대축력을 구하고 축력의 변화에 따른 $M_{n0x}$와 $M_{n0y}$를 계산하기로 한다. 먼저 $x$축에 대한 모멘트는 <예제 5.3>의 결과이므로 이를 $M_{n0x}$라 하자. $M_{n0y}$를 계산하기 위하여 <예제 5.3>의 시트를 <예제 5.4>라는 새로운 이름을 가진 시트로 복사하자. 복사 후에 입력 자료를 그림 <예제 5.4>_1과 같이 폭을 60cm, 춤을 40cm로 변경하고 layer의 개수를 3개, 1번째 layer의 철근 개수를 4, 2번째 개수를 2, 3번째를 4라고 수정한다. 변경 후에 J21의 값을 5, 1, 0.1, 0.01의 순으로 감소하면 힘의 합계 'Sum'의 열의 값이 '0'에 수렴하면서 그림 <예제 5.4>_2와 같은 결과를 얻는다. 그림 <예제 5.3>_4의 그림과 비교하면 $M_{n0y}$의 값은 $M_{n0x}$보다 작음을 알 수 있다.

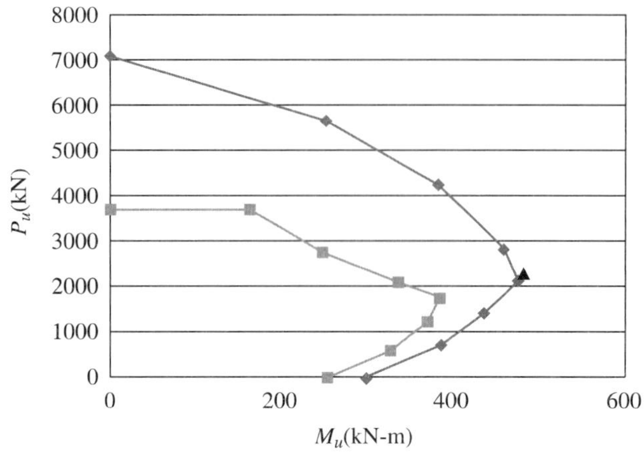


그림 ➡ 〈예제 5.4〉_2

그림 <예제 5.4>_3에서 $P_u$= 1200kN은 $\phi P_n$ 열의 J29의 값 1209와 J30의 값 605kN 사이에 존재한다. 따라서 이 두 점에 대하여 직선보간을 하여 $P_u$= 1200kN일 때의 $\phi M_{n0y}$을 구한다.

마찬가지로 <예제 5.3>의 결과에서 압축하중 $P_u$= 1200kN는 $\phi P_n$ 열의 J28의 값 1474와 J29의 값 1106kN 사이에 존재한다. 따라서 이 두 점에 대하여 직선보간을 하여 $P_u$= 1200kN일 때의 $\phi M_{n0y}$을 구한다.

| | A | B | C | D | E | F | G | H | I | J |
|---|---|---|---|---|---|---|---|---|---|---|
| 21 | | | | | | εy= | 0.002 | | del= | 0.001 |
| 22 | | | | | | | | | | |
| 23 | | Pn(kN) | x(cm) | Cc(kN) | Sum | x'(cm) | Mny (kN-m) | Φ | ΦMny | ΦPn(kN) |
| 24 | Po | 7114 | | | | | 0 | | 0 | 3700 |
| 25 | 80% | 5692 | 38.30 | 4436.5 | 0.0 | 38.30 | 254 | 0.65 | 165 | 3700 |
| 26 | 60% | 4269 | 29.61 | 3419.0 | 0.0 | 29.61 | 384 | 0.65 | 250 | 2775 |
| 27 | 40% | 2846 | 22.38 | 2572.7 | 0.1 | 22.38 | 460 | 0.74 | 339 | 2095 |
| 28 | 30% | 2134 | 19.01 | 2179.0 | -0.1 | 19.01 | 476 | 0.81 | 386 | 1729 |
| 29 | 20% | 1423 | 15.20 | 1732.6 | 0.1 | 15.20 | 437 | 0.85 | 371 | 1209 |
| 30 | 10% | 711 | 12.06 | 1365.4 | 0.2 | 12.06 | 387 | 0.85 | 329 | 605 |
| 31 | 0% | 0 | 8.44 | 941.7 | 0.2 | 8.44 | 301 | 0.85 | 255 | 0 |
| 32 | B.P. | 2306 | 20.08 | 2303.3 | -2305.6 | 20.08 | 482 | 0.78 | 378 | 1808 |

그림 ➡ 〈예제 5.4〉_3

추가 작업을 위하여 <예제 5.3>의 워크시트 이름을 '예제 5.3', <예제 5.4>의 워크시트 이름을 '예제 5.4'라 하자.

이제 2축방향의 내력을 검토하기 위하여 그림 <예제 5.4>_4와 같은 시트 '예제 5.4_2'를 추가해 보자. 1~2행에는 계수하중을 입력한다. 축력 $P_u$= 1200kN인 경우에 공칭강도를 검토하기 위하여 앞에서 구한 2개점의 결과를 가져온 후에 2개의 점들로부터 $\phi M_{n0x}$와 $\phi M_{n0y}$의 값을 구한다. 다음은 그에 대한 수식이다.

| | A | B | C | D | E | F | G |
|---|---|---|---|---|---|---|---|
| 1 | 계수하중 | Pu= | 1200 | kN | Mux= | 300 | kN-m |
| 2 | | | | | Muy= | 150 | kN-m |
| 3 | | x 방향 | | | y 방향 | | |
| 4 | 공칭강도 | ΦPn(kN) | ΦMnx | ΦMn0x | ΦPn(kN) | Φmny | ΦMn0y |
| 5 | 1점 | 1474 | 485.8 | 514.7 | 1209 | 371.4 | 370.8 |
| 6 | 2점 | 1106 | 524.6 | | 605 | 329.1 | |
| 7 | | α= | 1.2 | | | | |
| 8 | 배율 | 1.0 | 0.8 | 0.6 | 0.4 | 0.2 | 0.0 |
| 9 | ΦMnx | 515 | 412 | 309 | 206 | 103 | 0 |
| 10 | ΦMny | 0 | 111 | 194 | 265 | 325 | 371 |

그림 ➡ 〈예제 5.4〉_4 추가 시트

B5 = +예제 5.3!J28

: $\phi P_n$이 $P_u$=1200kN보다 큰 값 중 가장 근사한 값을 불러온다.

B6 = +예제 5.3!J29

: $\phi P_n$이 $P_u$=1200kN보다 작은 값 중 가장 근사한 값을 불러온다.

C5 = +예제 5.3!I28

C6 = +예제 5.3!I29

D5 = +(C5−C6)/(B5−B6)*(C1−B5)+C5

: 1점과 2점으로부터 $P_u$=1200kN일 때 모멘트를 직선보간 한다.

E5 = +예제 5.4!J29

E6 = +예제 5.4!J30

F5= +예제 5.4!I29

F6= +예제 5.4!I30

G5= +(F5−F6)/(E5−E6)*(C1−E5)+F5

이제 $\phi M_{n0x}$와 $\phi M_{n0y}$의 값을 이용하여 $\phi M_{nx}$가 1.0~0.0의 비율의 크기로 변할 때 $\phi M_{ny}$를 계산한다. 계산은 식 (5.22)를 참조하기 바란다. 본 계산에서 $\alpha = \beta = 1.2$라고 가정하였다. 수식을 작성하기 위하여 먼저 배율 1.0~0의 값을 B8~G8에 그림 <예제 5.4>_4와 같이 입력한다. 다음은 입력 수식이다.

B9 = +$D5*B$8

C10 = +(1-(B9/$D5)^$C$7)^(1/$C$7)*$G5

: 식 (5.21)에서 $M_{ny}$에 대하여 푼 수식이다. $\alpha=\beta$라 하면

$$M_{ny}=\left[1.0-\left(\frac{M_{nx}}{M_{n0x}}\right)^{\alpha}\right]^{1/\alpha}M_{n0y}$$

B9:B8을 선택하고 우측으로 G열까지 드래그하여 복사하면 그림 <예제 5.4>_4와 같은 결과가 나온다.

계수하중을 공칭강도에 강도감소계수를 곱한 값과 비교하기 위하여 B9:G10을 선택하고 삽입 → 차트 → 분산형의 메뉴를 선택하면 그림 <예제 5.4>_5와 같은 그림을 얻게 된다.

이때, 계수하중의 점을 입력하기 위하여 차트를 선택한 후 우측마우스를 선택하여 나온 메뉴에서 '데이터선택'을 선택하고 '추가' 버튼을 선택하면 그림 <예제 5.4>_6과 같은 창이 뜨는데 그림과 같이 계열이름, 계열 X와 계열 Y의 값을 입력하면 된다.

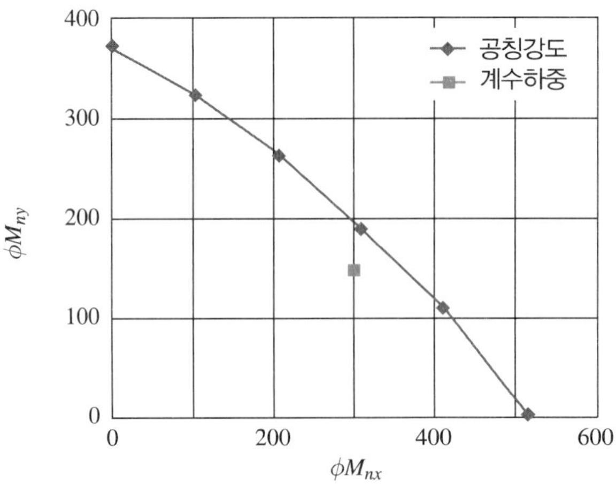


그림 ⟨예제 5.4⟩_5

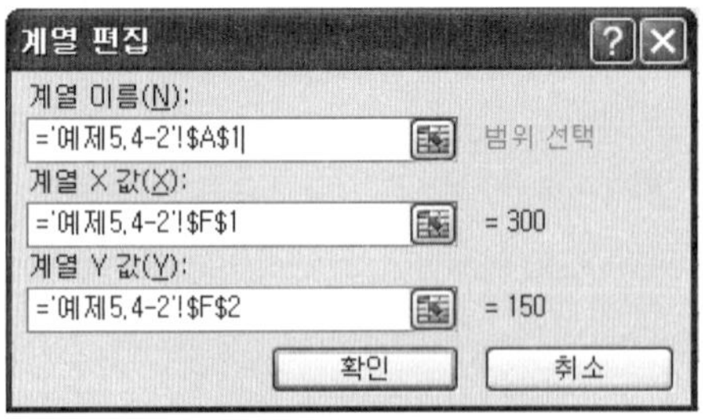


그림 ⟨예제 5.4⟩_6

## 5.6 압축부재의 띠철근 상세

압축부재에 사용되는 띠철근은 다음 규정을 따라야 한다. D32 이하의 축방향 철근은 D10 이상의 띠철근으로, D35 이상의 축방향 철근과 다발철근은 D13 이상의 띠철근으로 둘러싸야 하며, 띠철근 대신 등가단면적의 이형철선 또는 용접철망을 사용할 수 있다.

띠철근의 수직간격은 축방향 철근지름의 16배 이하, 띠철근이나 철선지름의 48배 이하, 또한 기둥 단면의 최소치수 이하로 하여야 한다.

모든 모서리 축방향 철근과 하나 건너 위치하고 있는 축방향 철근들은 135° 이하로 구부린 띠철근의 모서리에 의해 횡지지되어야 한다. 다만, 띠철근을 따라 횡지지된 인접한 축방향 철근의 순간격이 150mm 이상 떨어진 경우에는 추가 띠철근을 배치하여 축방향 철근을 횡지지하여야 한다. 또한 축방향 철근이 원형으로 배치된 경우에는 원형 띠철근을 사용할 수 있다.

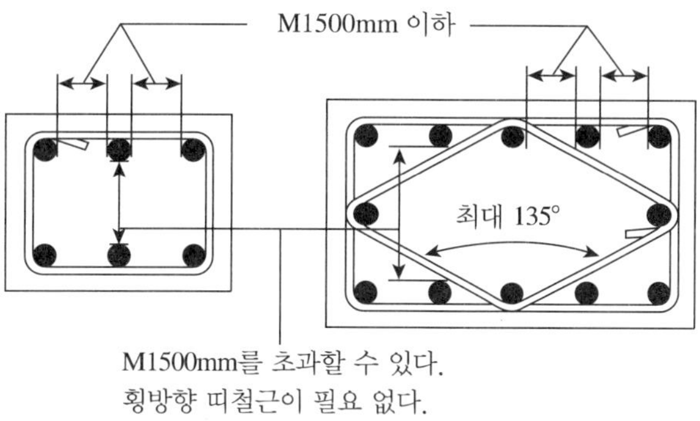


그림 5. 11 띠철근의 상세

기초판 또는 슬래브의 윗면에 연결되는 압축부재의 첫 번째 띠철근 간격은 다른 띠철근 간격의 1/2 이하로 하여야 하고 슬래브나 지판, 기둥전단머리에 배치된 최하단 수평철근 아래에 배치되는 첫 번째 띠철근도 다른 띠철근 간격의 1/2 이하로 하여야 한다.

보 또는 브래킷이 기둥의 4면에 연결되어 있는 경우에 가장 낮은 보 또는 브래킷의 최하단 수평철근 아래에서 75mm 이내에서 띠철근을 끝낼 수 있다.

# 06 사용성

## 6.1 균열 검토

사용성 검토는 균열, 처짐, 피로의 영향 등을 고려하여 이루어져야 한다. 콘크리트는 하중 외에도 크리프, 건조수축 등의 영향으로 균열과 처짐이 발생하므로 이에 대한 적극적인 대처가 필요하다.

특별히 수밀성이 필요한 경우와 미관이 중요한 구조를 제외하고는 일반적인 방법에 따라 균열을 제어하면 된다. 균열은 구조물의 열화를 가속시키는 요인으로 균열을 따라 콘크리트의 중성화가 진행하고 철근이 부식하게 된다. 일반적으로 균열을 제한하기 위하여 허용균열폭을 사용하는데 최대 균열폭은 0.3mm 이하면 적절하다.

부재는 하중에 의한 균열을 제어하기 위해 필요한 철근 외에도 필요에 따라 온도변화, 건조수축 등에 의한 균열을 제어하기 위한 추가적인 보강철근을 배치하여야 한다(온도철근에 대해서는 4.3절에서 이미 설명을 하였으니 참조하기 바란다). 그리고 균열 제어를 위한 철근을 필요로 하는 부재 단면의 주변에 분산시켜 배치시켜야 하고, 이 경우 지름이 작은 철근을 가능한 간격이 좁게 배근하여야 한다.

## 6.2 처짐

### (1) 유효강성

큰 처짐에 의하여 손상되기 쉬운 칸막이 벽이나 기타 구조물을 지지하지 않는 1방향 구조물의 경우 표 6.1에 정한 최소두께를 적용하여야 한다. 다만 처짐 계산에 의하여 표 6.2를 만족하는 경우, 표 6.1의 최소두께를 적용할 필요가 없다.

표 6.1의 값은 보통콘크리트($m_c$= 2300kg/m$^3$)와 설계기준항복강도 400MPa 철근을 사용한 부재에 대한 값이며, 다른 조건에 대해서는 그 값을 다음과 같이 보정하여야 한다.

① 1500~2000kg/m$^3$ 범위의 단위질량을 갖는 구조용 경량콘크리트에 대해서는 계산된 $h$ 값에 $(1.65-0.00031m_c)$를 곱하여야 하나 1.09보다 작지 않아야 한다.

② $f_y$가 400MPa 이외인 경우는 계산된 $h$ 값에 $(0.43+f_y/700)$를 곱하여야 한다.

표 6.1 ▎ 처짐을 계산하지 않는 경우의 보 또는 1방향 슬래브의 최소두께

| 부재 | 최소두께, $h$ | | | |
|---|---|---|---|---|
| | 단순 지지 | 1단 연속 | 양단 연속 | 캔틸레버 |
| | 큰 처짐에 의해 손상되기 쉬운 칸막이 벽이나 기타 구조물을 지지 또는 부착하지 않은 부재 | | | |
| • 1방향 슬래브 | $l/20$ | $l/24$ | $l/28$ | $l/10$ |
| • 보<br>• 리브가 있는 1방향 슬래브 | $l/16$ | $l/18.5$ | $l/21$ | $l/8$ |

처짐을 계산할 때 하중의 작용에 의한 순간처짐은 부재강성에 대한 균열과 철근의 영향을 고려하여 탄성처짐공식을 사용해 계산하여야 한다. 부재의 강성도를 엄밀한 해석방법으로 구하지 않는 한, 부재의 순간처짐은 콘크리트 탄성계수 $E_c$와 식 (6.1)의 유효단면2차모멘트를 이용하여 구하여야 한다. 이러한 유효단면2차모멘트는 휨모멘트가 작용하는 부재에 발생하는 균열의 영향을 고려한 것으로, 균열 이후 강성이 감소되는 현상을 고려한 것이다.

$$I_e = \left(\frac{M_{cr}}{M_a}\right)^3 I_g + \left[1 - \left(\frac{M_{cr}}{M_a}\right)^3\right] I_{cr} \le I_g \tag{6.1}$$

여기서,

$$M_{cr} = \frac{f_r I_g}{y_t} \tag{6.2}$$

$$\text{콘크리트 파괴계수 } f_r = 0.63\lambda\sqrt{f_{ck}}\ (MPa) \tag{6.3}$$

$y_t$ = 중립축에서 인장측 단부까지의 거리

단, $\lambda$는 경량콘크리트 계수로서 전경량 콘크리트의 경우에는 0.75, 모래경량 콘크리트에는 0.85, 보통중량 콘크리트에서는 1.0을 사용한다. 연속부재인 경우에 정 및 부모멘트에 대한 위험단면의 유효단면2차모멘트를 식 (6.1)로 구하고 그 평균값을 사용할 수 있다.

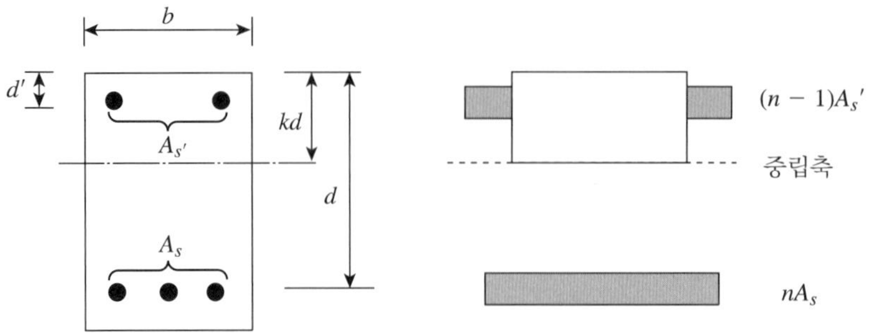


그림 6.1 ➡ 균열단면의 중립축

식 (6.1)에서 $I_{cr}$은 균열단면에서의 단면2차모멘트이다. 이를 구하기 위하여서는 균열 발생시의 중립축까지의 거리를 먼저 산정하여야 한다. 그림 6.1에서 $kd$는 압축단에서 중립축까지의 거리, $d$는 유효춤의 거리, $d'$는 압축철근까지의 거리이다. 그림 6.1 (b)는 유효단면적 나타낸 것으로 인장철근 면적에 $n$을 곱하고, 압축철근 면적에는 $n-1$을 곱한 값이다. 단, $n$은 철근의 탄성계수/콘크리트의 탄성계수로서, 탄성구조물의 경우 강성은 탄성계수에 비례함에 근거한다. 압축부위에서 철근면적에 $n-1$을 곱한 이유는 콘크리트의 면적과 중복되는 면적을 제외하고자 함이다. 이러한 유효단면은 중립축에 대하여 단면1차모멘트가 '0'이어야 한다. 즉,

$$\text{단면1차모멘트} = (n-1)A_s'(kd-d') + b(kd)\frac{kd}{2} - nA_s(d-kd) \\ = 0 \qquad (6.4)$$

위의 식 (6.4)에서 $kd$에 대한 2차 방정식을 풀어 중립축 계산이 가능하다. 그러나 엑셀을 이용하여 순환반복에 따라 간편하게 중립축을 계산할 수 있다. 이러한 방법은 <예제 6.1>을 참조하기 바란다.

일단 $kd$가 결정되면 그에 따른 균열단면2차모멘트 $I_{cr}$을 다음과 같이 산정한다.

$$I_{cr} = \frac{b(kd)^3}{3} + nA_s(d-kd)^2 + (n-1)A_s'(kd-d')^2 \qquad (6.5)$$

## (2) 장기처짐

휨부재의 크리프와 건조수축에 의한 추가 장기처짐은 해당 지속하중에 의해 생긴 순간처짐에 다음 계수를 곱하여 구할 수 있다.

$$\lambda_{\Delta} = \frac{\xi}{1+50\rho'} \tag{6.6}$$

여기서, $\rho'$는 단순 및 연속경간인 경우 보 중앙에서, 캔틸레버인 경우 받침부에서 구한 값으로 한다. 지속하중에 대한 시간경과계수 $\xi$는 다음과 같다.

- 5년 이상 2.0
- 12개월 1.4
- 6개월 1.2
- 3개월 1.0

식 (6.1)의 $I_e$값과 식 (6.6)의 장기처짐 효과를 고려하여 계산한 처짐량이 표 6.2에 제시된 최대 허용처짐값보다 작아야 한다.

**표 6.2** ❙ 최대 허용 처짐

<table>
<tr><th>부재의 형태</th><th>고려하여야 할 처짐</th><th>처짐 한계</th></tr>
<tr><td>• 과도한 처짐에 의해 손상되기 쉬운 비구조요소를 지지 또는 부착하지 않은 평지붕구조</td><td>• 활하중 $L$에 의한 순간처짐</td><td>$\frac{l}{180}$</td></tr>
<tr><td>• 과도한 처짐에 의해 손상되기 쉬운 비구조요소를 지지 또는 부착하지 않은 바닥구조</td><td>• 활하중 $L$에 의한 순간처짐</td><td>$\frac{l}{360}$</td></tr>
<tr><td>• 과도한 처짐에 의해 손상되기 쉬운 비구조요소를 지지 또는 부착한 지붕 또는 바닥구조</td><td rowspan="2">• 전체 처짐 중에서 비구조요소가 부착된 후에 발생하는 처짐부분(모든 지속하중에 의한 장기처짐과 추가적인 활하중에 의한 순간처짐의 합)</td><td>$\frac{l}{480}$</td></tr>
<tr><td>• 과도한 처짐에 의해 손상될 염려가 없는 비구조요소를 지지 또는 부착한 지붕 또는 바닥구조</td><td>$\frac{l}{240}$</td></tr>
</table>

**예제 6.1**

다음 그림과 같은 단순 보의 재령 6개월에서의 단기처짐과 재령 5년에서의 장기처짐을 계산하라. 또한 본 구조물이 과도한 처짐에 의해 손상되기 쉬운 비구조요소를 지지하는 바닥구조라 가정하여 검토하라.
단, 고정하중(자중포함)은 6kN/m, 활하중은 4kN/m(50%가 지속하중으로 작용), 보 스팬은 8m, 콘크리트의 강도는 27MPa, 철근의 강도는 400MPa이다. 보의 단면의 크기는 400×600이며 사용 주철근은 D25, 스터럽은 D13, 피복두께는 4cm이다.

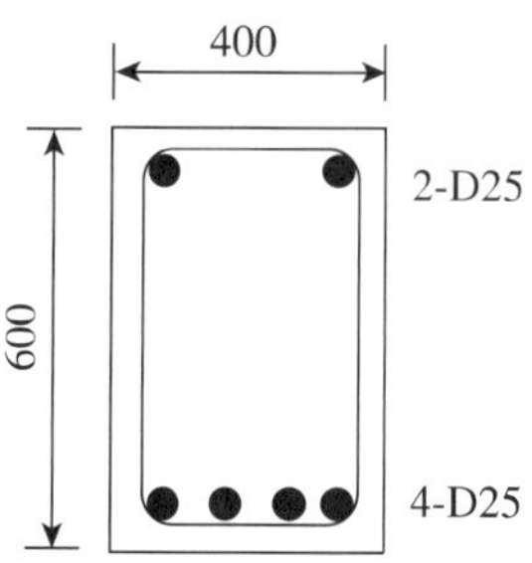

## 풀이

그림 <예제 6.1>_1과 같이 엑셀의 시트를 이용하여 입력데이터를 넣는다. 입력데이터에 따른 철근의 면적과 철근비의 계산식은 다음과 같다.

| | A | B | C | D | E | F | G | H | I | J | K |
|---|---|---|---|---|---|---|---|---|---|---|---|
| 1 | | | <단순보 처짐 검토> | | | | | | | | |
| 2 | 1 | 입력 | $f_{ck}$= | 27 | Mpa | $f_y$= | 400 | Mpa | | | |
| 3 | | | 보스팬 $l$ = | 8 | m | | | | | [철근 데이터] | |
| 4 | | | $\omega_D$ = | 6 | kN/m | $\omega_L$ = | 4 | kN/m | 공칭 | 직경(cm) | 단면적(cm²) |
| 5 | | | | | 활하중의 지속하중비= | | 0.5 | | D10 | 0.953 | 0.713 |
| 6 | 2 | 단면 | $b$= | 30 | cm | $h$= | 60 | cm | D13 | 1.27 | 1.267 |
| 7 | | | 피복두께 | 4 | cm | | | | D16 | 1.59 | 1.986 |
| 8 | | | | 공칭 | 직경(cm) | 단면적(cm²) | | | D19 | 1.91 | 2.865 |
| 9 | | | 인장철근 | D25 | 2.5 | 5.07 | | | D22 | 2.22 | 3.871 |
| 10 | | | 압축철근 | D25 | 2.5 | 5.07 | | | D25 | 2.5 | 5.07 |
| 11 | | | 스트럽 | D13 | 1.27 | 1.267 | | | | | |
| 12 | 3 | 유효춤 | $d$= | 53.48 | cm | $d'$= | 6.52 | cm | | | |
| 13 | | | $\beta_1$= | 0.85 | | | | | | | |
| 14 | | | | 개수 | 면적 | 철근비 | | | | | |
| 15 | | | 인장철근 | 4 | 20.28 | 0.01264 | | | | | |
| 16 | | | 압축철근 | 2 | 10.14 | 0.00632 | | | | | |
| 17 | 4 | 보의 최소두께 검토 | | | | | | | | | |
| 18 | | 단순 보의 최소춤 = $l/16$ | | | | | | | | | |
| 19 | | 보의 춤 = | 60 | > | 50 | cm | O.K | | | | |

그림 ➡ 〈예제 6.1〉_1

〈엑셀 수식〉

E9=VLOOKUP(D9,$I$5:$K$10,2)

F9=VLOOKUP(D9,$I$5:$K$10,3)

E10:F11은 E9:F9를 선택한 후 드래그 다운한다.

C19 = G6

E19 = D3*100/16

F19 = IF(C19>E19,"O.K","N.G.")

: '보의 춤>$l/16$' 을 만족하면 'O.K.' 를, 아니면 'N.G.' 를 표시

그림 〈예제 6.1〉_2는 단면2차모멘트와 균열발생시의 중립축 거리 $kd$를 산정한 것이다. $kd$는 중립축에 대하여 단면1차모멘트의 합이 '0' 이라는 조건을 만족하도록 순환참조를 이용하여 프로그래밍 하였다.

| | A | B | C | D | E | F | G | H |
|---|---|---|---|---|---|---|---|---|
| 20 | 5 | **모멘트 계산** | | | | | | |
| 21 | | $M_D$ = | 48.0 | kN-m | | | | |
| 22 | | $M_L$ = | 32.0 | kN-m | | | | |
| 23 | | $M_{D+L}$ = | 80.0 | kN-m | | | | |
| 24 | | $M_{sus}$ = | 64.0 | kN-m | | | | |
| 25 | 6 | **재료정수 계산** | | | | | | |
| 26 | | 콘크리트파괴계수 | $f_r$ = | 3.27 | Mpa | | | |
| 27 | | 콘크리트탄성계수 | $Ec$= | 24422 | Mpa | | | |
| 28 | | 탄성계수비 | $n$= | 8.60 | | | | |
| 29 | 7 | **중립축거리 kd** | | | | | | |
| 30 | | kd= | 18.55 | cm | | del inc.= | 0.0001 | |
| 31 | | | | | 면적 | 팔길이 | 1차모멘트 | 2차모멘트 |
| 32 | | | | | $cm^2$ | cm | $cm^3$ | $cm^4$ |
| 33 | | | 압축 | 철근 | 77.1 | 12.0 | 927.2 | 11158 |
| 34 | | | | 콘크리트 | 556.6 | 9.3 | 5163.5 | 47900 |
| 35 | | | 인장 | 철근 | 174.4 | -34.9 | -6090.6 | 212725 |
| 36 | | | | 합계 | | | **0.1** | **271,782** |
| 37 | | | | | | new kd= | 18.55 | |

그림 ➡ 〈예제 6.1〉_2

C21=D4*D3^2/8

C22=G4*D3^2/8

C23=C21+C22

C24=C21+G5*C22

D26=0.63*SQRT(D2)

D26=4700*SQRT(D2)

D27=210000/D27

D28=D6*G6^3/12

C30=G37

: G37과 상호순환 참조함. 초기에는 “10” 이라는 숫자를 넣은 후, 프로그램이 완성되면 “=G37” 을 입력한다.

E33=E16*(D28–1)

: 압축철근의 등가면적

F33=C30–G12

: 압축철근의 중립축까지의 거리. 단, 압축측은 (+), 인장측은 (–)

G33=E33*F33

: 중립축에 대한 압축철근의 단면1차모멘트

H33=E33*F33^2

: 중립축에 대한 압축철근의 단면2차모멘트

E34=D6*C30

: 압축콘크리트의 면적

F34=C30/2

: 압축콘크리트의 중립축까지의 거리. 단, 압축측은 (+)

E35=E15*D28

: 인장철근의 등가면적

F36=-(D12-C30)

: 인장철근의 중립축까지의 거리. 단, 압축측은 (+), 인장측은 (-)

G34:H35는 G33:H33을 드래그 다운함

G36 = SUM(G33:G35)

H36 = SUM(H33:H35)

G37=IF(G36〉0,C30-G30,C30+G30)

: 1차모멘트의 값이 '0' 보다 크면 del inc만큼 증가, 작으면 감소함. 여기에서 순환참조가 가능하도록 'Excel' 옵션에서 '수식' 에 가서 '반복계산 사용' 을 체크한다. 그림 〈예제 6.1〉_3 참조

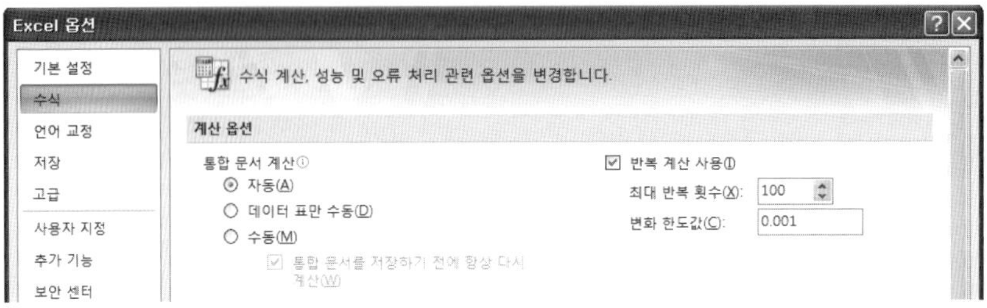


그림 ➡ 〈예제 6.1〉_3

그림 <예제 6.1>_4는 8단계 유효단면의 계산부터 11단계 처짐 검토까지 엑셀 도표를 나타낸 것이다. 각 셀의 입력수식은 다음과 같다.

| | A | B | C | D | E | F | G | H |
|---|---|---|---|---|---|---|---|---|
| 38 | 8 | 유효단면 2차 모멘트 계산 | | | | | | |
| 39 | | $I_{cr}$ = | 271,782 | $cm^4$ | $I_g$ = | 540,000 | $cm^4$ | |
| 40 | | $M_{cr}$ = | 58.92 | kN-m | | | | |
| 41 | | | | $M_a$ | $M_{cr}/M_a$ | $I_e(cm^4)$ | 최종 $I_e$ | |
| 42 | | 고정하중만 작용하는 경우 | | 48.0 | 1.23 | 767,973 | 540,000 | |
| 43 | | 지속하중만 작용하는 경우 | | 64.0 | 0.92 | 481,113 | 481,113 | |
| 44 | | D+L 가 작용하는 경우 | | 80.0 | 0.74 | 378,960 | 378,960 | |
| 45 | 9 | 탄성처짐 | | | | | | |
| 46 | | 고정하중만 작용하는 경우 | | $(\Delta_i)_D$ | 0.24 | cm | | |
| 47 | | 지속하중만 작용하는 경우 | | $(\Delta_i)_{SUS}$ | 0.36 | cm | | |
| 48 | | D+L 가 작용하는 경우 | | $(\Delta_i)_{D+L}$ | 0.58 | cm | | |
| 49 | | 추가적인 활하중$(\Delta_i)_L = (\Delta_i)_{D+L} - (\Delta_i)_D$ = | | | 0.33 | cm | | |
| 50 | 10 | 장기처짐(단위 : cm) | | | | | | |
| 51 | | 재령 | z | λ | $\lambda(\Delta_i)_{SUS}$ | $\lambda(\Delta_i)_{SUS} + (\Delta_i)_L$ | | |
| 52 | | 6개월 | 1.2 | 0.91 | 0.44 | 0.77 | | |
| 53 | | 5년 | 2.0 | 1.52 | 0.73 | 1.06 | | |
| 54 | 11 | 처짐검토 | | | | | | |
| 55 | | 처짐에 의해 손상될 염려가 있는 비구조 요소를 지지하는 바닥구조에 대하여 | | | | | | |
| 56 | | 지속하중에 의한 장기처짐과 추가적인 활하중에 의한 순간처짐의 합(허용기준 =l/480) | | | | | | |
| 57 | | | $\lambda(\Delta_i)_{SUS} + (\Delta_i)_L$ = | 1.06 | < | 1.7 | cm | O.K |

그림 ➡ 〈예제 6.1〉_4

C39 = H36
F39 = D6*G6^3/12
C40 = D26*F39/(G6/2)/1000
: 식 (6.2) 참조
D42= C21
D43 = C24
D44 = C23
E42 = $C$40/C21
F42 = E42^3*$F$39+(1−E42^3)*$C$39
: 식 (6.1) 참조
G42 = IF(F42>$F$39,F39,F42)
: F42에서 계산된 $I_e < I_g$ 이어야 함
E43:G44는 E42:G42를 선택한 후 드래그 다운한다.
E46 = 5/48*D42*$D$3^2/$D$27/G42*10000000
E47:E48은 E46을 선택한 후 드래그 다운한다.
E49 = E48−E46
D52 = C52/(1+50*$F$16)
: 식 (6.6) 참조
E52 = C52*$E$47
F52 = E52+$E$49
D53:F53은 D52:F52를 선택한 후 드래그 다운한다.
D57 = F53
F57 = D3*100/480

# 07 정착과 이음

# 7.1 정착

정착길이 개념은 철근의 묻힘길이에 대하여 얻을 수 있는 평균 부착응력에 기초를 두고 있다. 높은 응력을 받는 철근은 상대적으로 얇은 콘크리트 단면을 따라 쪼개려는 경향이 있으므로 소정의 정착길이가 필요하다. 매스콘크리트에서 철근이 평행하게 배근된 경우, 철근 평면을 따라 취약한 면이 형성되어 이 면을 따라 부재의 길이방향으로 콘크리트가 쪼개질 수 있다.

실제 설계에서 정착길이는 철근에서 발생하는 최대 응력점을 지나 철근이 확보해야 할 최소 묻힘길이를 의미한다. 강도감소계수 $\phi$는 사용하지 않는데, 그 이유는 정착길이와 겹침이음길이를 구하는 식에 이미 강도감소를 고려한 안전율을 포함하고 있기 때문이다.

철근콘크리트 부재 각 단면의 철근에 작용하는 인장력 또는 압축력이 단면의 양측에서 발휘될 수 있도록 묻힘길이, 갈고리, 기계적 정착, 또는 이들의 조합에 의하여 철근을 정착하여야 한다. 이 때 갈고리는 압축철근의 정착에 유효하지 않은 것으로 본다.

## 1) 인장철근의 정착

인장 이형철근 및 이형철선의 정착길이 $l_d$는 ① 기본정착길이 $l_{db}$에 보정계수를 고려하는 방법, ② 계산식에 의한 방법 중에서 어느 하나를 선택하여 적용할 수 있다. 본 장에서는 보정계수를 이용하는 방법을 먼저 소개하며, 후에 계산식의 방법을 소개하고자 한다.

### (1) 보정계수에 의한 법

인장 이형철근 및 이형철선의 기본정착길이 $l_{db}$는 식 (7.1)에 의해 구한다. 그리고 배근위치, 에폭시 도막 여부 및 콘크리트의 종류에 따른 보정계수는 표 7.1에 의해 구한다.

$$l_{db} = \frac{0.6 d_b f_y}{\sqrt{f_{ck}}} \tag{7.1}$$

표 7.1 ▎ 최대 허용 처짐

| 조건 \ 철근지름 | D19 이하의 철근과 이형철선 | D22 이상의 철근 |
|---|---|---|
| • 정착되거나 이어지는 철근의 순간격이 $d_b$ 이상이고, 피복두께도 $d_b$ 이상이면서, $l_d$ 전 구간에 이 기준에서 규정된 최소 철근량 이상의 스터럽 또는 후프철근을 배치한 경우 또는 정착되거나 이어지는 철근의 순간격이 2 $d_b$ 이상이고, 피복두께가 $d_b$ 이상인 경우 | $\frac{0.8\alpha\beta}{\lambda}$ | $\frac{\alpha\beta}{\lambda}$ |
| • 기타 | $\frac{1.2\alpha\beta}{\lambda}$ | $\frac{1.5\alpha\beta}{\lambda}$ |

그리고 표 7.1에 수록된 $\alpha$, $\beta$, $\lambda$는 다음에 따라 결정한다.

표 7.2 ▎ 정착길이 보정계수

| | | |
|---|---|---|
| $\alpha =$ **철근배치 위치계수** | (가) 상부철근(정착길이 또는 겹침이음부 아래 300 mm를 초과되게 굳지 않은 콘크리트를 친 수평철근) | 1.3 |
| | (나) 기타 철근 | 1.0 |
| $\beta =$ **에폭시 철근 도막계수** | (가) 피복두께가 $3d_b$ 미만 또는 순간격이 $6d_b$ 미만인 에폭시 도막철근 또는 철선 | 1.5 |
| | (나) 기타 에폭시 도막철근 또는 철선 | 1.2 |
| | (다) 아연도금 철근 | 1.0 |
| | (라) 도막되지 않은 철근 | 1.0 |

에폭시 도막철근이 상부철근인 경우에 상부철근의 보정계수 $\alpha$와 에폭시 도막계수 $\beta$의 곱 $\alpha\beta$가 1.7보다 클 필요는 없다. 이렇게 구한 정착길이 $l_d$는 항상 300mm 이상이어야 한다. $\lambda$는 경량콘크리트 계수로서 전경량 콘크리트의 경우에는 0.75, 모래경량 콘크리트에는 0.85, 보통중량 콘크리트에서는 1.0을 사용한다.

### (2) 수식에 의한 방법

인장 이형철근 및 이형철선의 정착길이 $l_d$는 다음 식 (7.2)에 따라 구할 수 있다.

$$l_d = \frac{0.90 d_b f_y}{\lambda \sqrt{f_{ck}}} \frac{\alpha\beta\gamma}{\left(\dfrac{c + K_{tr}}{d_b}\right)} \tag{7.2}$$

식 (7.2)에서 $\dfrac{c + K_{tr}}{d_b}$은 2.5 이하이어야 한다. 그리고 계수 $\gamma$, $c$, $K_{tr}$은 다음과 같다.

① $\gamma =$ 철근 또는 철선의 크기 계수
(가) D19 이하의 철근과 이형철선 : 0.8
(나) D22 이상의 철근 : 1.0

② $c =$ 철근간격 또는 피복두께에 관련된 치수
철근 또는 철선의 중심으로부터 콘크리트 표면까지의 최단거리 또는 정착되는 철근 또는 철선의 중심 간 거리의 1/2 중 작은 값을 사용하여 mm 단위로 나타낸다.

③ $K_{tr} =$ 횡방향 철근지수$= \dfrac{40A_{tr}}{sn}$, 횡방향 철근이 배치되어 있더라도 설계를 간편하게 하기 위해 $K_{tr} = 0$으로 사용할 수 있다.
단, $s$ : 정착길이 $ld$가 구간 내에 있는 횡방향 철근의 최대중심 간격
$n$ : 쪼개질 가능성이 있는 경우 평면을 따라 정착되거나 이어지는 철근의 개수

## 2) 압축 이형철근의 정착

압축 이형철근의 정착길이 $l_d$는 식 (7.3)의 기본정착길이 $l_{db}$을 구하고 보정계수를 곱하여 구하여야 한다. 다만, 이 때 구한 $l_d$는 항상 200mm 이상이어야 한다.

$$l_{db} = \frac{0.25 d_b f_y}{\lambda \sqrt{f_{ck}}} \geq 0.043\, d_b f_y \tag{7.3}$$

압축 이형철근의 기본정착길이 $l_{db}$에 대한 보정계수는 다음과 같다.

① 해석결과 요구되는 철근량을 초과하여 배치한 경우 : $\left(\dfrac{\text{소요}A_s}{\text{배근}A_s}\right)$

② 지름이 6mm 이상이고 나선간격이 100mm 이하인 나선철근 또는 중심간격 100mm 이하로 압축부재에 사용되는 띠철근 요구조건에 따라 배치된 D13 후프철근으로 둘러싸인 압축 이형철근 : 0.75

### 3) 표준갈고리를 갖는 인장 이형철근의 정착

그림 7.1과 같이 단부에 표준갈고리가 있는 인장 이형철근의 정착길이 $l_{dh}$는 기본정착길이 $l_{hb}$에 보정계수를 곱하여 구하여야 한다. 다만, 이렇게 구한 정착길이 $l_{dh}$는 항상 $8d_b$ 이상 또한 150mm 이상이어야 한다.

철근의 설계기준항복강도가 400MPa인 경우, 기본정착길이 $l_{hb}$는 다음 식 (7.4)에 의해 구할 수 있다. $\beta$와 $\lambda$는 앞의 7.1절의 내용[기준 8.2.2(2)]에 따라 구한다.

$$l_{hb} = \frac{0.24\beta d_b f_y}{\lambda\sqrt{f_{ck}}} \tag{7.4}$$

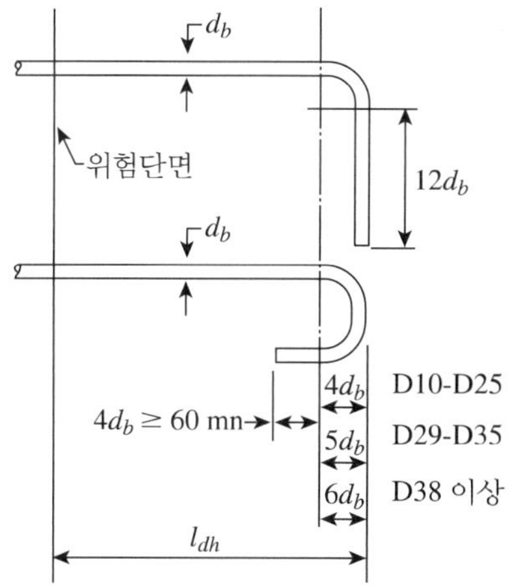


그림 7.1 ➡ 표준갈고리 정착상세

이때, 표준갈고리를 갖는 인장 이형철근의 기본정착길이 $l_{hb}$에 대한 보정계수는 다음과 같다.

① D35 이하 철근에서 갈고리 평면에 수직방향인 측면 피복두께가 70mm 이상이며, 90° 갈고리에 대해서는 갈고리를 넘어선 부분의 철근 피복두께가 50mm 이상인 경우 : 0.7

② D35 이하 90° 갈고리 철근에서 정착길이 $l_{dh}$ 구간을 $3d_b$ 이하 간격으로 후프철근 또는 스터럽이 정착되는 철근을 수직으로 둘러싼 경우, 또는 갈고리 끝 연장부와 구부림부의 전 구간을 $3d_b$ 이하 간격으로 후프철근 또는 스터럽이 정착되는 철근을 평행하게 둘러싼 경우 : 0.8

③ D35 이하 180° 갈고리에서 정착길이 $l_{dh}$ 구간을 $3d_b$ 이하 간격으로 후프철근 또는 스터럽이 정착되는 철근을 수직으로 둘러싼 경우 : 0.8

④ 전체 $f_y$를 발휘하도록 정착을 특별히 요구하지 않는 단면에서 휨철근이 소요철근량 이상 배치된 경우 : $\left(\dfrac{\text{소요}A_s}{\text{배근}A_s}\right)$

다만 ②, ③에서 첫 번째 후프철근 또는 스터럽은 갈고리의 구부러진 부분 바깥면부터 $2d_b$ 이내에서 갈고리의 구부러진 부분을 둘러싸야 한다.

갈고리는 압축을 받는 경우 철근정착에 유효하지 않은 것으로 보아야 한다.

### 4) 다발철근의 정착

인장 또는 압축을 받는 하나의 다발철근 내에 있는 개개 철근의 정착길이 $l_d$는 다발철근이 아닌 경우의 각 철근의 정착길이보다 3개의 철근으로 구성된 다발철근에 대해서는 20%, 4개의 철근으로 구성된 다발철근에 대해서는 33%를 증가시켜야 한다.

다발철근의 정착길이 $l_d$를 계산할 때 식 (7.1)과 표 7.1의 순간격, 피복두께 및 도막계수를 계산하기 위해서는 다발철근 전체와 동등한 단면적과 도심을 가지는 하나의 철근으로 취급하여야 한다.

**예제 7.1**

다음의 보단면 및 배근도에 대한 아래 그림에서 주철근의 정착길이를 계산하여라. 콘크리트의 강도는 24MPa, 철근의 강도는 400MPa이다. 사용하는 주철근은 D22, 스터럽은 D10@150 피복두께는 40mm를 사용한다.

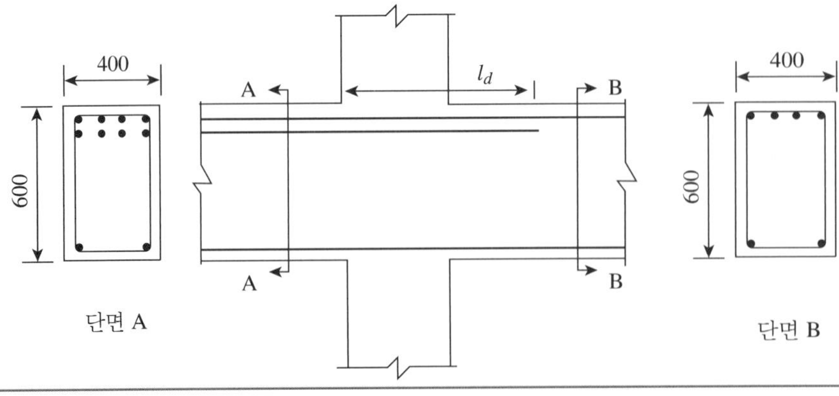

## 풀이

| | A | B | C | D | E | F | G | H | I | J | K | L |
|---|---|---|---|---|---|---|---|---|---|---|---|---|
| 1 | | | | <인장철근의 정착> | | | | | | | | |
| 2 | 1 | 입력 | $f_{ck}$= | 24 | Mpa | $f_y$= | 400 | Mpa | | | [철근 데이터] | |
| 3 | 2 | 단면 | $b$= | 40 | cm | $h$= | 60 | cm | | 공칭 | 직경(cm) | 단면적(cm$^2$) |
| 4 | | | 피복두께 | 4 | cm | | | | | D10 | 0.953 | 0.713 |
| 5 | | | | 공칭 | 직경(cm) | 단면적(cm$^2$) | | | | D13 | 1.27 | 1.267 |
| 6 | | | 주철근 | D22 | 2.22 | 3.871 | | | | D16 | 1.59 | 1.986 |
| 7 | | | 스트럽 | D10 | 0.953 | 0.713 | | | | D19 | 1.91 | 2.865 |
| 8 | | | 정착되는 철근개수 n= | 4 | | | | | | D22 | 2.22 | 3.871 |
| 9 | 3 | 기본정착길이 | $l_{db}$ = | 108.8 | cm | | | | | D25 | 2.5 | 5.07 |

그림 ➡ 〈예제 7.1〉_1

먼저 1단계와 2단계에 필요한 데이터를 그림 <예제 7.1>_1과 같이 입력하도록 한다. 철근의 직경과 단면적은 공칭직경을 입력하면 다음과 같이 자동검색 하도록 한다.

E6 = VLOOKUP(D6,$J$4:$L$9,2)
F6 = VLOOKUP(D6,$J$4:$L$9,3)
C9 = 0.6*E6*G2/SQRT(D2)
: 기본정착 길이, 식 (7.1)을 참조

| | A | B | C | D | E | F | G | H | I |
|---|---|---|---|---|---|---|---|---|---|
| 11 | 4 | **철근의 순간격과 피복두께** | | | | | | | |
| 12 | | | 순간격= | 7.1 | cm | > $d_b$ | | | |
| 13 | | | 주철근 피복두께= | 5.0 | cm | > $d_b$ | | | |
| 14 | 5 | **보정계수를 고려한 정착길이** | | | | | | | |
| 15 | | | 철근직경의 보정계수 | 1.0 | 참조 | | | | |
| 16 | | | 철근배치위치계수$\alpha$= | 1.3 | 참조 | | | | |
| 17 | | | 에폭시 도막계수$\beta$= | 1.0 | 참조 | 단, $\alpha\beta < 1.7$ | | | |
| 18 | | | 경량콘크리트계수$\lambda$= | 1.0 | 참조 | | | | |
| 19 | | | 정착길이 $l_d$ = | 141.4 | cm | > | 30 | cm | O.K |
| 20 | | | = | **64** | $d_b$ | | | | |
| 21 | 6 | **수식에 의한 정착길이** | | | | | | | |
| 22 | | | 횡보강근 전단면적$A_{tr}$= | 1.4 | cm$^2$ | | | | |
| 23 | | | 횡보강근 간격$s$= | 15 | cm | | | | |
| 24 | | | $K_{tr}$ = | 0.950667 | cm | | | | |
| 25 | | | $\gamma$ = | 1.0 | 참조 | | | | |
| 26 | | | $c1$ = | 6.1 | cm | $c2$ = | 4.6 | cm | |
| 27 | | | $c$ = | 4.6 | cm | | | | |
| 28 | | | $(C+K_{tr})/db$= | 2.52 | < | 2.5 | | | |
| 29 | | | 수정 $(C+K_{tr})/db$= | 2.50 | | | | | |
| 30 | | | $l_d$ = | 84.8 | cm | > | 30 | cm | O.K |
| 31 | | | = | **39** | $d_b$ | | | | |

그림 ➡ 〈예제 7.1〉_2

먼저 철근의 순간격과 주철근의 피복두께를 구한다.

```
D12 = (D3-2*D4-E7*2-E6*D8)/(D8-1)
D13 = D4+E7
```

먼저 5단계에서는 보정식에 의한 방법에 따라 계산하기 위하여 $\alpha$, $\beta$, $\gamma$의 값을 결정하여 입력한다. 정착길이는 다음과 같다.

```
D19 = +D15*D9*D16*D17*D18
I19 = IF(D18>G18,"O.K","N.G.")
D20 = D18/$E$6
```

6단계에서 수식에 따른 상세한 방법에 따라 정착길이를 계산해보자.
입력수식은 다음과 같다.

```
D22 = 2*F7
    : 횡보강근의 형태가 U자형인 경우 단면적은 철근의 면적의 2배
D24 = 40*D22/D23/D8
D26 = D4+E7+E6/2
G26 = (D12+E6)/2
D27 = MIN(D25,G25)
D28 = (D27+D24)/E6
D29 = IF(D28>F28,F28,D28)
D30 = 0.9*E6*G2/D18/SQRT(D2)*D16*D17*D25/D29
    : 수식 (7.2) 참조
D31 = D27/$E$6
```

설계 결과, 보정식에 의한 값은 141.4cm, 상세수식에 따른 값은 84.8cm로 나와 상세수식에 의하면 계산은 복잡하나 정착길이를 줄일 수 있음을 알 수 있다.

### 예제 7.2

다음 그림에서 슬래브의 두께가 150mm이고 상단철근이 D13@150으로 배근된 경우의 정착길이를 구하라. 콘크리트의 강도는 24MPa, 철근의 강도는 400MPa이다. 피복두께는 20mm를 사용한다.

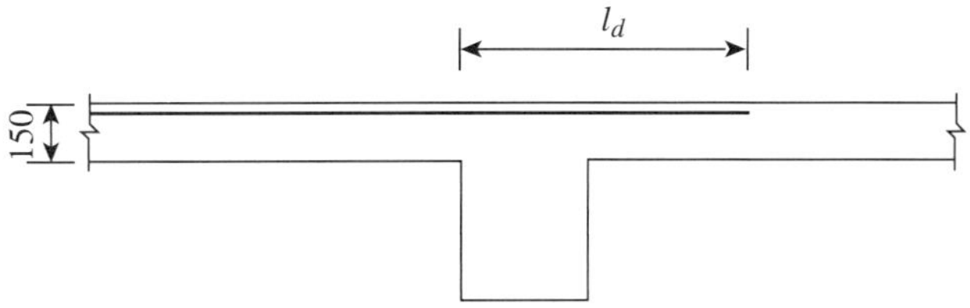


### 풀이

슬래브의 경우도 그림 <예제 7.2>_1과 같이 데이터를 입력하고 기본 정착길이를 산정한다. 입력 수식은 다음과 같다.

| | A | B | C | D | E | F | G | H | I | J | K | L |
|---|---|---|---|---|---|---|---|---|---|---|---|---|
| 1 | | | <슬래브 인장철근의 정착> | | | | | | | | | |
| 2 | 1 | 입력 | $f_{ck}=$ | 24 | Mpa | $f_y=$ | 400 | Mpa | | [철근 데이터] | | |
| 3 | 2 | 단면 | $h=$ | 15 | cm | | | | | 공칭 | 직경(㎝) | 단면적(㎠) |
| 4 | | | 피복두께 | 2 | cm | | | | | D10 | 0.953 | 0.713 |
| 5 | | | | 공칭 | 직경(㎝) | 단면적(㎠) | | | | D13 | 1.27 | 1.267 |
| 6 | | | 상단 주철근 | D13 | 1.27 | 1.267 | | | | D16 | 1.59 | 1.986 |
| 7 | | | 주철근 간격 | 15 | cm | | | | | D19 | 1.91 | 2.865 |
| 8 | 3 | 기본정착길이 | $l_{db}=$ | 62.2 | cm | | | | | D22 | 2.22 | 3.871 |
| 9 | | | | | | | | | | D25 | 2.5 | 5.07 |

그림 ➡ 〈예제 7.2〉_1

〈입력수식〉

```
E6 = VLOOKUP(D6,$J$4:$L$9,2)
F6 = VLOOKUP(D6,$J$4:$L$9,3)
D8 = 0.6*E6*G2/SQRT(D2)
```

주철근의 순간격과 피복두께를 구하여 그에 따라 계수를 결정하고 정착길이를 5단계에서 구한다. 좀 더 상세한 수식을 이용하여 6단계에서 구할 수도 있다. 이 경우 $K_{tr}=0$이다.

| | A | B | C | D | E | F | G | H | I |
|---|---|---|---|---|---|---|---|---|---|
| 10 | 4 | 철근의 순간격과 피복두께 | | | | | | | |
| 11 | | | 순간격= | 13.7 | cm | | | | |
| 12 | | | = | 10.8 | $d_b$ | $> 2d_b$ | | | |
| 13 | | | 주철근 피복두께= | 2.0 | cm | | | | |
| 14 | | | = | 2 | $d_b$ | $> d_b$ | | | |
| 15 | 5 | 보정계수를 고려한 정착길이 | | | | | | | |
| 16 | | | 철근직경의 보정계수 | 0.8 | 참조 | | | | |
| 17 | | | 철근배치위치계수$\alpha$= | 1.0 | 참조 | | | | |
| 18 | | | 에폭시 도막계수$\beta$= | 1.0 | 참조 | 단, $\alpha\beta < 1.7$ | | | |
| 19 | | | 경량콘크리트계수$\lambda$= | 1.0 | 참조 | | | | |
| 20 | | | 정착길이 $l_d$ = | 49.8 | cm | > | 30 | cm | O.K |
| 21 | | | = | 40 | $d_b$ | | | | |
| 22 | 6 | 수식에 의한 정착길이 | | | | | | | |
| 23 | | | 횡보강근 전단면적$A_{tr}$ = | 0.0 | $cm^2$ | | | | |
| 24 | | | $K_{tr}$ = | 0.0 | cm | | | | |
| 25 | | | $\gamma$ = | 0.8 | 참조 | | | | |
| 26 | | | $c1$ = | 2.64 | cm | $c2$ = | 7.5 | cm | |
| 27 | | | $c$ = | 2.64 | cm | | | | |
| 28 | | | $(C+K_{tr})/db$= | 2.07 | < | 2.5 | | | |
| 29 | | | 수정 $(C+K_{tr})/db$= | 2.07 | | | | | |
| 30 | | | $l_d$ = | 36.0 | cm | > | 30 | cm | O.K |
| 31 | | | = | 29 | $d_b$ | | | | |

그림 ⟨예제 7.2⟩_2

D11 = D7−E6

D12 = D11/E6

D13 = D4

D14 = D13/E6

D20 = D16*D8*D17*D18*D19

I20 = IF(D20>G20,"O.K","N.G.")

D21 = ROUNDUP(D20/$E$6,0)

: 소수 첫째자리에서 올림

D26 = D4+E6/2

G26 = (D11+E6)/2

D27 = MIN(D26,G26)

D28 = (D27+D24)/E6

D29 = IF(D28>F28,F28,D28)

D30 = 0.9*E6*G2/D19/SQRT(D2)*D17*D18*D25/D29

: 식 (7.2) 참조

D31 = ROUNDUP(D30/$E$6,0)

# 7.2 이음

## 1) 일반사항

보의 스팬이 긴 경우와 철근을 이어서 사용해야만 하는 경우, 철근의 이음이 필요하다. 이러한 경우에 철근은 설계도 또는 시방서에서 요구하거나 허용한 경우 또는 책임기술자의 승인 하에서만 이음을 할 수 있다.

이음의 종류로는 겹침이음과 기계적 이음이 있으며, 일반적으로는 겹침이음을 사용한다. 겹침이음을 사용할 때는 다음 규정에 따라야 한다.

① D35를 초과하는 철근은 겹침이음을 하지 않아야 한다. 다만, 서로 다른 크기의 철근을 압축부에서 겹침이음하는 경우와 기초판에서 압축력만을 받는 경우는 이 규정을 적용하지 않는다.

② 다발철근의 겹침이음은 다발 내의 개개 철근에 대한 겹침이음길이를 기본으로 하여 결정하여야 하며, 각 철근은 다발철근의 정착기준에 따라 겹침이음길이를 증가시켜야 한다. 그러나 한 다발 내에서 각 철근의 이음은 한 군데에서 중복되지 않아야 한다. 또한 두 다발철근을 개개철근처럼 겹침이음하지 않아야 한다.

③ 휨부재에서 서로 직접 접촉되지 않게 겹침이음된 철근은 횡방향으로 소요 겹침이음길이의 1/5 또는 150mm 중 작은 값 이상 떨어지지 않아야 한다.

용접이음과 기계적 이음은 다음 규정에 따라야 한다.

① 용접이음은 철근의 설계기준항복강도 $f_y$의 125% 이상을 발휘할 수 있는 완전용접이어야 한다.

② 기계적 이음은 철근의 설계기준항복강도 $f_y$의 125% 이상을 발휘할 수 있는 완전기계적 이음이어야 한다.

③ ① 또는 ②의 요구조건을 만족하지 않는 용접이음이나 기계적 이음은 앞의 ① 또는 ②의 항목을 만족하여야 하며, D16 이하의 철근에만 허용된다.

## 2) 인장철근의 이음

인장력을 받는 이형철근 및 이형철선의 겹침이음길이는 A급과 B급으로 분류하며, 다음 값 이상으로 하여야 한다. 그러나 300mm 이상이어야 한다.

① A급 이음 : 1.0 $l_d$

② B급 이음 : 1.3 $l_d$

여기서, 인장 이형철근의 정착길이 $l_d$는 인장철근의 정착에 따라 계산하지만, 300mm 최소값은 적용하지 않는다. 또한 보정계수도 적용하지 않는다.

겹침이음에서 A급 이음과 B급 이음은 다음과 같이 분류한다.

① A급 이음 : 배치된 철근량이 이음부 전체 구간에서 해석결과 요구되는 소요철근량의 2배 이상이고, 소요 겹침이음길이 내 겹침이음된 철근량이 전체 철근량의 1/2 이하인 경우

② B급 이음 : ①에 해당되지 않는 경우

서로 다른 크기의 철근을 인장 겹침이음하는 경우, 이음길이는 크기가 큰 철근의 정착길이와 크기가 작은 철근의 겹침이음길이 중 큰 값 이상이어야 한다.

이음부에 배치된 철근량이 해석결과 요구되는 소요철근량의 2배 미만인 경우에 용접이음 또는 기계적 이음은 앞 7.2절의 일반사항에서 언급한 요구조건을 만족시켜야 한다.

앞의 7.2절의 1) 일반사항의 이음조건을 만족하지 않더라도 이음부에 배치된 철근량이 해석결과, 요구되는 소요철근량의 2배 이상이고 다음의 ①과 ②의 요구조건을 따르는 경우 D16 이하의 철근에 대해서 용접이음 또는 기계적 이음을 허용한다.

① 각 철근의 이음부는 서로 600mm 이상 엇갈려야 하고, 이음부에서 계산된 인장응력의 2배 이상을 발휘할 수 있도록 이어야 한다. 또한 배치된 전체 철근이 140MPa 이상의 응력을 발휘할 수 있어야 한다.

② 각 단면에서 발휘하는 인장력을 계산할 때 이어진 철근은 규정된 이음강도를 발휘하는 것으로 보아야 하나 $f_y$보다 크지 않아야 한다. 이어지지 않은 연속철근의 인

장응력은 설계기준항복강도 $f_y$를 발휘할 수 있도록 계산된 정착길이 $l_d$에 대한 짧게 배치된 정착길이와의 비에 $f_y$를 곱하여 사용하여야 하나 $f_y$보다 크지 않아야 한다.

인장연결재의 철근이음은 앞의 7.2절의 1) 일반사항의 완전용접이나 기계적 이음으로 이어야 한다. 이 때 인접철근의 이음은 750mm 이상 떨어져서 서로 엇갈려야 한다.

## 3) 압축 이형철근의 이음

압축철근의 겹침이음길이는 다음과 같이 구할 수 있다.

$$l_s = \left(\frac{1.4 f_y}{\lambda \sqrt{f_{ck}}} - 52\right) d_b \tag{7.5}$$

여기서, 산정된 이음길이는 $f_y$가 400MPa 이하인 경우 $0.072 f_y d_b$보다 길 필요가 없고, $f_y$가 400MPa를 초과하는 경우에는 $(0.13\, f_y - 24) d_b$보다 길 필요가 없다. 이 때 겹침이음길이는 300mm 이상이어야 하며, 콘크리트의 설계기준압축강도가 21MPa 미만인 경우는 겹침 이음길이를 1/3 증가시켜야 한다. 압축철근의 겹침이음길이는 인장철근의 겹침이음길이보다 길 필요는 없다.

서로 다른 크기의 철근을 압축부에서 겹침이음하는 경우, 이음길이는 크기가 큰 철근의 정착길이와 크기가 작은 철근의 겹침이음길이 중 큰 값 이상이어야 한다. 이 때 D41과 D51 철근은 D35 이하 철근과의 겹침이음은 허용할 수 있다.

압축부에서 사용하는 용접이음 또는 기계적 이음은 7.2절의 1) 일반사항의 요구조건을 만족하여야 한다.

철근이 압축력만을 받을 경우는 철근과 직각으로 절단된 철근의 양끝을 적절한 장치에 의해 중심이 잘 맞도록 접촉시킴으로써 압축응력을 직접 지압에 의해 전달할 수 있다. 이 때 철근의 양 단부는 철근 축의 직각면에 1.5° 내의 오차를 갖는 평탄한 면이 되어야 하고, 조립 후 지압면의 오차는 3° 이내이어야 한다.

단부 지압이음은 폐쇄후프철근, 폐쇄스터럽 또는 나선철근을 배치한 압축부재에서만 사용하여야 한다.

### 예제 7.3

다음 그림과 같은 보에서 구조적 일체성을 확보하기 위한 경간 중앙의 상단 철근에 대한 인장 겹침이음 길이를 구하라. 단, 콘크리트의 강도는 24MPa, 주근은 D25, 스터럽은 D10@150, 철근의 강도는 400MPa이다. 피복두께는 40mm를 사용한다.

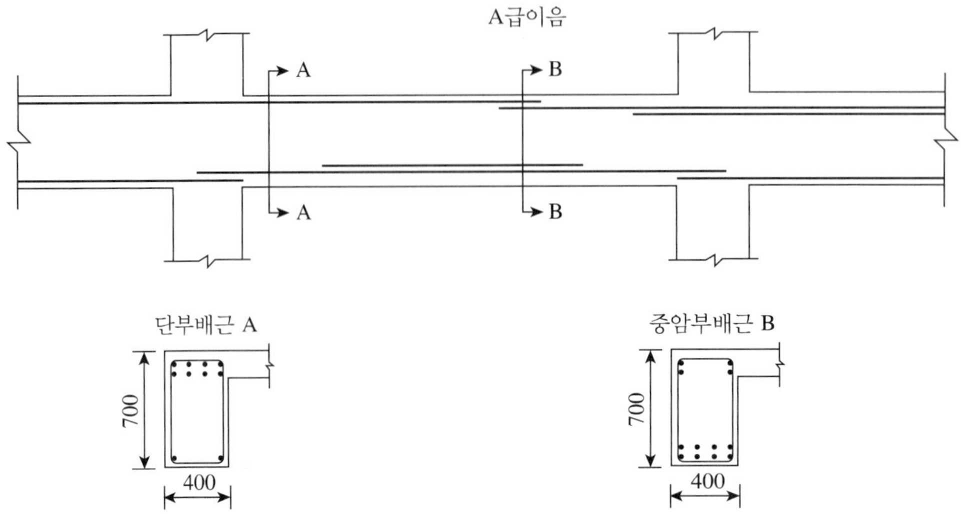


### 풀이

보 단부의 상단에 8-D25이므로 구조의 일체성을 확보하기 위한 조건을 만족하기 위하여서는

$$\text{부철근의 개수} / 6 = 8/6 = 1.2$$

즉, 2개 이상의 철근이 전체 경간에 연속되어야 한다. 이음이 경간중앙에서 상단철근 중 2개의 코너철근에 대하여 A급 인장 겹침이음으로 한다.

| | A | B | C | D | E | F | G | H | I | J | K | L |
|---|---|---|---|---|---|---|---|---|---|---|---|---|
| 1 | | | | <인장 겹침이음> | | | | | | | | |
| 2 | 1 | 입력 | $f_{ck}$ = | 24 | Mpa | $f_y$ = | 400 | Mpa | | [철근 데이터] | | |
| 3 | 2 | 단면 | $b$= | 40 | cm | $h$= | 70 | cm | | 공칭 | 직경(cm) | 단면적(cm²) |
| 4 | | | 피복두께 | 4 | cm | | | | | D10 | 0.953 | 0.713 |
| 5 | | | | 공칭 | 직경(cm) | 단면적(cm²) | | | | D13 | 1.27 | 1.267 |
| 6 | | | 주철근 | D25 | 2.5 | 5.07 | | | | D16 | 1.59 | 1.986 |
| 7 | | | 스트럽 | D10 | 0.953 | 0.713 | | | | D19 | 1.91 | 2.865 |
| 8 | | | 겹침이음 철근개수 n= | 2 | | | | | | D22 | 2.22 | 3.871 |
| 9 | 3 | 기본정착길이 | $l_{db}$ = | 122.5 | cm | | | | | D25 | 2.5 | 5.07 |

그림 ⟨예제 7.3⟩_1

재료와 철근에 대한 정보를 그림 <예제 7.3>_1과 같이 입력하고 기본정착길이를 산정한다. 기본조정착길이 입력수식은 다음과 같다.

```
D9 = 0.6*E6*G2/SQRT(D2)
```

| | A | B | C | D | E | F | G | H | I |
|---|---|---|---|---|---|---|---|---|---|
| 11 | 4 | **철근의 순간격과 피복두께** | | | | | | | |
| 12 | | | 순간격= | 25.1 | cm | > $d_b$ | | | |
| 13 | | | 주철근 피복두께= | 5.0 | cm | > $d_b$ | | | |
| 14 | 5 | **보정계수를 고려한 정착길이** | | | | | | | |
| 15 | | | 철근직경의 보정계수 | 1.0 | 참조 | | | | |
| 16 | | | 철근배치위치계수$\alpha$= | 1.3 | 참조 | | | | |
| 17 | | | 에폭시 도막계수$\beta$= | 1.0 | 참조 | **단, $\alpha\beta$ < 1.7** | | | |
| 18 | | | 경량콘크리트계수$\lambda$= | 1.0 | 참조 | | | | |
| 19 | | | 정착길이 $l_d$ = | 159.2 | cm | > | 30 | cm | O.K |
| 20 | | | = | **64** | $d_b$ | | | | |
| 21 | 6 | **수식에 의한 정착길이** | | | | | | | |
| 22 | | | 횡보강근 전단면적$A_{tr}$= | 1.4 | $cm^2$ | | | | |
| 23 | | | 횡보강근 간격$s$= | 15 | cm | | | | |
| 24 | | | $K_{tr}$ = | 1.901333 | cm | | | | |
| 25 | | | $\gamma$ = | 1.0 | 참조 | | | | |
| 26 | | | $c1$ = | 6.20 | cm | $c2$ = | 13.8 | cm | |
| 27 | | | $c$ = | 6.20 | cm | | | | |
| 28 | | | $(C+K_{tr})/db$= | 3.24 | < | 2.5 | | | |
| 29 | | | 수정 $(C+K_{tr})/db$= | 2.50 | | | | | |
| 30 | | | $l_d$ = | 95.5 | cm | > | 30 | cm | O.K |
| 31 | | | = | **39** | $d_b$ | | | | |

그림 ➜ 〈예제 7.3〉_2

철근의 순간격과 피복두께를 4단계에서 검토하고, 이에 따른 계수에 따라 5단계에서 보정계수를 이용한 약산식으로 계산하거나 6단계에서 수식을 이용하여 산정한다. 입력에 사용된 수식은 다음과 같다.

```
D19 = D15*D9*D16*D17*D18
I19 = IF(D19>G19,"O.K","N.G.")
D20 = ROUNDUP(D19/$E$6,0)
D22 = 2*F7
D24 = 40*D22/D23/D8
D26 = D4+E7+E6/2
G26 = (D12+E6)/2
D27 = MIN(D26,G26)
D28 = (D27+D24)/E6
D29 = (D27+D24)/E6
```

```
D30 = 0.9*E6*G2/D18/SQRT(D2)*D16*D17*D25/D29
D31 =ROUNDUP(D30/$E$6,0)
```

설계 결과 수식에 의하여 구한 값 $39d_b$는 보정계수로 구한 값 $64d_b$보다 작음을 알 수 있다.

# 08
# 기초 설계

8.1 개요

8.2 독립기초의 설계

8.3 말뚝기초의 설계

## 8.1 개요

기초는 기둥 또는 벽체와 같은 수직부재에서 오는 하중을 지반으로 전달하는 기능을 가지고 있다. 따라서 수직하중을 지반에 전달하기 위하여 기초 부재 자체의 내력을 확보하여야 할 뿐 아니라, 지반 허용지내력 $f_E$를 초과하지 않아야 한다.

기초의 종류는 그림 8.1과 같이 독립기초, 연속된 줄기초, 두 개 이상의 기둥을 연결하는 복합기초로 구분할 수 있다.

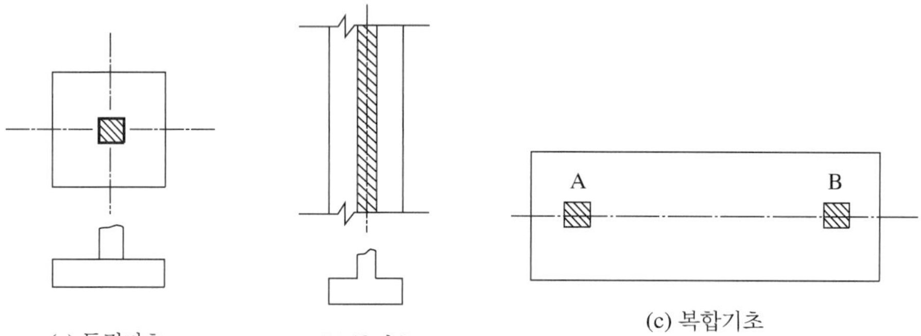


(a) 독립기초 (b) 줄기초 (c) 복합기초

그림 8.1 ➜ 기초의 종류

독립기초는 수직 하중을 독립된 기초판을 통하여 지반에 전달하나, 지반이 연약할 경우에는 파일을 통하여 암반층까지 하중을 전달하거나 토질과의 마찰을 통하여 하중을 전달한다.

독립기초는 수직하중을 지반으로 전달하므로 그림 8.2와 같이 기초판에 분포하중이 발생한다. 일반적으로 분포는 등분포가 아니지만 설계의 단순화를 위하여 그림 8.2와 같이 등분포하중 $\omega$가 반력으로 작용한다고 가정한다. 그러면 독립기초는 기둥지지면을 기준으로 등분포하중 $\omega$를 받는 캔틸레버로 생각할 수 있다.

기초판의 가로폭을 $B$, 세로폭을 $D$라 하고, 작용하는 사용하중을 $P$라 하면 다음 수식을 만족하여야 한다.

$$\frac{P}{BD} \le f_E \tag{8.1}$$

여기서, $P$ : 사용하중으로 고정하중에 의한 $P_D$와 활하중에 의한 $P_L$을 더한 값,
즉 $P = P_D + P_L$

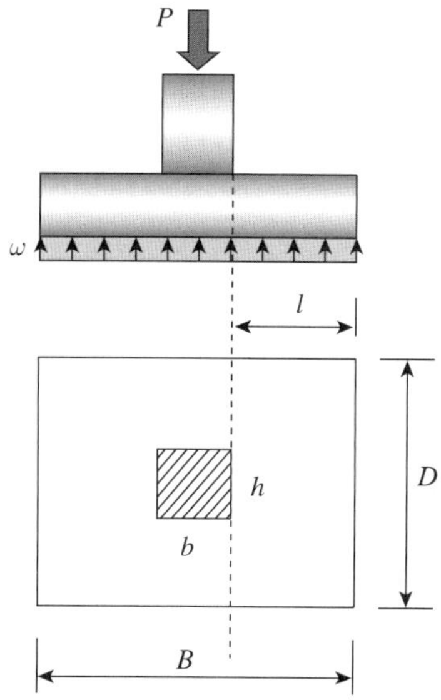


그림 8.2 ➡ 독립기초의 휨에 대한 위험단면

## 8.2 독립기초의 설계

### 1) 휨설계

앞에서 언급한 바와 같이 길이 방향에 대하여 폭은 $D$이고 길이 $l$인 보로 휨 설계를 수행한다. 이러한 설계는 앞의 2장에서 단근보의 설계와 동일하므로 <예제 2.1>을 참조하기 바란다. 다만, 기초판에 작용하는 등분포하중은 계수하중 $\omega_u$은 식 (8.2)와 같이 계산한다.

$$\omega_u = \frac{P_u}{BD} = \frac{1.2P_D + 1.6P_L}{BD} \tag{8.2}$$

1방향 기초판 또는 2방향 정사각형 기초판에서 철근은 기초판 전체 폭에 걸쳐 균등하게 배치하여야 한다. 2방향 직사각형 기초판의 각 방향 철근배치는 다음 규정을 따라야 한다.

① 장변방향의 철근은 폭 전체에 균등히 배치시킨다.

② 단변방향의 철근은 전체 철근량에서 다음 식 (8.3)에서 산출한 비율만큼 유효폭 내에 균등하게 배치한 후, 나머지 철근량을 이 유효폭 이외의 부분에 균등히 배치시킨다.

$$\frac{\text{유효폭 내에 배치되는 철근량}}{\text{단변방향의 전체 철근량}} = \frac{2}{\beta+1} \tag{8.3}$$

여기서, 유효폭은 기둥이나 주춧대의 중심선이 유효폭의 중심이 되도록 하며, 기초판의 단변 길이로 취한다.

최소 철근비는 건조 수축균열을 제어하기 위한 슬래브의 최소 철근을 적용한다.

## 2) 전단설계

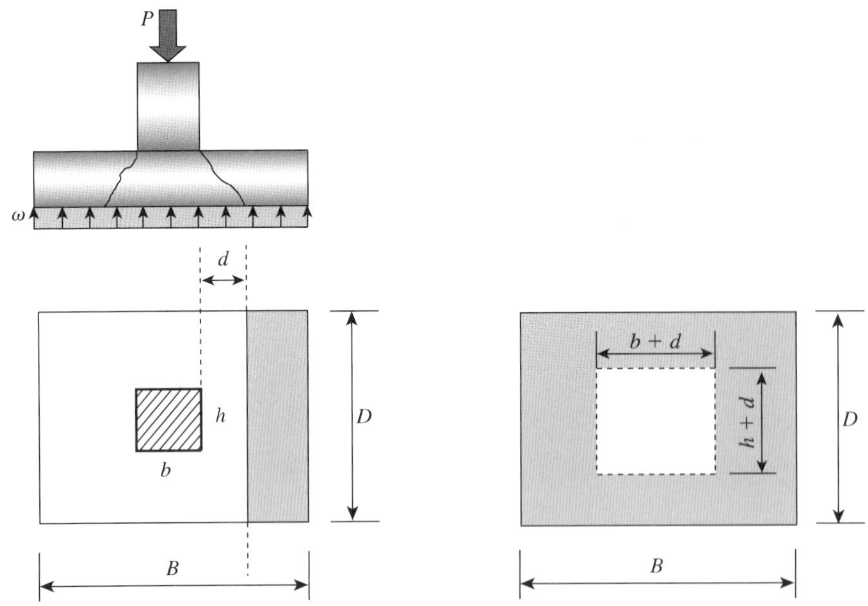


(a) 1면 전단 (b) 뚫림 전단

그림 8.3 ➡ 독립기초의 전단에 대한 위험단면

기초판에 1면 전단은 그림 8.3의 색칠한 면적에 등분포하중 $\omega_u$가 기둥 또는 지지면으로부터 유효춤 $d$만큼 떨어진 위치에 작용하는 것으로 간주한다. 그림에서 1면 전단의 위험단면에 작용하는 하중 $V_{u1}$은 다음과 같이 계산된다.

$$V_{u1} = \omega_u\left(\frac{B}{2} - \frac{b}{2} - d\right)D \tag{8.4}$$

또한 뚫림전단(punching shear)이라 불리는 2면 전단의 경우, 색칠한 면적이 지지면으로부터 $d/2$만큼 떨어진 뚫림 위험단면에 작용하는 것으로 간주한다. 그림 8.3 (b)에서 뚫림전단의 위험단면에 작용하는 하중 $V_{u2}$는 다음과 같이 계산된다.

$$V_{u2} = \omega_u[BD - (b+d)(h+d)] \tag{8.5}$$

일면 전단의 전단공칭강도는 3장 전단설계의 경우와 동일하다. 뚫림전단의 경우는 공칭전단강도 $V_c$는 식 (8.6)에 의해 계산한다.

$$V_c = v_c\, b_o d \tag{8.6}$$

$$v_c = \lambda k_s k_{bo}\, f_{te} \cot\psi (c_u/d) \tag{8.7}$$

여기서, $v_c$ : 콘크리트의 공칭전단응력강도

$b_o$ : 위험단면의 둘레길이. 그림 8.3에서는 $2(b+d)+2(h+d)$

$\lambda$ : 경량콘크리트계수

$k_s$ : 슬래브의 두께계수$=(0.4/d)^{0.25}$ [단위 : m]

$k_{bo}$: 위험단면 둘레길이의 영향계수 $= 2.8/\sqrt{b_o/d} \le 1$

$f_{te}$: 압축대 콘크리트의 인장강도 $= 0.21\sqrt{f_{ck}}$

$\psi$ : 슬래브 휨 압축대의 균열각도. 단, $\cot\psi = \sqrt{f_{te}(f_{te}+f_{cc})}/f_{te}$

$c_u$ : 압축철근의 영향을 무시하고 계산된 슬래브 위험단면 압축대 깊이의 평균값은 $d[25\sqrt{\rho/f_{ck}} - 300(\rho/f_{ck})]$이다. 단, $\rho \le 0.03$의 범위에서 사용할 수 있으며 $\rho$가 0.005 이하인 경우 0.005를 사용할 수 있다.

$f_{cc}$: 위험단면의 압축대에 작용하는 평균압축응력 $= (2/3)f_{ck}$

**예제 8.1**

다음과 같은 조건에 대하여 정방형기초를 설계하여라.

- 사용재료 : $f_{ck} = 27\text{MPa}$, 철근 D16 $f_y = 400\text{MPa}$
- 피복두께 : 60mm
- 기둥의 단면 : 500×500
- 허용지내력 $f_E = 200\text{kN/m}^2$
- 하중 : 고정하중 $P_D = 1000\text{kN}$, 활하중 $P_L = 400\text{kN}$

**풀 이**

파일이름을 '기초설계.xlsx'라 하고 시트의 이름을 '정방형기초'라 하여 작성하기로 하자. 설계순서는 기초설계를 기초의 폭을 결정하고 1면전단과 뚫림전단 설계를 수행한 후에 휨설계를 수행하기로 하자.

| | A | B | C | D | E | F | G | H | I | J | K |
|---|---|---|---|---|---|---|---|---|---|---|---|
| 1 | | | | <정방형 기초설계> | | | | | | | |
| 2 | 1 | 구조재료 | $f_{ck}$= | 27 | Mpa | fy= | 400 | Mpa | [철근 데이터] | | |
| 3 | | 허용지내력 | $F_e$= | 200 | kN/m² | | | | 공칭 | 직경(cm) | 단면적(cm²) |
| 4 | 2 | 하중 | $P_D$= | 1,000 | kN | $P_L$= | 400 | kN | D10 | 0.953 | 0.713 |
| 5 | | | Ps= | 1,400 | kN | $P_u$= | 1,840 | kN | D13 | 1.27 | 1.267 |
| 6 | 3 | 기둥단면 | b= | 50 | cm | h= | 50 | cm | D16 | 1.59 | 1.986 |
| 7 | | 철근 | | 공칭 | 직경(cm) | 단면적(cm²) | | | D19 | 1.91 | 2.865 |
| 8 | | | 주철근 | D16 | 1.59 | 1.986 | | | D22 | 2.22 | 3.871 |
| 9 | | | 피복= | 6 | cm | | | | D25 | 2.5 | 5.07 |

그림 ➡ 〈예제 8.1〉_1

먼저 그림 <예제 8.1>_1과 같이 필요한 데이터를 입력한다.
수식에 들어가는 셀의 내용은 다음과 같다.

D5 = D4+G4

G5 = 1.2*D4+1.6*G4

: DL와 LL의 하중계수는 1.2와 1.6임

E8 = VLOOKUP(D8,$I$4:$K$9,2)

F8 = VLOOKUP(D8,$I$4:$K$9,3)

| | A | B | C | D | E | F | G | H |
|---|---|---|---|---|---|---|---|---|
| 10 | 4 | 기초폭 | D= | 2.65 | m | | | |
| 11 | | 결정된 폭 | D= | 2.70 | m | | | |
| 12 | | | $\omega_u$= | 252 | kN/m$^2$ | | | |
| 13 | 5 | 일면전단검토 | | | | | | |
| 14 | | 기초춤 | h= | 80 | cm | d= | 71.6 | cm |
| 15 | | | $V_{u1}$= | **262** | kN | | | |
| 16 | | | $\phi$= | 0.75 | | | | |
| 17 | | | $\phi V_n$= | **1,256** | kN | > $V_{u1}$ | O.K | |
| 18 | 6 | 뚫림전단 검토 | | | | | | |
| 19 | | | $b_0$= | 4.86 | m | | | |
| 20 | | | $V_{u2}$= | **1,467** | kN | | | |
| 21 | | | $\lambda$= | 1 | | | | |
| 22 | | | $k_s$= | 0.43 | | | | |
| 23 | | | $k_{b0}$= | 1.07 | < 1 | 수정 $k_{b0}$= | 1 | |
| 24 | | | $f_{te}$= | 1.09 | Mpa | $f_{cc}$= | 18 | Mpa |
| 25 | | | cot$\psi$= | 4.18 | | | | |
| 26 | | 6-a | 철근비 $\rho$= | **0.005** | **(최소값 가정)** | | | |
| 27 | | | $c_u$= | 20.39 | cm | | | |
| 28 | | | $v_c$= | 0.565 | Mpa | | | |
| 29 | | | $\phi V_n$= | **1,476** | kN | > $V_u$ | O.K | |

그림 ➡ 〈예제 8.1〉_2

다음은 그림 <예제 8.1>_2와 같이 기초의 폭을 결정하고 1면전단과 뚫림전단에 대하여 검토를 수행한다. 수식은 다음과 같다.

D10 = SQRT(D5/D3)
D11 = ROUNDUP(D10,1)
D12 = G5/D11^2
G14 = D14-D9-1.5*E8
D15 = D12*(D11/2-D6/100/2-G14/100)*D11
　: 수식 (8.4) 참조
D17 = D16*1/6*SQRT(D2)*D11*G14*10
G17 = IF(D17>D15,"O.K","N.G.")
D19 = (D6/100+G14/100)*4
D20 = D12*(D11^2-(D6+G14)*(G6+G14)/10000)
　: 수식 (8.5) 참조
D22 = 0.4/(G14/100)^0.25
D23 = 2.8/SQRT(D19/G14*100)
G23 = IF(D23>1,1,D23)
D24 = 0.21*SQRT(D2)

G24 = 2/3*D2
D25 = SQRT(D24*(D24+G24))/D24
D27 = G14*(25*SQRT(D26/D2)−300*(D26/D2))
D28 = D21*D22*G23*D24*D25*D27/G14
: 수식 (8.7) 참조
D29 = D16*D28*D19*G14/100*1000
: 수식 (8.6) 참조
G29 = IF(D29〉D20,"O.K","N.G.")

다음은 휨설계를 수행하자. 휨설계는 2장의 <예제 2.2>의 결과를 가져와서 작업한다. 즉, 휨설계.xls 파일의 '예제 2.2' 시트를 선택하여 우측 마우스를 선택하고 그림 <예제 8.1>_3과 같은 창이 나오면 '이동/복사'를 선택한다. 그러면 그림 <예제 8.1>_4와 같은 창에서 '기초설계.xlsx'(예제 8.1을 포함하는 파일 이름)와 'Sheet2'를 선택하고, 복사본에 체크박스하고 확인을 선택한다. 그러면 '예제 2.2'의 시트가 기초설계.xlsx 파일의 시트로 복사되어 온다.
이제 복사된 '예제 2.2'시트의 이름을 '휨설계'라는 이름으로 변경한다.

그림 ➡ 〈예제 8.1〉_3

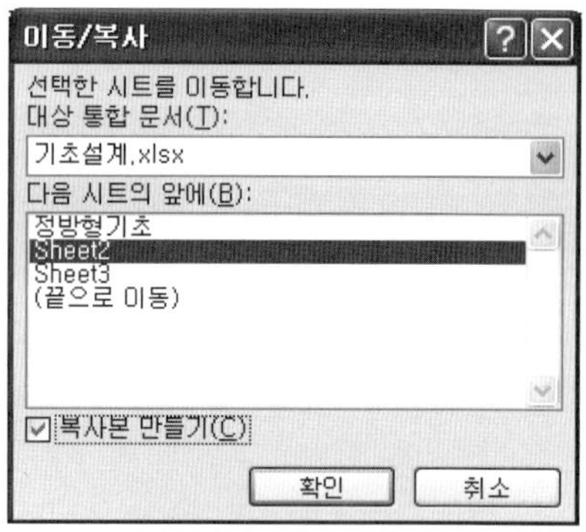


그림 ➡ 〈예제 8.1〉_4

이제 그림 <예제 8.1>_5와 같은 두 개의 시트가 '기초설계.xlsx'의 파일 안에 존재하게 된다.

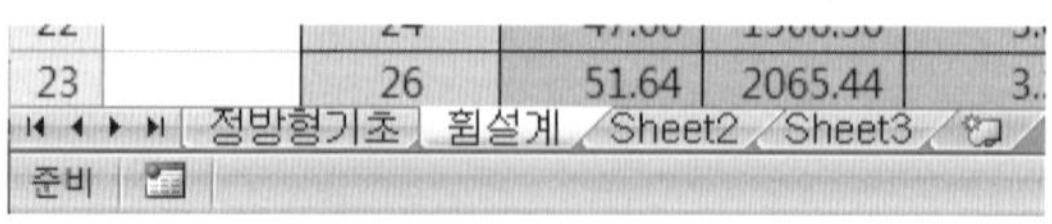


그림 ➡ 〈예제 8.1〉_5

이제 그림 <예제 8.1>_6과 같이 휨설계의 데이터를 정방형기초의 데이터로부터 자동 연동되도록 '휨설계' 시트의 셀 수식을 다음과 같이 변경한다.

D2 = 정방형기초!D2
D3 = 정방형기초!G2
D4 = 정방형기초!D11*100
D5 = 정방형기초!D14
D7 = 정방형기초!D8
D9 = 정방형기초!D9
D10 = 정방형기초!G14

: 기초의 유효춤 산정은 춤에서 피복두께와 가로방향의 주철근 직경, 세로방향의 주철근 직경/2를 뺀다. 스터럽을 사용하지 않으면 스터럽의 직경을 빼지 않는다. 본 수식에서는 가로와 세로방향 철근의 직경이 동일하다고 가정하여 직경의 1.5배를 뺀다.

| | A | B | C | D | E | F | G | H | I | J |
|---|---|---|---|---|---|---|---|---|---|---|
| 1 | | | | <공칭휨강도> | | | | | | |
| 2 | 1 | 재료정수 | $f_{ck}$= | 27 | Mpa | | | | | |
| 3 | | | $f_y$= | 400 | Mpa | | | [철근 데이터] | | |
| 4 | 2 | 단면크기 | b= | 270 | cm | 단면폭 | | 공칭 | 직경(cm) | 단면적(cm2) |
| 5 | | | h= | 80 | cm | 춤 | | D10 | 0.953 | 0.713 |
| 6 | | 철근 | | 공칭 | 직경(cm) | 단면적($cm^2$) | | D13 | 1.27 | 1.267 |
| 7 | | | 주근 | D16 | 1.59 | 1.986 | | D16 | 1.59 | 1.986 |
| 8 | | | 스트럽 | D10 | 0.953 | 0.713 | | D19 | 1.91 | 2.865 |
| 9 | | | 피복두께 | 6 | cm | | | D22 | 2.22 | 3.871 |
| 10 | 3 | 유효춤 | d= | 71.6 | | | | D25 | 2.5 | 5.07 |
| 11 | | | $\beta_1$= | 0.85 | | | | | | |
| 12 | 4 | 주근의 개수 선택 | | | | | | | | |
| 13 | | Nmb= | As($cm^2$) | T(KN) | a(cm) | Mn(KN-m) | x(cm) | et | Φ | ΦMn(kn-m) |
| 14 | | 8 | 15.89 | 635.52 | 1.03 | 451.9 | 1.21 | 0.1751 | 0.85 | 384.1 |
| 15 | | 10 | 19.86 | 794.40 | 1.28 | 563.8 | 1.51 | 0.1394 | 0.85 | 479.2 |
| 16 | | 12 | 23.83 | 953.28 | 1.54 | 675.4 | 1.81 | 0.1157 | 0.85 | 574.1 |
| 17 | | 14 | 27.80 | 1112.16 | 1.79 | 786.5 | 2.11 | 0.0987 | 0.85 | 668.5 |
| 18 | | 16 | 31.78 | 1271.04 | 2.05 | 897.2 | 2.41 | 0.0860 | 0.85 | 762.6 |
| 19 | | 18 | 35.75 | 1429.92 | 2.31 | 1007.5 | 2.71 | 0.0761 | 0.85 | 856.4 |
| 20 | | 20 | 39.72 | 1588.80 | 2.56 | 1117.5 | 3.02 | 0.0682 | 0.85 | 949.8 |
| 21 | | 22 | 43.69 | 1747.68 | 2.82 | 1227.0 | 3.32 | 0.0617 | 0.85 | 1042.9 |
| 22 | | 24 | 47.66 | 1906.56 | 3.08 | 1336.1 | 3.62 | 0.0564 | 0.85 | 1135.6 |
| 23 | | 26 | 51.64 | 2065.44 | 3.33 | 1444.7 | 3.92 | 0.0518 | 0.85 | 1228.0 |

그림 ➔ 〈예제 8.1〉_6

'정방형기초' 시트로 돌아가서 그림 <예제 8.1>_7과 같이 수식을 입력하면 휨설계가 완성된다. 입력 수식은 다음과 같다.

| | A | B | C | D | E | F | G | H | I |
|---|---|---|---|---|---|---|---|---|---|
| 30 | 7 | 휨설계 | | | | | | | |
| 31 | | | $l$= | 1.10 | m | | | | |
| 32 | | | $M_u$= | **412.3** | kN.m | | | | |
| 33 | | 주근 개수 | use | 10 | — D16 | ρ= | 0.00092 | > 최소철근비=0.002 | |
| 34 | | | φMn= | 479 | kN-m | > $M_u$ | O.K | | |
| 35 | | | 수정 ρ= | 0.0020 | | As= | 43 | $cm^2$ | |
| 36 | | | | 6-a 철근비 검토 : | | | O.K | | |
| 37 | | | 최종배근 | **22** | **— D16** | | | | |
| 38 | | | 최종 φMn= | **1,043** | kN-m | > $M_u$ | O.K | | |
| 39 | 8 | 정착검토 | | | | | | | |
| 40 | | | $l_{db}$ = | 73.4 | cm | | | | |
| 41 | | | 철근배치위치계수$\alpha$= | 1.0 | 참조 | | | | |
| 42 | | | 에폭시 도막계수$\beta$= | 1.0 | 참조 | 단, $\alpha\beta$ < 1.7 | | | |
| 43 | | | 경량콘크리트계수$\lambda$= | 1.0 | 참조 | | | | |
| 44 | | | 필요 정착길이 $l_d$ = | 73.4 | cm | > 최소길이 = | 30 | cm | O.K |
| 45 | | | 정착길이 $l_d$ = | 110 | cm > | 필요 정착길이 $l_d$ | | | O.K |

그림 ➡ 〈예제 8.1〉_7

D31 = (D11−D6/100)/2

D32 = D12/2*D31^2*D11

E33 = D7

G33 = D33*F8/D11/100/D14

: 최소철근비는 철근 면적을 기초판의 폭과 춤으로 나눈 값

D34 = VLOOKUP(D33,휨설계!B14:J23,9)

: D33에 있는 철근개수에 따른 $\phi M_n$ 값을 '휨설계' 시트에서 찾음

G34 = IF(D34〉D32,"O.K","N.G.")

D35 = IF(G33〉0.002,G33,0.002)

G35 = D35*D11*100*D14

G36 = IF(D35〉D26,"위의 수정철근비를 6−a에 대입", "O.K")

: 수정된 최종 철근비가 0.005보다 크다면, 뚫림전단설계의 6−a로 돌아가서 D26에 수정된 철근비를 대입하여 뚫림전단을 검토한다.

D37 = ROUNDUP(G35/F8,0)

E37 = D8

D38 = VLOOKUP(D37,휨설계!B17:J26,9)

예제설계에서 D33에 주근의 개수를 10개 입력하면 $\phi M_n \geq M_u$ 조건을 만족하나, 최소철근비 기준을 만족하지 못하므로 수정된 철근비에 따라 최종배근 22-D16으로 결정되었다.

최종적으로 휨설계된 주근의 정착을 그림 <예제 8.1>_7과 같이 검토한다. 입력된 수식은 다음과 같으며, 자세한 것은 7장 이음과 정착을 참고하기 바란다.

```
D40 = 0.6*E8*G2/SQRT(D2)
D44 = D40*D41*D42*D43
I44 = IF(D44>G44,"O.K","N.G.")
D45 = D31*100
I45 = IF(D45>D44,"O.K","N.G.")
```

### 예제 8.2

다음과 같은 조건에 대하여 장방형기초를 설계하여라.

- 사용재료 : $f_{ck} = 35$MPa, 철근 D16, $f_y = 400$MPa
- 피복두께 : 60mm
- 기둥의 단면 : 800×800mm
- 허용지내력 $f_E = 300$kN/m$^2$
- 하중 : 고정하중 $P_D = 1500$kN, 활하중 $P_L = 800$kN
- 기초의 단변폭($D$)은 2.1m로 제한

### 풀이

앞의 예제 8.1을 엑셀파일을 이용하여 장방형의 경우를 풀기로 하자. 장방형의 경우에는 장변(X)방향과 단변(Y)방향에 대하여 각각 전단과 휨을 설계하여야 한다. 따라서 앞의 예제 8.1의 결과파일을 불러서 파일이름을 '장방형기초설계'라고 하여 저장하고 각 시트의 이름에 장변과 단변의 이름을 다음과 같이 붙인다.

- 장방형기초–장변
- 휨설계–장변

| | A | B | C | D | E | F | G | H | I | J | K |
|---|---|---|---|---|---|---|---|---|---|---|---|
| 1 | | | <장방형 기초설계-장변방향> | | | | | | | | |
| 2 | 1 | 구조재료 | $f_{ck}$= | 35 | Mpa | fy= | 400 | Mpa | [철근 데이터] | | |
| 3 | | 허용지내력 | $F_e$= | 300 | kN/m$^2$ | | | | 공칭 | 직경(cm) | 단면적(cm$^2$) |
| 4 | 2 | 하중 | $P_D$= | 1,500 | kN | $P_L$= | 800 | kN | D10 | 0.953 | 0.713 |
| 5 | | | Ps= | 2,300 | kN | $P_u$= | 3,080 | kN | D13 | 1.27 | 1.267 |
| 6 | 3 | 기둥단면 | b= | 80 | cm | h= | 80 | cm | D16 | 1.59 | 1.986 |
| 7 | | 철근 | | 공칭 | 직경(cm) | 단면적(cm$^2$) | | | D19 | 1.91 | 2.865 |
| 8 | | | 주철근 | D16 | 1.59 | 1.986 | | | D22 | 2.22 | 3.871 |
| 9 | | | 피복= | 6 | cm | | | | D25 | 2.5 | 5.07 |
| 10 | 4 | 기초폭 | 가로폭 B= | 3.65 | m | 세로폭 D= | 2.10 | m | | | |
| 11 | | 결정된 폭 | 가로폭 B= | 3.70 | m | 세로폭 D= | 2.10 | m | | | |
| 12 | | | $\omega_u$= | 396 | kN/m$^2$ | | | | | | |

그림 ⟨예제 8.2⟩_1 장변방향 설계

입력데이터의 값을 다음과 같이 조정한다. 정방형에서는 가로폭과 세로폭이 동일하였으나 장방형에서는 세로의 폭을 추가하므로 변경되는 부분은 면적과 관련된 부분이다. 해당되는 변경 셀과 변경된 수식은 다음과 같다. 나머지는 <예제 8.1>과 동일하다.

```
D10 = D5/G10/D3
D11 = ROUNDUP(D10,1)
G11 = ROUNDUP(G10,1)
D12 = G5/D11/G11
```

| | A | B | C | D | E | F | G | H |
|---|---|---|---|---|---|---|---|---|
| 13 | 5 | 일면전단검토 | | | | | | |
| 14 | | 기초춤 | h= | 90 | cm | d= | 83.2 | cm |
| 15 | | | $V_{u1}$= | **514** | kN | | | |
| 16 | | | ϕ= | 0.75 | | | | |
| 17 | | | $\phi V_n$= | **1,292** | kN | > $V_{u1}$ | O.K | |
| 18 | 6 | 뚫림전단 검토 | | | | | | |
| 19 | | | $b_0$= | 6.53 | m | | | |
| 20 | | | $V_{u2}$= | **2,024** | kN | | | |
| 21 | | | λ= | 1 | | | | |
| 22 | | | $k_s$= | 0.42 | | | | |
| 23 | | | $k_{b0}$= | 1.00 | < 1 | 수정 $k_{b0}$= | **1.00** | |
| 24 | | | $f_{te}$= | 1.24 | Mpa | $f_{cc}$= | **23.33** | Mpa |
| 25 | | | cotψ= | 4.45 | | | | |
| 26 | | 6-a | 철근비 ρ= | **0.005** | **(최소값 가정)** | | | |
| 27 | | | $c_u$= | 21.30 | cm | | | |
| 28 | | | $v_c$= | 0.592 | Mpa | | | |
| 29 | | | $\phi V_n$= | **2,412** | kN | > $V_u$ | O.K | |

그림 ➡ 〈예제 8.2〉_2

1면전단과 뚫림전단에 대하여 변경된 수식은 다음과 같다.

G14 = D14-D9-0.5*E8

: 유효춤은 춤에서 피복두께와 주철근의 1/2만 뺀다. 왜냐하면 스터럽이 없기 때문이다.

```
D15 = D12*(D11/2-D6/100/2-G14/100)*G11
D17 = D16*1/6*SQRT(D2)*G11*G14*10
D19 = D6+G6+2*G14)*2/100
D20 = D12*(D11*G11-(D6+G14)*(G6+G14)/10000)
```

| | A | B | C | D | E | F | G | H | I |
|---|---|---|---|---|---|---|---|---|---|
| 30 | 7 | 휨설계 | | | | | | | |
| 31 | | | $l$= | 1.45 | m | | | | |
| 32 | | | $M_u$= | **875.1** | kN.m | | | | |
| 33 | | 주근 개수 | use | 19 | — D16 | ρ= | 0.00200 | > 최소철근비=0.002 | |
| 34 | | | ϕMn= | 1052 | kN-m | > $M_u$ | O.K | | |
| 35 | | | 수정 ρ= | 0.0020 | | As= | 38 | $cm^2$ | |
| 36 | | | | 6-a 철근비 검토 : | | | O.K | | |
| 37 | | | 최종배근 | **20** | **— D16** | | | | |

그림 ➔ 〈예제 8.2〉_3

휨설계에 대하여 변경된 수식은 다음과 같다. 단, 정착에 대하여서는 단변방향의 철근의 경우만을 검토하면 되므로 장변방향의 검토에서는 삭제한다.

D31 = (D11–D6/100)/2
D32 = D12/2*D31^2*G11
G33 = D33*F8/G11/100/D14
D34 = VLOOKUP(D33,'휨설계–장변'!B14:J23,9)

이제 완성된 두 개의 시트를 다음과 같이 복사하자.

• '장방형기초–장변'을 '장방형기초–단변' 시트로 복사
• '휨설계–장변'을 '휨설계–단변' 시트로 복사

| | A | B | C | D | E | F | G | H | I | J | K |
|---|---|---|---|---|---|---|---|---|---|---|---|
| 1 | | | <장방형 기초설계-Y방향> | | | | | | | | |
| 2 | 1 | 구조재료 | $f_{ck}$= | 35 | Mpa | fy= | 400 | Mpa | [철근 데이터] | | |
| 3 | | 허용지내력 | $F_e$= | 300 | kN/$m^2$ | | | | 공칭 | 직경(cm) | 단면적($cm^2$) |
| 4 | 2 | 하중 | $P_D$= | 1500 | kN | $P_L$= | 800 | kN | D10 | 0.953 | 0.713 |
| 5 | | | Ps= | 2300 | kN | $P_u$= | 3080 | kN | D13 | 1.27 | 1.267 |
| 6 | 3 | 기둥단면 | b= | 80 | cm | h= | 80 | cm | D16 | 1.59 | 1.986 |
| 7 | | 철근 | | 공칭 | 직경(cm) | 단면적($cm^2$) | | | D19 | 1.91 | 2.865 |
| 8 | | | 주철근 | D16 | 1.59 | 1.986 | | | D22 | 2.22 | 3.871 |
| 9 | | | 피복= | 6 | cm | | | | D25 | 2.5 | 5.07 |
| 10 | 4 | 기초폭 | 가로폭 B= | 3.65 | m | 세로폭 D= | 2.10 | m | | | |
| 11 | | 결정된 폭 | 가로폭 B= | 3.70 | m | 세로폭 D= | 2.10 | | | | |
| 12 | | | $\omega_u$= | 396 | kN/$m^2$ | | | | | | |

그림 ➔ 〈예제 8.2〉_4

먼저 입력데이터가 연동되도록 입력수식을 다음과 같이 복사한다.

D2 = +'장방형기초-장변'!D2

D3~D6 등 나머지 입력 셀도 동일하게 수정하기 위해 D2를 선택한 후 드래그 다운 한다.

| | A | B | C | D | E | F | G | H |
|---|---|---|---|---|---|---|---|---|
| 13 | 5 | 일면전단검토 | | | | | | |
| 14 | | 기초춤 | h= | 80 | cm | d= | 71.6 | cm |
| 15 | | | $V_{u1}$= | **-97** | kN | | | |
| 16 | | | $\phi$= | 0.75 | | | | |
| 17 | | | $\phi V_n$= | **1,960** | kN | > $V_{u1}$ | **O.K** | |
| 18 | 6 | 뚫림전단 검토 | | | | | | |
| 19 | | | $b_0$= | 6.06 | m | | | |
| 20 | | | $V_{u2}$= | **2,169** | kN | | | |
| 21 | | | $\lambda$= | 1 | | | | |
| 22 | | | $k_s$= | 0.43 | | | | |
| 23 | | | $k_{b0}$= | 0.96 | < 1 | 수정 $k_{b0}$= | 0.96 | |
| 24 | | | $f_{te}$= | 1.24 | Mpa | $f_{cc}$= | 23.33 | Mpa |
| 25 | | | cot$\psi$= | 4.45 | | | | |
| 26 | | 6-a | 철근비 $\rho$= | **0.005** | **(최소값 가정)** | | | |
| 27 | | | $c_u$= | 20.82 | cm | | | |
| 28 | | | $v_c$= | 0.672 | Mpa | | | |
| 29 | | | $\phi V_n$= | **2,189** | kN | > $V_u$ | **O.K** | |

**그림 ➡** 〈예제 8.2〉_5

앞의 '장방형기초-장변' 시트의 경우와 같이 가로와 세로의 폭과 연관된 부분의 셀을 다음과 같이 수정한다. 변경이 필요한 셀과 수식은 다음과 같다. 뚫림전단의 경우는 수정할 사항이 없다.

G14 = D14-D9-1.5*E8

: 단변방향 철근은 장변방향 철근 위에 놓게 되는데 그 이유는 장변방향에 작용하는 휨모멘트가 크므로 유효춤을 크게 하기 위함이다. 따라서 단변의 유효춤은 춤에서 피복두께와 3/2*주철근을 뺀다.

D15 = D12*(G11/2-G6/100/2-G14/100)*D11

D17 = D16*1/6*SQRT(D2)*D11*G14*10

| | A | B | C | D | E | F | G | H | I |
|---|---|---|---|---|---|---|---|---|---|
| 30 | 7 | 휨설계 | | | | | | | |
| 31 | | | $l$= | 0.65 | m | | | | |
| 32 | | | $M_u$= | **309.8** | kN.m | | | | |
| 33 | | 주근 개수 | use | 14 | — D16 | ρ= | 0.00094 | > 최소철근비=0.002 | |
| 34 | | | φMn= | 767 | kN-m | > $M_u$ | O.K | | |
| 35 | | | 수정 ρ= | 0.0020 | | As= | 59 | $cm^2$ | |
| 36 | | | | 6-a 철근비 검토 : | | | O.K | | |
| 37 | | | 최종배근 | **30** | **— D16** | | | | |
| 38 | | | β= | 1.8 | | | | | |
| 39 | | 유효폭내 배근비 | | **72.4%** | | | | | |
| 40 | | | 유효폭내 배근하는 철근개수 = | | | **22** | 개 | | |
| 41 | 8 | 정착검토 | | | | | | | |
| 42 | | | $l_{db}$ = | 64.5 | cm | | | | |
| 43 | | | 철근배치위치계수$\alpha$= | 1.0 | 참조 | | | | |
| 44 | | | 에폭시 도막계수$\beta$= | 1.0 | 참조 | 단, $\alpha\beta$ < 1.7 | | | |
| 45 | | | 경량콘크리트계수$\lambda$= | 1.0 | 참조 | | | | |
| 46 | | | 필요 정착길이 $l_d$ = | 64.5 | cm | > 최소길이 | 30 | cm | O.K |
| 47 | | | 정착길이 $l_d$ = | 65 | cm > | 필요 정착길이 $l_d$ | | | O.K |

그림 ➡ 〈예제 8.2〉_6

휨설계에서 수정하여야 할 사항은 다음과 같다.

D31 = (G11−G6/100)/2

D32 = D12/2*D31^2*D11

G33 = D33*F8/D11/100/D14

D34 = VLOOKUP(D33,'휨설계−단변'!B14:J23,9)

D38 = D11/G11

: 단변에 대한 장변의 비

D39 = 2/(1+D38)

: 수식 (8.3) 참조

F40 = ROUNDUP(D39*D37,0)

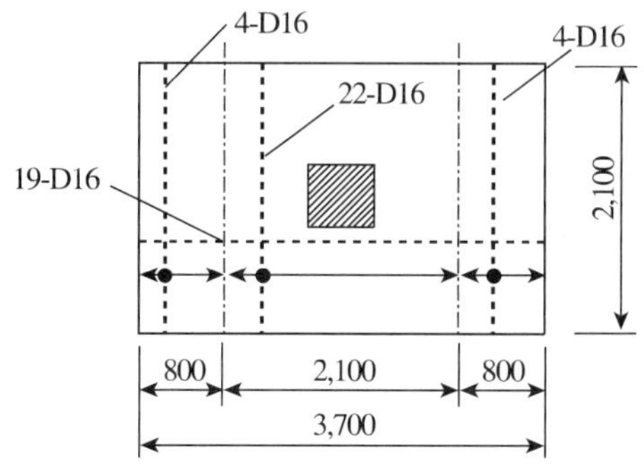


그림 ➡ 〈예제 8.2〉_7 최종 설계 결과에 따른 배근도

## 8.3 말뚝기초의 설계

말뚝기초는 연약지반에 주로 사용되는 기초형식으로 독립기초의 저면을 토질 대신 말뚝으로 저항하는 기초이다. 이러한 말뚝의 설계시에 사용 축하중이 고르게 말뚝에 전달되도록 하는 것이 바람직하다. 즉, 각각의 말뚝에 균등하게 수직하중이 전달된다고 가정하여 기초판의 전단과 휨내력을 검토한다.

말뚝의 지지에 의하여 집중하중이 작용하므로 기둥에 의한 뚫림 전단파괴를 검토하듯이 동일한 방법으로 뚫림전단에 대하여 검토한다. 그림 8.4와 같이 말뚝의 직경에 기초의 유효춤의 길이만큼 더해진 둘레가 뚫림전단에 대한 말뚝의 위험단면이 된다. 이때 위험단면의 길이는 다음과 같다.

$$\text{위험단면 길이} = \pi(\phi_{\text{파일}} + d) \tag{8.8}$$

여기서, $\phi_{\text{파일}}$ : 파일의 직경

$d$ : 기초판의 유효춤

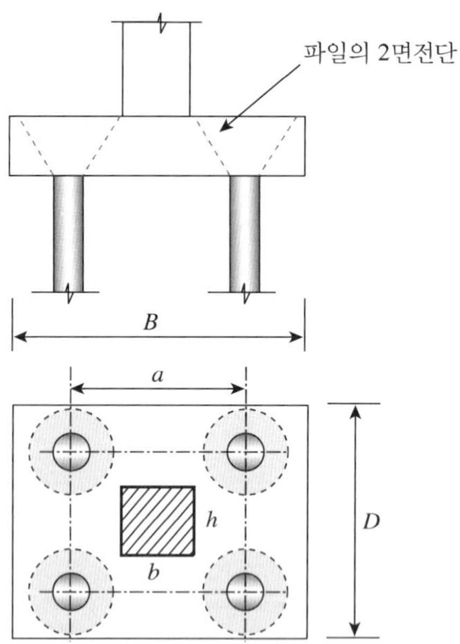


그림 8.4 ➡ 말뚝기초의 2면전단에 대한 위험단면

말뚝에 지지되는 기초판에서 임의 단면에 대한 전단력은 다음과 같이 계산할 수 있다.

① 말뚝의 중심이 그 단면에서 $\phi_{파일}/2$ 이상 외측에 있는 경우, 즉 그림 8.5 (a)와 같이 $x > \phi_{파일}/2$인 경우는 말뚝의 반력 전체가 그 단면에 전단력으로 작용한다.

② 말뚝의 중심이 그 단면에서 $\phi_{파일}/2$ 이상 내측에 있는 경우, 즉 그림 8.5 (b)와 같이 $x \le \phi_{파일}/2$인 경우는 말뚝으로부터의 반력은 전단력으로 작용하지 않는 것으로 보아야 한다.

③ 말뚝의 중심이 위 ①과 ②에서 규정한 중간에 위치하는 경우, 단면의 외측 $\phi_{파일}/2$의 위치에서 말뚝반력 전체를, 단면의 내측 $\phi_{파일}/2$의 위치에서 반력을 영(0)으로 하여 직선보간법으로 말뚝중심에서 산정한 반력이 기초판 단면에 전단력으로 작용하는 것으로 보아야 한다.

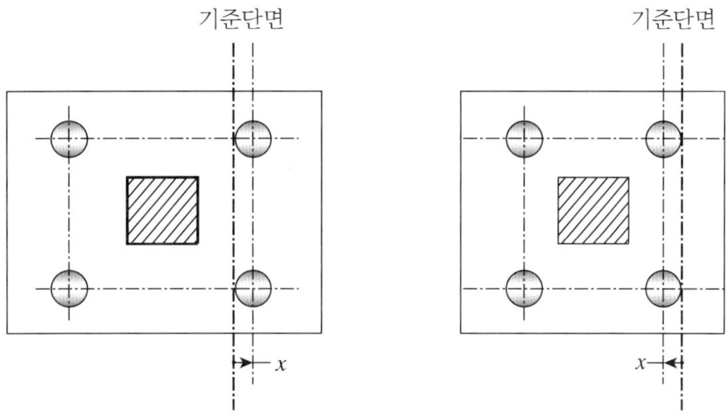


(a) 말뚝의 중립축이 외측에 있는 경우 (b) 말뚝의 중립축이 내측에 있는 경우

**그림 8.5** 말뚝기초의 기준단면과 말뚝 중심의 위치

### 예제 8.3

앞의 예제 8.1과 동일한 조건에 대한 말뚝기초를 설계하여라. 단, 말뚝의 내력은 400kN/개이고 직경은 400mm이다.

### 풀이

1~3단계의 입력부분에서 파일에 대한 정보를 제외하고는 <예제 8.1>의 경우와 동일하다. 따라서 앞의 <예제 8.1>의 파일을 복사하여 수정하면 된다. 추가된 파일에 대한 입력데이터, D3에 파일의 내력과 G3에 파일의 직경을 입력한다.

말뚝의 간격 $a$를 입력하고, 기초판의 크기를 결정한다. 기초판의 단부는 말뚝의 중심으로부터 30cm라고 가정한다. 파일의 반력은 계수 축하중에 의한 총하중 $P_u$를 파일의 개수 $N$으로 나눈 값이다. 다음은 셀에 입력한 수식이다.

```
G10 = ROUNDUP(D5/D3,0)
D11 = D10+0.3*2
D12 = G5/G10
```

| | A | B | C | D | E | F | G | H | I | J | K |
|---|---|---|---|---|---|---|---|---|---|---|---|
| 1 | | | | <말뚝 기초설계> | | | | | | | |
| 2 | 1 | 구조재료 | $f_{ck}$= | 27 | Mpa | fy= | 400 | Mpa | [철근 데이터] | | |
| 3 | | 말뚝 | $P_{pile}$= | 400 | kN/ea | φ = | 0.4 | m | 공칭 | 직경(cm) | 단면적(cm²) |
| 4 | 2 | 하중 | $P_D$= | 1,000 | kN | $P_L$= | 400 | kN | D10 | 0.953 | 0.713 |
| 5 | | | Ps= | 1,400 | kN | $P_u$= | 1,840 | kN | D13 | 1.27 | 1.267 |
| 6 | 3 | 기둥단면 | b= | 50 | cm | h= | 50 | cm | D16 | 1.59 | 1.986 |
| 7 | | 철근 | | 공칭 | 직경(cm) | 단면적(cm²) | | | D19 | 1.91 | 2.865 |
| 8 | | | 주철근 | D16 | 1.59 | 1.986 | | | D22 | 2.22 | 3.871 |
| 9 | | | 피복= | 6 | cm | | | | D25 | 2.5 | 5.07 |
| 10 | 4 | 말뚝간격 | a= | 1.20 | m | N(개수) = | 4 | ea | | | |
| 11 | | 기초판크기 | D= | 1.80 | m | | | | | | |
| 12 | | 계수반력 | $R_{pile}$= | 460 | kN/ea | | | | | | |

그림 ➡ 〈예제 8.3〉_1

<예제 8.1>의 입력 내용을 그림 <예제 8.3>_2와 같이 수정한다. 수직력을 받는 파일의 개수를 D15에 입력하도록 한다. 이 개수에 1개의 파일이 부담하는 계수 축하중을 곱하면 $V_{u1}$을 얻을 수 있다. 그러나 본문에서 본 바와 같이 기준단면을 중심으로 파일의 중심이 내부에 있거나 외부에 있는 경우에 수직 반력을 보정하여야 한다. 1면전단에서 기준단면의 위치는 이 기둥의 단부로부터 $d$만큼 떨어진 곳이다.

다음은 5단계 1면전단에 대한 입력식이다.

G14 = D14−D9−1.5∗E8
D16 = D12∗D15
D17 = D10/2−G14/100
: 1면전단에 대한 위험단면의로부터 거리 $x$, (+)의 값은 외측, (−)의 값은 내측임
D18 = D16∗(1/G3∗D17+0.5)
: 보정된 $V_{u1}$ (8.3절 본문참조)
D20 = D19∗1/6∗SQRT(D2)∗D11∗G14∗10
G20 = IF(D20〉D18,"O.K","N.G.")

| | A | B | C | D | E | F | G | H |
|---|---|---|---|---|---|---|---|---|
| 13 | 5 | 일면전단검토 | | | | | | |
| 14 | | 기초춤 | h= | 70 | cm | d= | 61.6 | cm |
| 15 | | | 반력파일개수= | 2 | ea | | | |
| 16 | | | $V_{u1}$= | **920** | kN | | | |
| 17 | | | x= | -0.01615 | m | | | |
| 18 | | | 보정된 $V_{u1}$= | **423** | < | $V_{u1}$ | | |
| 19 | | | ϕ= | 0.75 | | | | |
| 20 | | | $\phi V_n$= | **720** | kN | > $V_{u1}$ | O.K | |
| 21 | 6-1 | 기둥 뚫림전단 검토 | | | | | | |
| 22 | | | $b_0$= | 4.46 | m | | | |
| 23 | | | $V_{u2}$= | **917** | kN | | | |
| 24 | | | λ= | 1 | | | | |
| 25 | | | $k_s$= | 0.45 | | | | |
| 26 | | | $k_{b0}$= | 1.04 | < 1 | 수정 $k_{b0}$= | 1 | |
| 27 | | | $f_{te}$= | 1.09 | Mpa | $f_{cc}$= | 18 | Mpa |
| 28 | | | cotψ= | 4.18 | | | | |
| 29 | | 6-a | 철근비 ρ= | **0.005** | **(최소값 가정)** | | | |
| 30 | | | $c_u$= | 17.54 | cm | | | |
| 31 | | | $v_c$= | 0.587 | Mpa | | | |
| 32 | | | $\phi V_n$= | **1,210** | kN | > $V_u$ | O.K | |

그림 ➡ 〈예제 8.3〉_2

기둥에 대한 뚫림전단의 변동사항은 없으므로 <예제 8.1>을 참조하기 바란다.

| | A | B | C | D | E | F | G | H |
|---|---|---|---|---|---|---|---|---|
| 33 | 6-2 | 말뚝 뚫림전단 검토 | | | | | | |
| 34 | | | $b_0$= | 3.19 | m | | | |
| 35 | | | $V_{u2}$= | **460** | kN | | | |
| 36 | | | λ= | 1 | | | | |
| 37 | | | $k_s$= | 0.45 | | | | |
| 38 | | | $k_{b0}$= | 1.23 | < 1 | 수정 $k_{b0}$= | 1 | |
| 39 | | | $f_{te}$= | 1.09 | Mpa | $f_{cc}$= | 18 | Mpa |
| 40 | | | cotψ= | 4.18 | | | | |
| 41 | | 6-a | 철근비 ρ= | **0.005** | **(최소값 가정)** | | | |
| 42 | | | $c_u$= | 19.64 | cm | | | |
| 43 | | | $v_c$= | 0.657 | Mpa | | | |
| 44 | | | $\phi V_n$= | **969** | kN | > $V_u$ | O.K | |

그림 ➡ 〈예제 8.3〉_3

다음은 6-2단계로서 말뚝의 뚫림전단에 검토이다. 말뚝 1개가 받는 전단력 $V_{u2}$에 대하여 전단을 검토한다. 뚫림전단 위험단면의 길이는 식 (8.8)과 같다. 나머지 사항은 기둥의 검토 사항과 동일하다. 작성된 내용은 그림 <예제 8.3>_3과 같으며 입력 수식은 다음과 같다.

D34 = (G3+G14/100)*3.14
D35 = D12
D36~D44 셀의 수식은 기둥의 경우와 동일하다.

기초판에 작용하는 모멘트는 1면전단에서 구한 수직전단력, 즉 보정된 $V_{u1}$에 팔길이 $a/2$를 곱한 값이다. 작성된 내용은 <예제 8.3>_3과 같으며 셀에 입력된 수식은 다음과 같다.

D46 = D10/2
D47 = D18*D46

| | A | B | C | D | E | F | G | H | I |
|---|---|---|---|---|---|---|---|---|---|
| 45 | 7 | 휨설계 | | | | | | | |
| 46 | | | $l$= | 0.60 | m | | | | |
| 47 | | | $M_u$= | **253.7** | kN.m | | | | |
| 48 | | 주근 개수 | use | 10 | — D16 | ρ= | 0.00158 | > 최소철근비=0.002 | |
| 49 | | | φMn= | 410 | kN-m | > $M_u$ | O.K | | |
| 50 | | | 수정 ρ= | 0.0020 | | As= | 25 | $cm^2$ | |
| 51 | | | | 6-a 철근비 검토 : | | | O.K | | |
| 52 | | | 최종배근 | **13** | **— D16** | | | | |
| 53 | | | 최종 φMn= | **490** | kN-m | > $M_u$ | O.K | | |
| 54 | 8 | 정착검토 | | | | | | | |
| 55 | | | $l_{db}$ = | 73.4 | cm | | | | |
| 56 | | | 철근배치위치계수$\alpha$= | 1.0 | 참조 | | | | |
| 57 | | | 에폭시 도막계수$\beta$= | 1.0 | 참조 | 단, $\alpha\beta$ < 1.7 | | | |
| 58 | | | 경량콘크리트계수$\lambda$= | 1.0 | 참조 | | | | |
| 59 | | | 필요 정착길이 $l_d$ = | 73.4 | cm | > 최소길이 = | 30 | cm | O.K |
| 60 | | | 정착길이 $l_d$ = | 60 | cm > | 필요 정착길이 $l_d$ | | | N.G. |

그림 ➡ 〈예제 8.3〉_4

나머지 다른 셀은 <예제 8.1>의 경우를 참조하기 바란다.

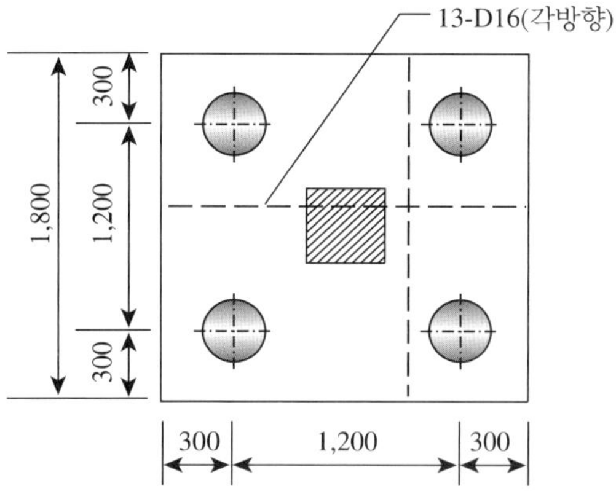


그림 ➡ 〈예제 8.3〉_5 최종 설계결과에 따른 배근도

8단계 정착검토에서 필요한 길이 73.4cm보다 정착길이가 60cm가 되어 정착을 만족하지 못함을 볼 수 있다. 이 경우 <예제 7.1>에 7장의 수식을 이용하여 세밀하게 정착길이를 검토하면 만족함을 알 수 있다.

# 09

# 2방향 슬래브 설계

## 9.1 개요

그림 9.1 (a)와 같이 슬래브의 단변 $S$에 대한 장변 $L$의 비가 2 이상일 경우, 슬래브에 재하되는 하중의 대부분이 작은 보로 전달되므로 이러한 슬래브는 1방향 슬래브(One-way Slab)로 설계되어야 한다. 반면에 그림 9.1 (b)와 같이 단변 $S$에 대한 장변 $L$의 비가 2 이하일 경우, 슬래브의 처짐은 복곡률(Double Curvature)이 된다. 이 때 슬래브에 재하되는 하중은 슬래브를 지지하고 있는 네 개의 보를 향해 두 방향으로 전달되므로 2방향 슬래브(Two-way slab)로 설계되어야 한다.

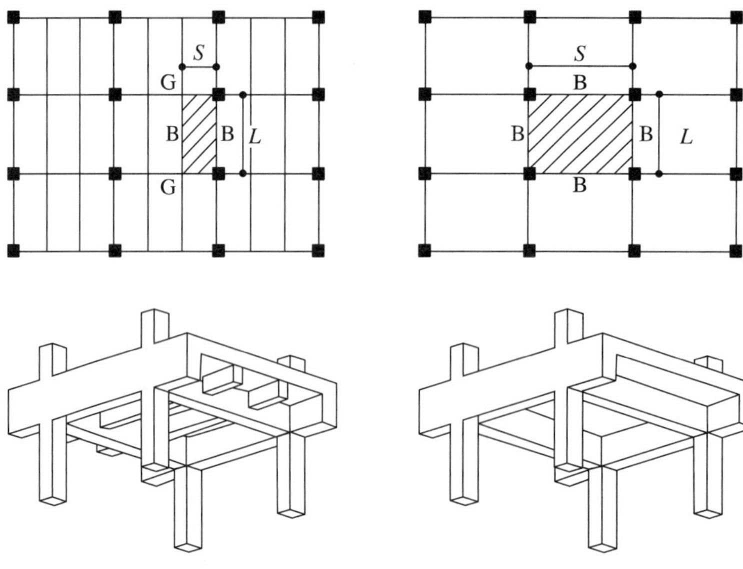


(a) 1방향 슬래브(One-way Slab) (b) 2방향 슬래브(Two-way Slab)

그림 9.1 1방향 슬래브와 2방향 슬래브

그림 9.2 (a), 9.2 (b)에서 보이는 바와 같이 플랫슬래브(Flat Slab)와 평판슬래브(Flat-Plate Slab)는 내부의 기둥 열을 따라 설치되는 보가 없는 것이 특징이며, 외부의 기둥 열에는 테두리보가 있거나 또는 없을 수 있다. 플랫슬래브와 평판슬래브의 차이점은 플랫슬래브의 경우, 지판(Drop Panel) 또는 주두(Capital)를 통해 적정한 전단강도를 확보할 수 있으나 평판슬래브에는 지판과 주두가 없다는 것이다. 평판슬래브의 경우, 슬래브 두께가 일정하므로 U형 스터럽 또는 전단주두(Shear Head)를 이용하여 부족한 전단력을

보강하게 된다. 따라서 경간이 크거나 또는 큰 하중을 받는 경우에는 플랫슬래브가 평판슬래브에 비하여 구조적으로 더 효율적이다.

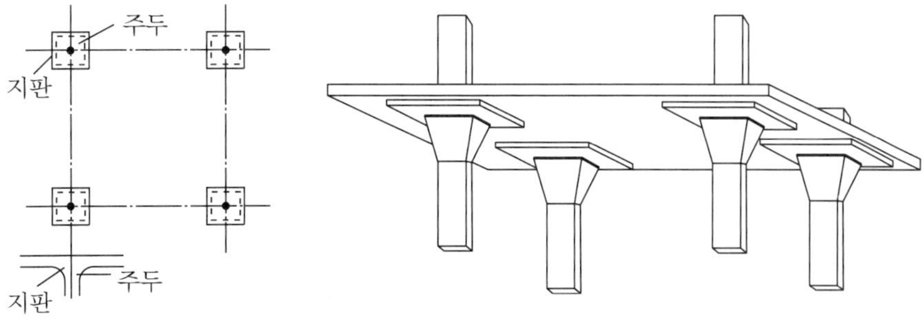


(a) 플랫슬래브(Flat Slab)

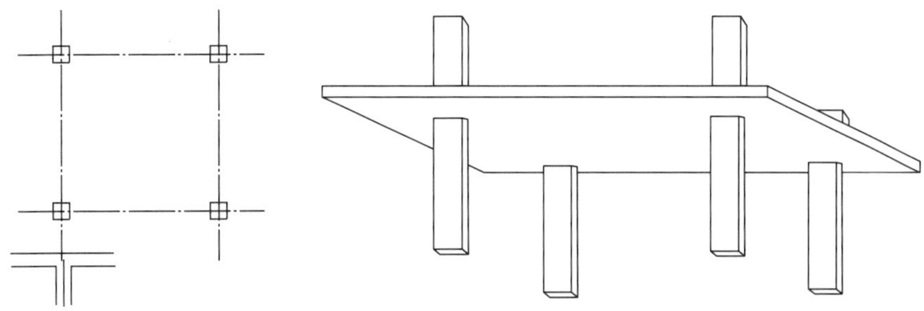

(b) 평판슬래브(Flat-Plate Slab)

그림 9.2 ➡ 플랫슬래브와 평판슬래브

2방향 슬래브[그림 9.1 (b)], 플랫슬래브[그림 9.2 (a)], 평판슬래브[그림 9.2 (b)]에는 2방향 거동과 평평한 부분(Flat Area)이 모두 존재하고 있으므로 이들을 따로 구분하여 부르는 것은 작위적이다. 전통적인 관습에 따르자면 이 용어들이 함축하고 있는 의미는 다음과 같다. 즉, 2방향 슬래브란 내부 기둥열에 보가 있는 슬래브를 의미하며, 플랫슬래브 및 평판슬래브는 내부 기둥열에 보가 없는 슬래브를 의미한다. 만일 임의의 크기를 갖는 보가 슬래브와 함께 거동하는 부재로 설계될 수 있다면, 크기가 0인 보는 단지 이의 특수한 조건일 뿐이므로 구조해석의 관점에서 보면 기둥 사이에 보가 있느냐 없느냐를 구별하는 것은 중요하지 않다.

보를 갖는 2방향 슬래브를 해석하고 설계하기 위한 기법들이 개발되었다면, 이러한 기법들의 상당수는 플랫슬래브 또는 평판슬래브에 똑같이 적용될 수 있다. 역사적으로 살펴볼 때 1971년까지는 보에 의해 지지되는 2방향 슬래브의 설계기법이 플랫슬래브 또는 평판슬래브의 설계기법과 다른 것으로 취급되어 왔다. 이때까지는 여러 가지의 서로 다른 해석 및 설계기법들이 제안되고 사용되어 왔다. 현재의 미국 ACI 기준에서는 슬래브 시스템의 해석과 설계에 대해 통합적인 시각을 가지고 있으며, 보가 있거나 또는 보가 없는 2방향 슬래브를 같은 시각에서 다루고 있다. 이 뿐만 아니라 솔리드슬래브(Solid Slab), 자중을 줄이기 위한 공동슬래브(Hollow Slab), 워플슬래브(Waffle Slab) 등을 같은 범주에서 다루고 있다.

따라서 2방향 바닥판 시스템(Two-Way Floor System)이란 용어는 전술된 세 가지 슬래브시스템, 즉 보를 갖는 2방향 슬래브, 플랫슬래브 및 평판슬래브 모두를 의미하고 있다.

1방향 슬래브의 해석 및 설계는 단위길이의 폭을 갖는 보로 취급하는 반면에, 2방향 슬래브의 경우는 연속스팬인 1방향 슬래브 설계에 주로 이용되는 ACI 계수법이나 직접설계법(Direct Design Method)에 의해 이루어지는 약산해석 및 설계법이 있으며, 일반적인 골조해석법인 등가골조법(Equivalent Frame Method)이나 유한요소법(Finite Element Method)에 의해 정밀하게 해석 및 설계를 수행할 수도 있다.

① ACI 계수법 : 연속스팬인 1-way slab 설계에 주로 이용되는 약산해법
② 직접설계법(Direct Design Method) : 약산해법
③ 등가골조법(Equivalent Frame Method) : 일반적인 해석법

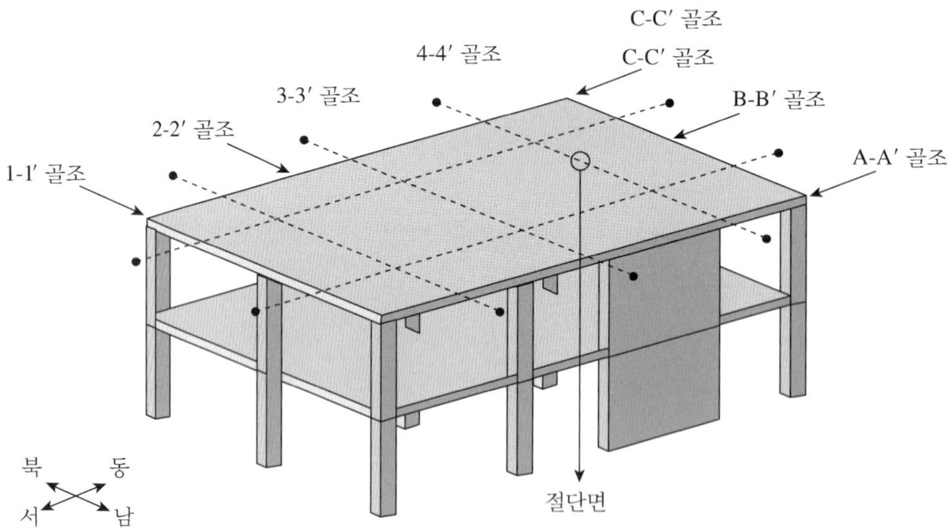


(a) 건물의 3차원 형상 등가골조법

그림 9.3 ➡ 등가골조법

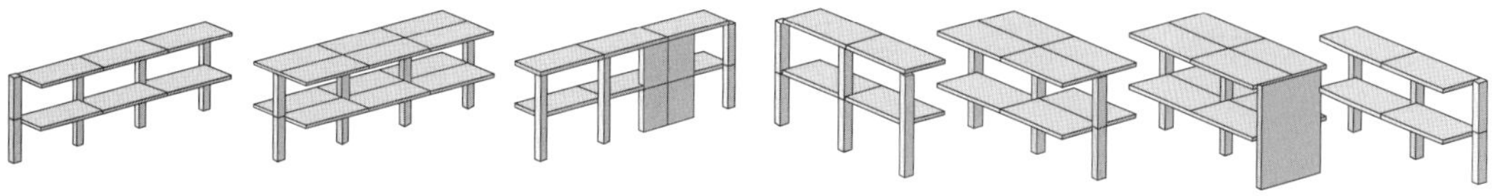


(b) 각열의 frame 형상

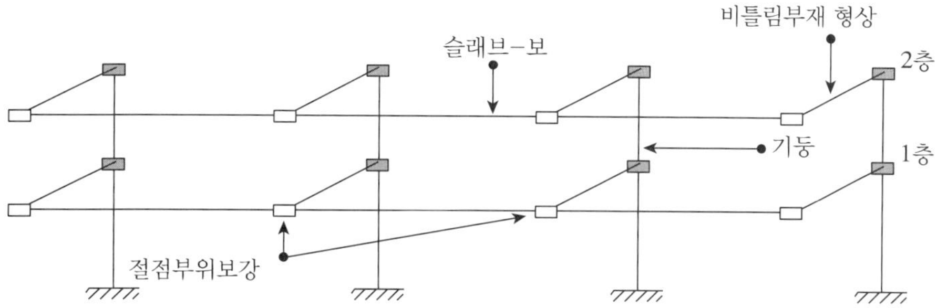


(c) 등가골조

그림 9.3 ➡ 등가골조법 (계속)

④ 유한요소법(Finite Element Method) : 그림 9.4와 같이 전산프로그램을 이용

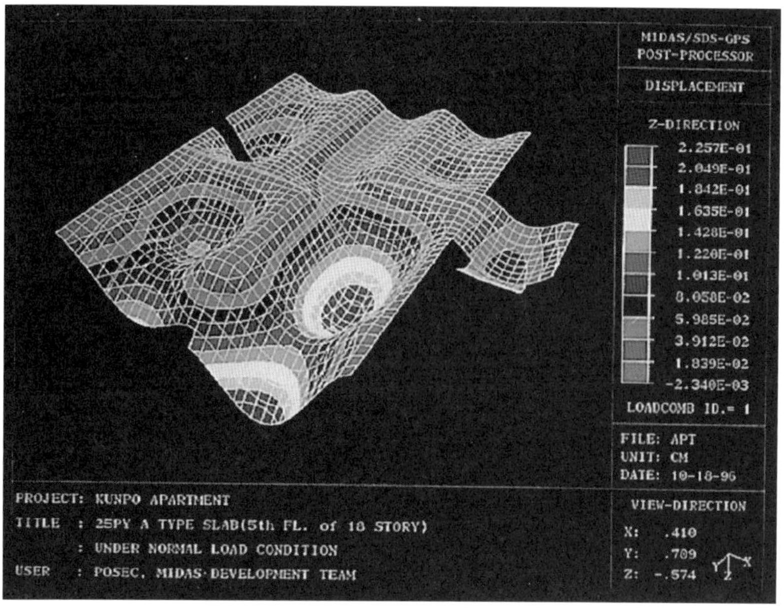


그림 9.4 ➡ 유한요소법에 의한 해석

## 9.2 슬래브 시스템의 종류 및 선정

슬래브의 해석 및 설계 시 중력에 의한 휨응력만 작용하는 것으로 가정한다. 이 경우 슬래브에 작용하는 중력하중에 대한 중앙부 처짐의 적합조건으로부터 슬래브 변장비에 따른 힘의 흐름을 고찰하면, 단변에 대한 장변의 비가 2를 넘어갈 경우 대부분의 하중은 단변방향으로 전달되는 것을 알 수 있다.

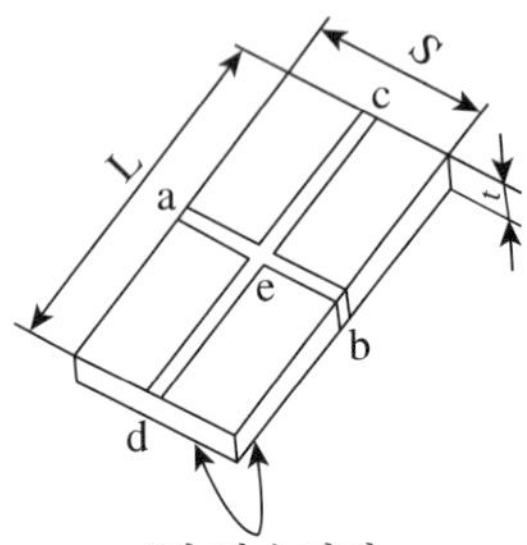


그림 9.5 ➡ 변장비에 따른 하중의 전달

e지점의 처짐 : $\delta_e = \dfrac{5w_{ab}S^4}{384EI} = \dfrac{5w_{cd}L^4}{384EI} \quad \rightarrow \quad \dfrac{w_{ab}}{w_{cd}} = \dfrac{L^4}{S^4}$ (9.1)

총등분포하중 : $w = w_{ab} + w_{cd}$ (9.2)

식 (9.1)과 (9.2)로부터 $w_{ab} = \dfrac{L^4}{L^4 + S^4}w, \quad w_{cd} = \dfrac{S^4}{L^4 + S^4}w$

① $L = S$ : $w_{ab} = 0.5w$ $\quad w_{cd} = 0.5w$

② $L = 1.5S$ : $w_{ab} = 0.835w$ $\quad w_{cd} = 0.165w$

③ $L = 2.0S$ : $w_{ab} = 0.941w$ $\quad w_{cd} = 0.059w$

④ $L = 3.0S$ : $w_{ab} = 0.988w$ $\quad w_{cd} = 0.012w$

→ $L/S \geq 2.0$이면 대부분의 하중은 단면방향($S$)으로 전달된다.

예) 곡률에 따라 모멘트 크기가 좌우된다.

- $\frac{S}{L} \leq 0.5$ : 1방향 슬래브
- $0.5 < \frac{S}{L} \leq 1.0$ : 2방향 슬래브

2방향 슬래브는 그림 9.1 (b)와 같이 보가 있는 2방향 슬래브(Two-way Slab with Beams), 평판슬래브, 지판이나 주두가 있는 플랫슬래브(Flat Slab : Drop Panel, Capital), 그리고 워플슬래브(Waffle Slab) 등으로 구분할 수 있다.

슬래브 시스템의 선정 방법은 여러 가지 요인에 영향을 받는다. 슬래브시스템의 선정 시 공사비가 중요하다는 것은 명확하지만, 이는 특정한 슬래브 형식이 결정되기 전까지는 정성적인 사항이다. 공사비 외에도 슬래브시스템의 선정에 영향을 미치는 중요한 요인들은 설계하중, 소요경간, 사용성, 강도 등이다. 보가 없는 슬래브, 즉 플랫슬래브와 평판슬래브 중 어느 것을 선택할 것인지를 결정짓는 중요한 요소는 하중과 경간이다. 평판슬래브의 강도는 주로 기둥 상부에서의 전단강도가 지배하게 되므로, 경간이 7~8m를 넘고 사용하중 5kN/m$^2$ 이상인 경우에는 플랫슬래브가 평판슬래브에 비해 효율적이다. 의장설계 등의 요구에 의해 주두 또는 지판을 설치할 수 없을 경우, 전단주두(Shear Head) 또는 전단보강근을 이용하여 슬래브의 전단강도를 확보할 수 있지만 이 경우 공사비가 증가할 것이다.

슬래브시스템의 선정 시 사용성이 반드시 고려되어야 하는데, 보가 없는 슬래브에서 처짐을 효과적으로 제어하는 문제는 결코 쉽지 않다. 사용하중이 크고 허용처짐이 작을 경우 큰 주두를 사용할 수도 있다. 평판슬래브의 경우, 기둥 주변에서 발생하는 부모멘트에 의한 균열이 문제인데, 이 경우에도 주두를 사용하여 문제를 해결할 수 있다. 처짐과 전단응력의 문제는 주두 대신에 보를 이용하여 해결할 수도 있다. 만일 처짐이 엄격하게 제한된다면, 보가 주두에 비하여 처짐을 효과적으로 방지할 수 있으므로 2방향 슬래브가 가장 효율적일 것이다. 이외에도 보는 전단보강근이 쉽게 배근될 수 있다는 장점이 있다.

플랫슬래브 또는 평판슬래브는 이들만이 갖게 되는 구조적인 장점 이외에도 층고를 낮출 수 있다는 또 다른 장점을 가지고 있다. 고도제한 구역의 경우, 플랫슬래브 또는 평판슬래브가 2방향 슬래브에 비해 약 10층 당 한 층을 더 세울 수 있는 장점을 갖게 된다. 층고를 낮출 수 있다면 엘리베이터 샤프트 및 설비의 배관길이를 짧게 할 수 있으며, 외벽의 면적이 작아져 풍하중이 감소되고, 건물 전체의 무게가 줄어들어 기초와 구조부재들의 공사비를 줄일 수 있는 경제성을 갖게 된다. 또한 플랫슬래브 또는 평판슬래브 시스템을 사용할 경우, 슬래브 바로 밑에서 천정마감을 할 수 있는 또 다른 경제적인 장점을 갖게

된다. 그러나 보가 없는 슬래브가 전단벽 또는 횡가새 시스템이 없이 골조의 거동으로만 횡력에 저항해야 하는 구조물에 사용될 때, 이들은 구조적인 단점을 갖게 된다. 기둥과 슬래브 사이의 모멘트 전달은 보강이 어려울 정도로 큰 국부적인 모멘트, 전단력 및 비틀림 모멘트를 유발하게 된다. 이 경우, 보를 통한 보강이 상대적으로 쉽기 때문에 2방향 슬래브를 사용하는 것이 좀 더 효과적이다. 게다가 2방향 슬래브는 보 및 보와 기둥간 접합부 강성으로 인해 플랫슬래브나 평판슬래브에 비하여 매우 큰 횡방향 강성(Lateral Stiffness)을 갖게 된다.

전술된 바와 같이 슬래브 시스템을 선정할 때 여러 가지 요인들을 검토하여야 하며, 이러한 고려사항들을 요약하여 정리하면 표 9.1과 같다.

표 9.1 ▌ 슬래브 시스템의 선정

| 형식 | 단면과 평면 | 두께 $h$ (mm) | 길이 $L$ (m) | $L/h$ | 주요 고려사항 |
|---|---|---|---|---|---|
| 1방향 슬래브 | 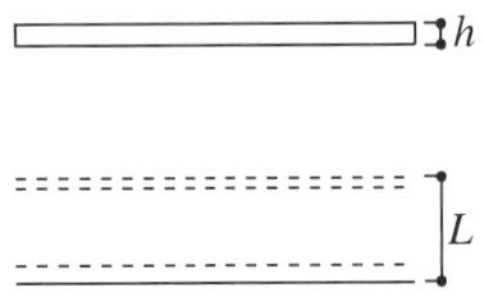 | 100~250 | 2~7 | 22~32 | • 처짐<br>• 휨<br>• 단순지지일 경우 $L/h$는 22~32 이하 |
| 2방향 슬래브 | 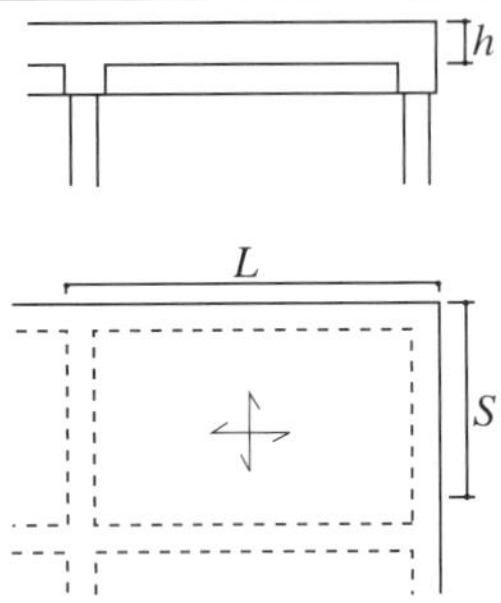 | 100~250 | 6~11 | 28~36 | • 처짐<br>• 휨<br>• 하중이 크거나 집중하중을 받는 경우 |
| 1방향 리브 슬래브 | 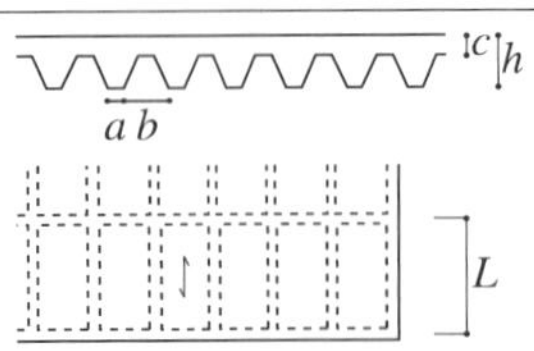 | 255~600 | 4~12 | 14~20 | • 처짐<br>• 휨<br>• 전단<br>• 작은 하중을 받는 장스팬 구조 |
| 2방향 워플 슬래브 | 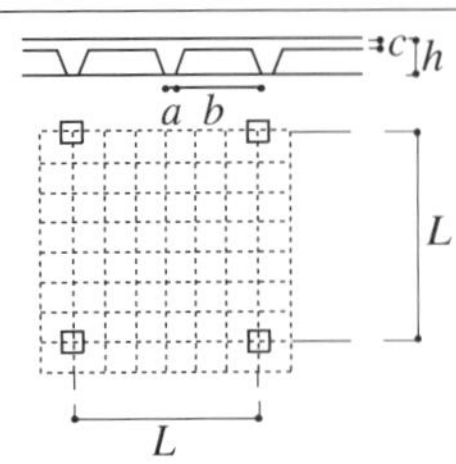 | 350~650 | 9~15 | 18~22 | • 처짐<br>• 휨<br>• 리브슬래브에 비해 고비용<br>• $a \fallingdotseq 100 \sim 200$mm<br>$b \fallingdotseq 900 \sim 1800$mm<br>$c \fallingdotseq 60 \sim 100$mm |

**표 9.1** ▎ 슬래브 시스템의 선정 (계속)

| 형식 | 단면과 평면 | 두께 $h$ (mm) | 길이 $L$ (m) | $L/h$ | 주요 고려사항 |
|---|---|---|---|---|---|
| 1방향 장선 슬래브 | 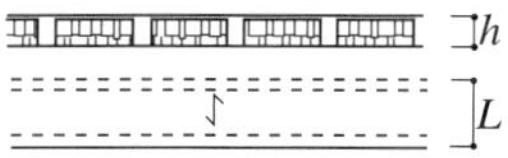 | 150~300 | 3~7 | 20~25 | • 휨<br>• 전단 |
| 평판 슬래브 | 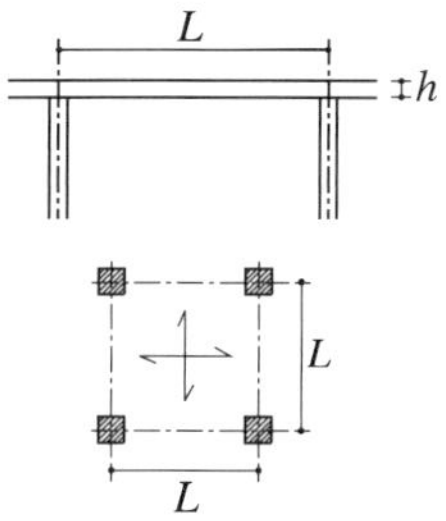 | 125~200 | 4~8 | 28~38 | • 처짐<br>• 휨<br>• 전단<br>• 층고를 줄일 수 있으며, 거푸집공사가 간편함<br>• 횡력에 대한 강성이 작음 |
| 플랫 슬래브 | 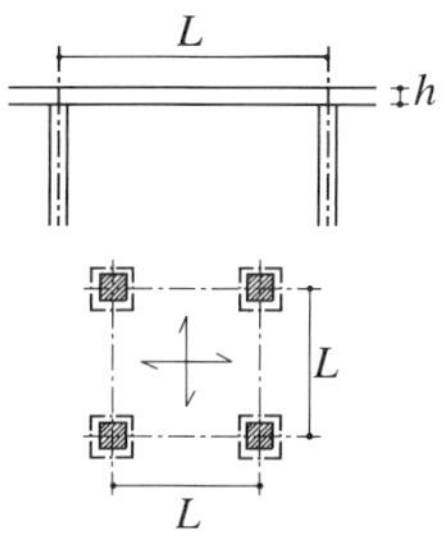 | 126~300 | 5~10 | 28~36 | • 지판의 전단력<br>• 처짐<br>• 휨<br>• $h$ ≒ 지판 두께의 1.25~1.45배 $b$ ≒ $L/3$ |
| T형 · L형보 | 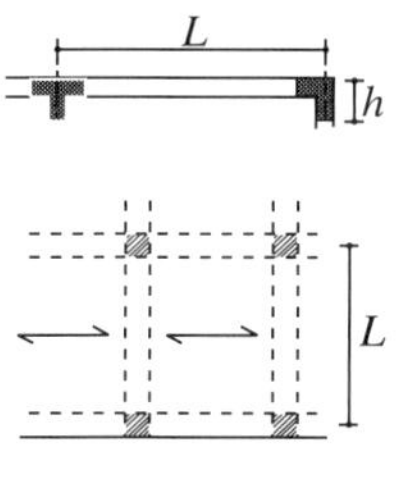 | 400~700 | 5~15 | 14~20 | • 보의 길이 ≒ 3~7m<br>• 슬래브 두께 ≒ 100~175mm<br>• 단순지지일 경우 $L/h$는 14~20 이하 |
| 와이드빔 | 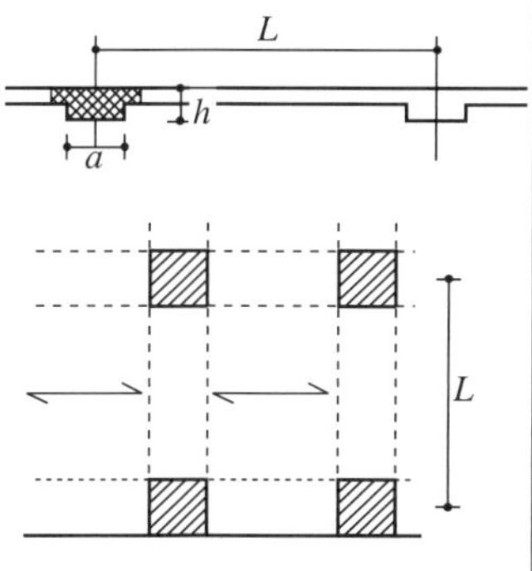 | 350~850 | 6~12 | 18~22 | • 처짐<br>• 휨<br>• 층고가 제한될 경우<br>• 단순지지일 경우 $L/h$는 18~22 이하<br>• $a$ ≒ 600~1200mm |

## 9.3 주열대와 중간대

슬래브의 해석 및 설계 시 연속된 3차원 구조물의 슬래브 바닥판에 대한 정밀 해석은 부정정 차수가 매우 높아 복잡하므로 현행 건축구조기준에서는 전체 슬래브 바닥판을 패널의 중심을 따라 가상적으로 자른 2차원 골조로 나누어 해석할 수 있도록 하였다(그림 9.6). 내부골조는 그림 9.6과 같이 기둥 중심선에서 양쪽으로 $\frac{l_2}{4}$와 $\frac{l_1}{4}$ 중 작은 값을 폭으로 갖는 주열대(Column Strip)와 두 개의 주열대 사이에 놓여 있는 중간대(Middle Strip)로 구성된 두 개의 설계대로 구성된다.

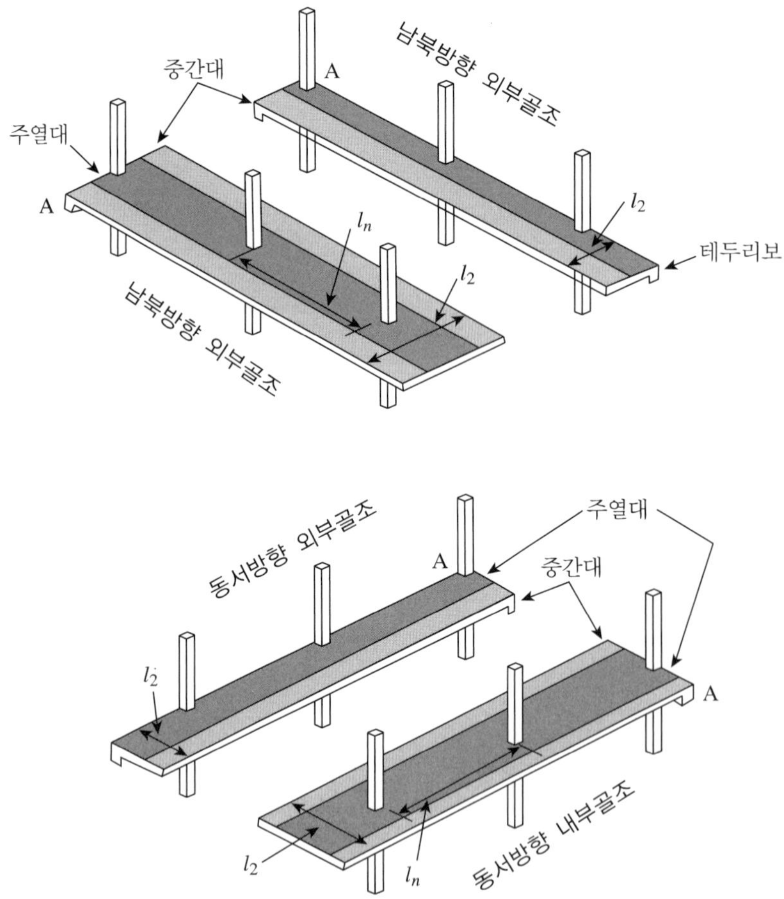


그림 9.6 ➜ 슬래브의 내부 등가골조 및 설계대

현행 기준에서는 슬래브-보에서 모멘트를 결정하는 방법으로 직접설계법(Direct Design Method)과 등가골조법(Equivalent Frame Method)의 두 방법을 제시하고 있다. 직접설계법은 등분포하중을 받으며, 기둥의 간격이 일정한 슬래브 시스템에 한하여 적용할 수 있다. 이 방법은 휨모멘트 계수를 사용하여 위험단면에서의 설계 모멘트를 계산한다. 등가골조법은 3차원의 구조물을 기둥의 중심선을 기준으로 하여 2차원의 등가골조로 분할하여 해석하는 방법으로, 기둥의 간격이나 하중의 분포특성에 제한이 없이 일정한 폭을 갖는 슬래브와 위아래로 붙은 기둥을 강접골조로 보아 해석하는 방법이다. 본 교재에서는 등가골조법은 특별히 언급하지 않았으며 실용적 해석 및 설계법인 직접설계법만을 다루고 있다.

## 9.4 처짐제어를 위한 2방향 슬래브의 최소두께

슬래브의 두께는 대부분 처짐제한에 의해 결정되며, 이 때 처짐에 영향을 미치는 인자로는 슬래브 강성(탄성계수, 슬래브 두께, 지점의 경계조건), 장기변형 및 초기균열 등이 있다. 또한, 슬래브의 최소두께는 슬래브와 보의 휨강성 비에 의하여 결정하도록 규정하고 있다.

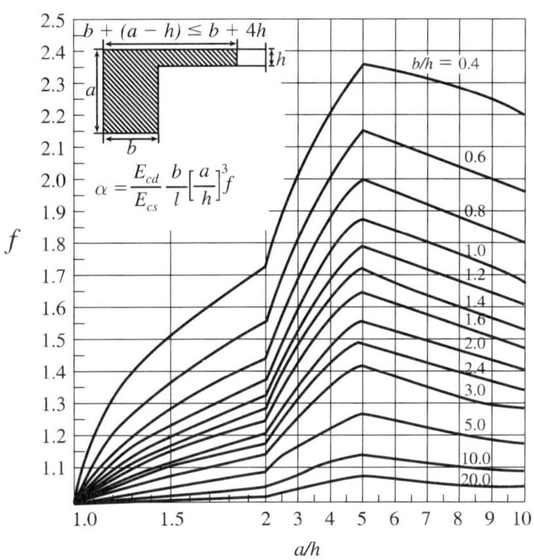


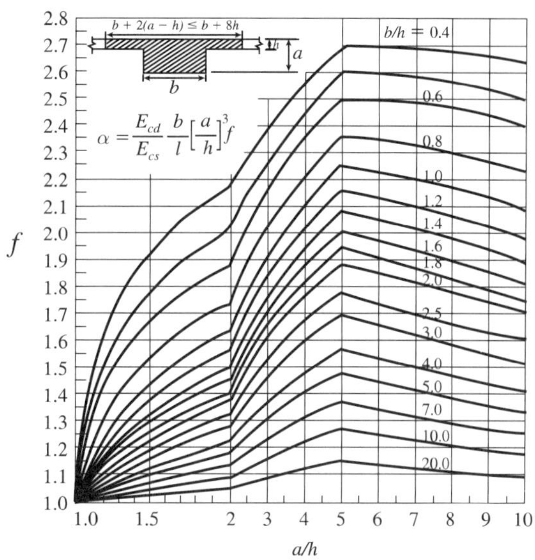


그림 9.7 ➡ 슬래브와 보의 휨강성비 계산도표

(1) $\alpha$ : 슬래브 휨강성에 대한 보의 휨강성 비

$$\alpha = \frac{E_{cb}\,I_b}{E_{cs}\,I_s} = \frac{E_{cb}}{E_{cs}}\left(\frac{ba^3}{12}\cdot f\right) \Big/ \left(\frac{lh^3}{12}\right) = \frac{E_{cb}}{E_{cs}}\frac{b}{l}\left[\frac{a}{h}\right]^3 \cdot f \tag{9.3}$$

$\alpha$는 위 도표를 이용하거나 또는 $I_b$를 계산하여 구할 수 있다.

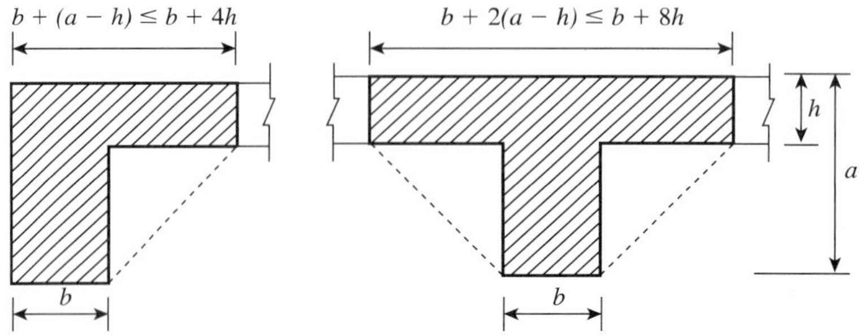


그림 9.8 ➜ $I_b$ 계산용 보의 단면

(2) $\alpha_m$ : 주변 보에 대한 $\alpha$의 평균값

현행 기준에서는 $\alpha_m$에 따라 아래와 같이 슬래브의 최소두께를 규정하고 있다.

① $\alpha_m \le 0.2$

단, 지판이 없을 경우 120mm 이상, 지판이 있을 경우 100mm 이상이어야 한다.

표 9.2 ❙ 슬래브 최소두께($\alpha_m \leqq 0.2$)

| 항복강도 $f_y$(MPa) | 지판이 없는 경우 | | | 지판이 있는 경우 | | |
|---|---|---|---|---|---|---|
| | 외부 슬래브 | | 내부 슬래브 | 외부 슬래브 | | 내부 슬래브 |
| | 테두리가 없는 경우 | 테두리가 있는 경우 | | 테두리가 없는 경우 | 테두리가 있는 경우 | |
| 300 | $l_n/32$ | $l_n/35$ | $l_n/35$ | $l_n/35$ | $l_n/39$ | $l_n/39$ |
| 350 | $l_n/31$ | $l_n/34$ | $l_n/34$ | $l_n/34$ | $l_n/37.5$ | $l_n/37.5$ |
| 400 | $l_n/30$ | $l_n/33$ | $l_n/33$ | $l_n/33$ | $l_n/36$ | $l_n/36$ |

② $0.2 < \alpha_m \le 2.0$

$$h = \frac{l_n\left(800 + \frac{f_y}{14}\right)}{36{,}000 + 5{,}000\beta(\alpha_m - 0.2)} \tag{9.4}$$

단, $\beta = \dfrac{l_2(\text{장변})}{l_1(\text{단변})}$ 또는 120mm 이상

③ $\alpha_m > 2.0$

$$h = \frac{l_n\left(800 + \dfrac{f_y}{14}\right)}{36{,}000 + 9{,}000\beta} \text{ 또는 90mm 이상} \qquad (9.5)$$

④ 불연속단을 갖는 슬래브(외부 슬래브)

$\alpha \geq 0.8$인 테두리보를 설치하거나 식 (9.4), (9.5)를 10% 이상 증대

플랫슬래브에서 지판은 전단에 대한 위험단면의 면적을 증가시킴으로써 하중 부담능력 및 처짐에 대한 휨강성을 높이는 역할을 하며, 이를 통하여 유효경간의 길이를 확장할 수 있다. 현행 설계기준에서 지판은 받침부 중심선에서 각 방향 경간의 1/6 이상을 각 방향으로 연장시키고, 돌출된 두께는 슬래브 두께의 1/4 이상으로 규정하고 있다.

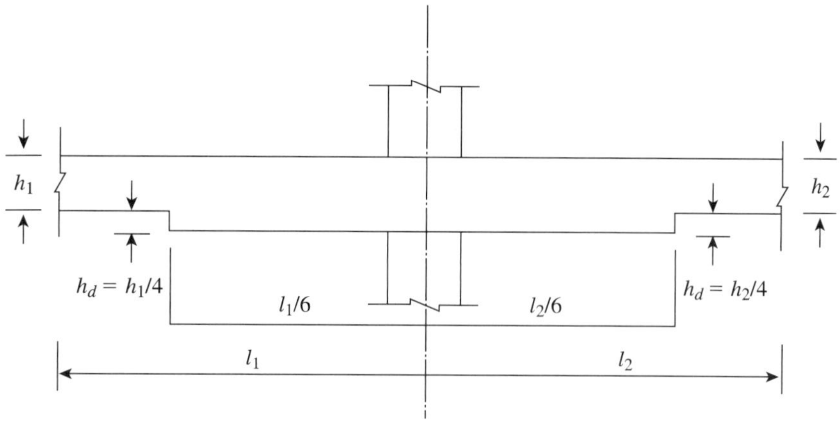


그림 9.9 ➡ 플랫슬래브 지판에 관한 규정

**예제 9.1**

보와 일체로 된 2방향 슬래브가 500mm의 정사각형 기둥에 그림과 같이 지지되어 있다. 2방향 슬래브의 최소두께를 결정하라. $f_{ck} = 24\text{MPa}$, $f_y = 400\text{MPa}$

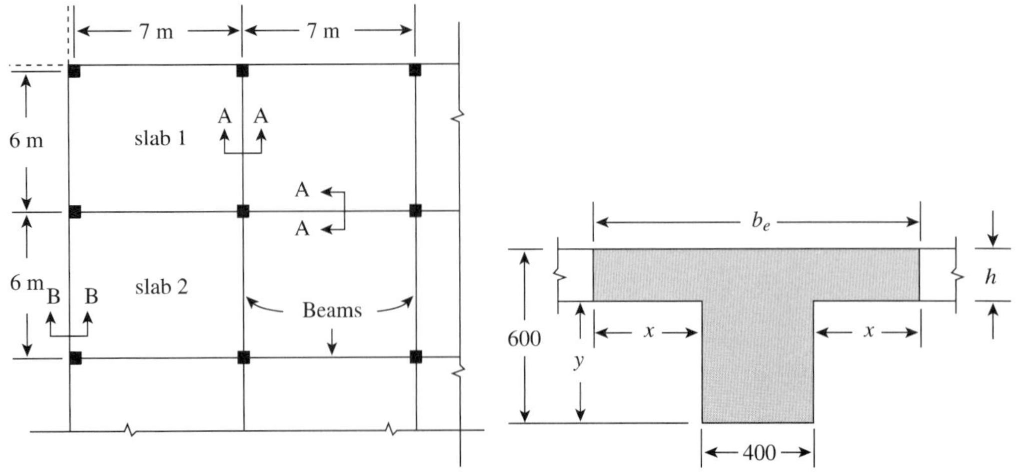


(a) Plan (b) Section A-A

풀이

1. $l_n$ 산정

   단변 방향 순경간 $l_n = 7 - 0.5 = 6.5\text{m}$

   장변 방향 순경간 $l_n = 6 - 0.5 = 5.5\text{m}$

2. $I_b$ 산정

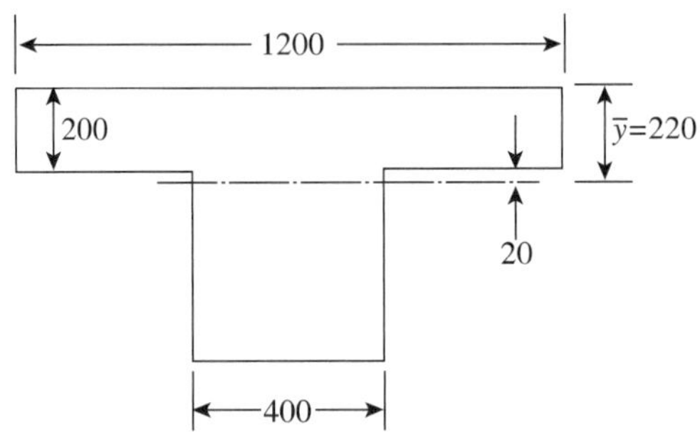


T-section

$x$=$y$, $h = 200\text{mm}$로 가정

$b_e = 0.4 + 2 \times 0.4 = 1.2\text{m}$

$A_f = 0.2 \times 1.2 = 0.24\text{m}^2$

$A_w = 0.4 \times 0.4 = 0.16\text{m}^2$

$A = A_f + A_w = 0.24 + 0.16 = 0.4\text{m}^2$

플랜지 상부에서의 중립축 거리

$(0.24\times0.1)+0.16\times(0.2+0.2)=0.4\bar{y}$

$\bar{y}=0.22\text{m}$

$$I_b=\left[\frac{1.2(0.2)^3}{12}+0.24\times(0.12)^2\right]+\left[\frac{0.4(0.4)^3}{12}+0.16(0.2-0.02)^2\right]\text{m}^4$$

$=0.011$

3. 장변 방향 슬래브의 단면 2차 모멘트

$$I_s=\frac{6(0.2)^3}{12}=0.004\text{m}^4$$

$$\alpha_l=\frac{EI_b}{EI_s}=\frac{0.011}{0.004}=2.75$$

4. 단변 방향 슬래브의 단면 2차 모멘트

$$I_s=\frac{7(0.2^3)}{12}=0.005\text{m}^4$$

$$\alpha_s=\frac{EI_b}{EI_s}=\frac{0.011}{0.005}=2.2$$

5. $a_m$ 산정

$\alpha_l$과 $\alpha_s$의 평균 $\alpha_m=\dfrac{2.75+2.2}{2}=2.48$

6. $\beta$ 산정

$$\beta=\frac{7-0.5}{6-0.5}=1.18$$

7. $h_{\min}$ 결정(식 9.5 참조)

$$h_{\min}=\frac{6500(800+400/1.4)}{36{,}000+9000\times1.18}=151.4\text{mm}>90\text{mm}$$

$\therefore h_{(배치)}=200\text{mm}>h_{\min}=151.4\text{mm}$

## 9.5 직접설계법에 의한 2방향 슬래브 해석

직접설계법을 적용하여 2방향 슬래브를 설계할 수 있는 범위에 대한 규정은 다음과 같다.

① 모든 하중은 슬래브에 등분포로 작용하는 연직하중으로, 활하중은 고정 하중의 3배 이하$\left(\dfrac{L}{D} \leqq 3\right)$

② 각 방향에 대한 중심 간 경간 길이의 차는 긴 경간의 1/3 이하

③ 각 방향으로 3경간 이상 연속

④ 단변 경간에 대한 장변 경간의 비가 2 이하인 직사각형

⑤ 기둥이 연속한 기둥 중심선 사이의 1/10 이상 이탈해서는 안 된다.

⑥ 보가 슬래브를 지지할 경우, 직교보의 상대강성은 0.2~5 이하(예제 9.1 참조)

여기서, 상대강성 $= \dfrac{\alpha_1}{l_1^2} \Big/ \dfrac{\alpha_2}{l_2^2} = \dfrac{l_2^2 \alpha_1}{l_1^2 \alpha_2}$, $\alpha = \dfrac{E_{cb} I_b}{E_{cs} I_s}$

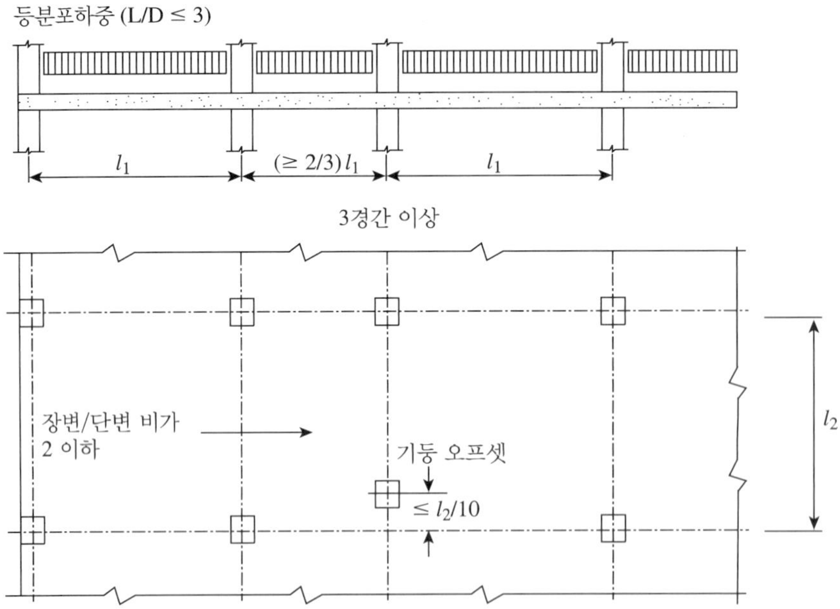


그림 9.10 직접설계법의 적용 범위

**예제 9.2**

아래 그림과 같은 강성비를 갖는 슬래브 패널에 대한 직교보의 상대강성비를 구하시오.

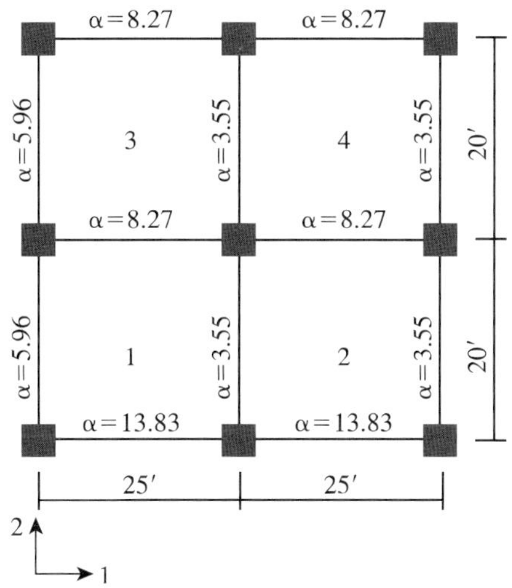


**풀이**

• Panel 1

$$\frac{l_1^2}{\alpha_1}=\frac{625}{0.5(13.83+8.27)}=56.6,\quad \frac{l_2^2}{\alpha_2}=\frac{400}{0.5(5.96+3.55)}=84.0,$$

$$\therefore\quad \frac{l_2^2\alpha_1}{l_1^2\alpha_2}=\frac{84.0}{56.6}=1.484$$

• Panel 2

$$\frac{l_1^2}{\alpha_1}=56.6,\quad \frac{l_2^2}{\alpha_2}=\frac{400}{3.55}=112.7$$

$$\therefore\quad \frac{l_2^2\alpha_1}{l_1^2\alpha_2}=\frac{112.7}{56.6}=1.99$$

• Panel 3

$$\frac{l_1^2}{\alpha_1^2}=\frac{625}{8.27}=75.6,\quad \frac{l_2^2}{\alpha_2^2}=\frac{400}{0.5(5.96+3.55)}=84.0$$

$$\therefore\quad \frac{l_2^2\alpha_1}{l_1^2\alpha_2}=\frac{84.0}{75.6}=1.11$$

• Panel 4

$$\frac{l_1^2}{\alpha_1^2} = \frac{625}{8.27} = 75.6, \quad \frac{l_1^2}{\alpha_1^2} = \frac{400}{3.35} = 112.7$$

$$\therefore \quad \frac{l_2^2 \alpha_1}{l_1^2 \alpha_2} = \frac{112.7}{75.6} = 1.49$$

$\therefore \quad \left[\left(\frac{l_2^2}{\alpha_2}\right) \Big/ \left(\frac{l_1^2}{\alpha_1}\right)\right]$의 모든 값은 0.2~5 사이에 있다.

직접설계법에서는 정적 계수모멘트 $M_0$를 아래 식 (9.6)으로 정의하고 있으며, 이 크기는 그림 9.11에서 식 (9.6)과 같이 정모멘트와 부모멘트의 합이 된다.

$$M_0 = \frac{M_{\text{left}}^s + M_{\text{right}}^s}{2} + M_c = \frac{\omega_u \; l_2 \; l_n^2}{8} \tag{9.6}$$

여기서, $l_2$ : 슬래브 폭

$l_n$ : 스팬길이

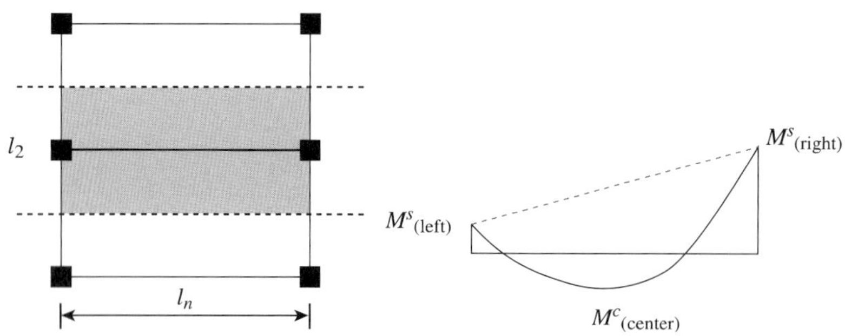


그림 9.11 ➡ 정적 계수모멘트의 정의

이를 증명하기 위해 그림 9.12를 고려해보자.

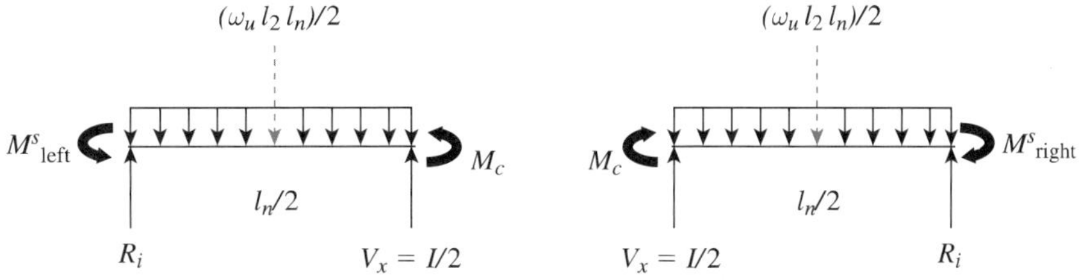


(a) 좌측단에서 중앙까지　　(b) 우측단에서 중앙까지

**그림 9.12 ➡** 중앙점까지의 Free Diagram

그림 9.12 (a)에서 좌측단에 대한 모멘트의 합계는 식 (9.7.a)와 같으며 그림 9.12 (b)에서 우측단에 대한 모멘트의 합계는 식 (9.7.b)와 같다.

$$M^s_{\text{left}} + M_c - \frac{\omega_u\ l_2\ l_n}{2}\left(\frac{l_n}{4}\right) + V_{x=\frac{l_n}{2}}\left(\frac{l_n}{2}\right) = 0 \tag{9.7.a}$$

$$M_c + M^s_{\text{right}} - \frac{\omega_u\ l_2\ l_n}{2}\left(\frac{l_n}{4}\right) - V_{x=\frac{l_n}{2}}\left(\frac{l_n}{2}\right) = 0 \tag{9.7.b}$$

최종적으로 식 (9.7.a)와 식 (9.7.b)을 합산하면 식 (9.8)과 같다.

$$M_c + \frac{M^s_{\text{left}} + M^2_{\text{right}}}{2} = \frac{\omega_u\ l_2\ l_n^2}{8} \tag{9.8}$$

앞에서 정의한 정적 계수모멘트는 내부 경간의 경우 주열대와 중간대를 포함한 전체 경간에 대하여 아래 그림 9.13과 같이 중앙부와 단부로 분배한다.

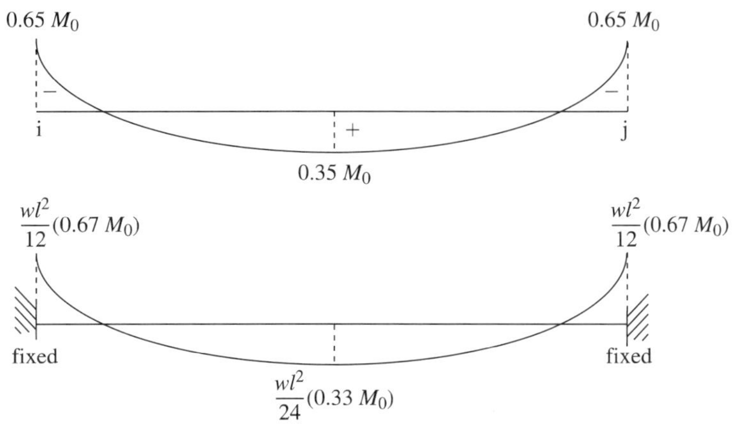


**그림 9.13 ➡** 정적 계수모멘트의 분배

단부경간의 경우 정모멘트와 부모멘트의 분배는 단부의 지지조건에 따라 아래 표 9.3과 같이 분배되며, 이를 식으로 표현하면 다음과 같다.

① 정모멘트 $M_c$

$$M_c = \left(0.63 - \frac{0.28}{1+1/\alpha_{ec}}\right)M_0 \tag{9.9}$$

② 부모멘트 $M_s$

• 외단부 : $M_s = \dfrac{0.65}{1+1/\alpha_{ec}}M_0$ (9.10)

• 내단부 : $M_s = \left(0.75 - \dfrac{0.10}{1+1/\alpha_{ec}}\right)M_0$ (9.11)

$$단,\ \alpha_{ec} = \frac{K_{ec}}{\sum(K_s + K_b)} \tag{9.12}$$

$$K_{ec} = \frac{1}{\dfrac{1}{\sum K_c} + \dfrac{1}{K_t}} \tag{9.13}$$

$K_s = \dfrac{4EI_s}{l_1}$ = 슬래브 전체 단면에 대한 강성 (9.14)

$K_b$=보의 강성

**표 9.3 ❙ 단부경간에서 정 및 부모멘트 분배율(%)**

| 구분 | 구속되지 않은 단부 | 보가 있는 슬래브 | 보가 없는 슬래브 | | 완전 구속된 받침부 |
|---|---|---|---|---|---|
| | | | 테두리보가 없는 경우 | 테두리보가 있는 경우 | |
| | 0.63 | 0.57 | 0.52 | 0.50 | 0.35 |
| 외단부 부모멘트 | 0 | 0.16 | 0.26 | 0.30 | 0.65 |
| 내단부 부모멘트 | 0.75 | 0.70 | 0.70 | 0.70 | 0.65 |

### 1) $M^c$ 및 $M^s$ 모멘트의 주열대, 중간대로의 재분배

#### (1) 내부 경간 단부의 부모멘트 분담률(%)

표 9.4

| $l_2/l_1$ | $\alpha_1 l_2/l_1$ | 주열대(%) | 중간대(%) |
|---|---|---|---|
| 0.5 | 0 | 75 | 25 |
| | $\geq 1.0$ | 90 | 10 |
| 1.0 | 0 | 75 | 25 |
| | $\geq 1.0$ | 75 | 25 |
| 2.0 | 0 | 75 | 25 |
| | $\geq 1.0$ | 45 | 55 |

* $\alpha_1 = \dfrac{E_{cb} I_b}{E_{cs} I_s} \dfrac{l_2}{l_1}$가 작을수록 보의 영향력이 커짐

** 위의 값 사이에서는 직선보간법을 사용

#### (2) 외부 경간 단부의 부모멘트 분담률(%)

표 9.5

| $l_2/l_1$ | $\alpha_1 l_2/l_1$ | $\beta_t$ | 주열대(%) | 중간대(%) |
|---|---|---|---|---|
| all | all | 0 | 100 | 0 |
| 0.5 | 0 | $\geq 2.5$ | 75 | 25 |
| | $\geq 1.0$ | | 90 | 10 |
| 1.0 | 0 | $\geq 2.5$ | 75 | 25 |
| | $\geq 1.0$ | | 75 | 25 |
| 2.0 | 0 | $\geq 2.5$ | 75 | 25 |
| | $\geq 1.0$ | | 45 | 55 |

* 위의 값 사이에는 직선보간법을 사용

* $\beta_t = \dfrac{E_{cb} C}{2 E_{cs} I_s}$ ; 테두리 보의 비틀림 강성비

* $C = \sum_{i=1}^{N} \left(1 - 0.63 \dfrac{x}{y}\right)\left(\dfrac{x^3 y}{3}\right)$ ; 비틀림 상수

#### (3) 내부와 외부 경간 중앙부의 모멘트 분담률

표 9.6

| $l_2/l_1$ | $\alpha_1 l_2/l_1$ | 주열대(%) | 중간대(%) |
|---|---|---|---|
| all | 0 | 60 | 40 |
| 0.5 | $\geq 1.0$ | 90 | 10 |
| 1.0 | $\geq 1.0$ | 75 | 25 |
| 2.0 | $\geq 1.0$ | 45 | 55 |

* 위의 값 사이에는 직선보간법 사용

(4) 주열대의 보와 슬래브 모멘트 분담률(%)

표 9.7

| $\alpha_1 l_2/l_1$ | 주열대(100%) | |
|---|---|---|
| | 보(%) | 슬래브(%) |
| ≥ 1.0 | 85 | 15 |
| 0~1.0 | (0~1.0)×85 | 100−(0~1.0)×85 |

(5) 보가 없는 슬래브의 철근 배근 및 정착 길이

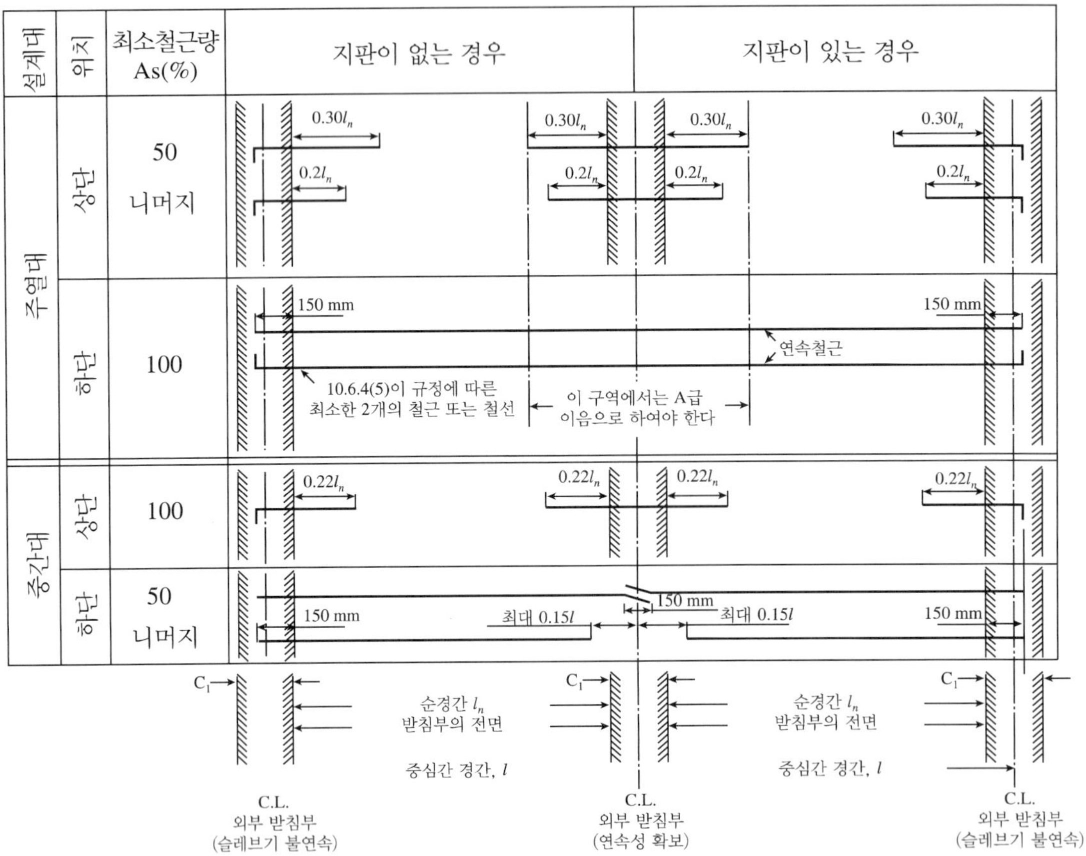


그림 9.14 ➜ 보가 없는 슬래브의 철근 정착길이

### 예제 9.3

예제 9.2의 그림과 같이 바닥은 각 방향에 각각 7m×6m의 6개의 패널로 구성되어 있으며, 단면이 6m×6m인 기둥으로 지지되어 있다. 기둥의 길이는 3.5m이며, 슬래브는 기둥의 중심선을 따라 보로 지지되어 있다. 이와 같은 2방향 슬래브의 정모멘트, 부모멘트 크기를 직접설계법에 근거하여 산정하

라. 단, 사용 활하중은 3kN/m2이고 슬래브 자중을 제외한 고정하중은 1.5kN/m2, $f_{ck}=24$MPa, $f_y=400$MPa이다.

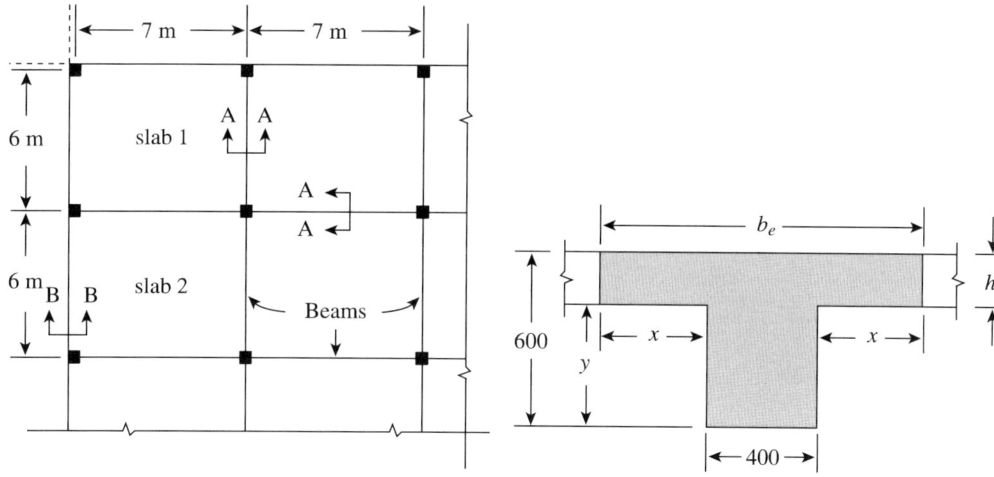


(a) Plan (b) Section A-A

풀이

1. 예제 9.2를 통해 구한 최소 슬래브 두께

$h_{\min}=200\text{mm}$

2. 계수하중 산정

$\omega_D=1.5+\text{self}-\text{weight of slab}=1.5+0.2\times25=6.5\text{kN/m}^2$

$\omega_u=1.2(6.5)+1.6(3)=12.6\text{kN/m}^2$

3. 장변과 단변방향의 전체 정적 모멘트 계산

$$M_{ol}=\frac{\omega_u}{8}l_2(l_{n1})^2=\frac{12.6}{8}(6)(6.5)^2=399.26\text{kN}\cdot\text{m}$$

$$M_{os}=\frac{\omega_u}{8}l_1(l_{n2})^2=\frac{12.6}{8}(7)(5.5)^2=333.51\text{kN}\cdot\text{m}$$

4. 장변방향에서의 설계 모멘트 계산

$l_1 = 7\text{m}$

- 패널에서 모멘트의 분배

부모멘트 $M_n = 0.65M_{ol} = 0.65 \times 399.26 = -259.52\text{kN} \cdot \text{m}$

정모멘트 $M_p = 0.35M_{ol} = 0.35 \times 333.51 = 116.73\text{kN} \cdot \text{m}$

- 보, 기둥, 중간대에서의 교차 방향에서 패널 모멘트의 분배

$$\frac{l_2}{l_1} = \frac{6}{7} = 0.86$$

$$\alpha_1 = \alpha_s = \frac{EI_b}{EI_s} = \frac{0.011}{0.004} = 2.75 \text{ (예제 9.1로 부터)}$$

$$\alpha_1 \frac{l_2}{l_1} = 2.75 \times 0.86 = 2.37 > 1.0$$

- 부모멘트 $M_n$의 분배

주열대의 내부 부모멘트 분배(표 9.4, 표 9.6 참고)

$(\because l_2/l_1 = 0.86$ 이고 $\alpha(l_2/l_1) > 1.0)$

주열대$= 0.8M_n = 0.8 \times 259.52 = -207.62\text{kN} \cdot \text{m}$

중간대$= 0.2M_n = 0.2 \times 259.52 = -51.90\text{kN} \cdot \text{m}$

$\alpha_1(l_2/l_1) > 1.0$이므로 주열대의 모멘트는 85%는 보에, 나머지 15%는 슬래브에 분배된다.

보$= 0.85 \times 207.62 = -176.48\text{kN} \cdot \text{m}$

슬래브$_{\text{주열대}} = 0.15 \times 207.62 = -31.14\text{kN} \cdot \text{m}$

- 정모멘트 $M_P$의 분배

주열대의 내부 정모멘트 분배(표 9.4, 표 9.6 참고)

$(\because l_2/l_1 = 0.83$ 이고 $\alpha(l_2/l_1) > 1.0)$

주열대$= 0.8M_P = 0.8 \times 116.73 = +93.38\text{kN} \cdot \text{m}$

중간대$= 0.2M_P = 0.2 \times 116.73 = +23.35\text{kN} \cdot \text{m}$

$\alpha_1(l_2/l_1) > 1.0$이므로 주열대의 모멘트는 85%는 보에, 나머지 15%는 슬래브에 분배된다.

보$= 0.85 \times 93.38 = +79.37$kN · m

슬래브$_{주열대}= 0.15 \times 93.38 = +14.01$kN · m

5. 단변방향에서의 설계 모멘트 계산(4번 과정과 유사)

$l_2 = 6$m

부모멘트 $M_n = 0.65 M_{os} = 0.65 \times 333.51 = -216.78$kN · m

정모멘트 $M_p = 0.35 M_{os} = 0.35 \times 333.51 = +116.73$kN · m

– 보, 기둥, 중간대에서의 $M_n$, $M_P$의 분배

$$\frac{l_2}{l_1} = \frac{7}{6} = 1.17$$

$$\alpha_1 = \alpha_s = \frac{EI_b}{EI_s} = \frac{0.011}{0.005} = 2.2 \text{ (예제 9.1로부터)}$$

$$\alpha_1 \frac{l_2}{l_1} = 2.2 \times 1.17 = 2.574 > 1.0$$

($\because l_2/l_1$)$= 1.17$이고 $\alpha(l_2/l_1) > 1.0$이므로 비율은 70 : 30

주열대$= 0.7 M_n = 0.7 \times 259.52 = -181.66$kN · m

중간대$= 0.3 M_n = 0.3 \times 259.52 = -77.86$kN · m

$\alpha_1 (l_2/l_1) > 1.0$이므로 ($-181.66$kN·m)의 85%는 보에 분배된다.

– 부모멘트

보$= 0.85 \times 181.66 = -154.41$kN · m

슬래브$_{주열대}= 0.15 \times 181.66 = -27.25$kN · m

– 정모멘트

보$=(0.85)(0.7 \times 116.73) = +69.45$kN · m

슬래브$_{주열대}= (0.15)(0.7 \times 116.73) = +12.26$kN · m

중간대$= (1-0.7)(116.73) = +35.019$kN · m

## 9.6 패턴 재하의 영향

기둥의 휨강성이 약하거나($\alpha_c \le \alpha_{\min}$) 활하중의 영향이 매우 클 경우 $\left(\dfrac{W_D}{W_L} \le 2\right)$, 슬래브 중앙부의 정모멘트가 40~50% 정도 증가할 가능성이 있으며, 이때 패턴 재하를 고려하여 $\delta_s$만큼 정모멘트에 대한 저항성능을 증가시켜야 한다.

$$\delta_s = 1 + \frac{2-\beta_a}{4+\beta_a}\left(1 - \frac{\alpha_c}{\alpha_{\min}}\right) \tag{9.15}$$

여기서, $\alpha_c$ : 휨강성비(기둥의 구속 정도를 나타냄) $= \dfrac{\Sigma K_c}{\Sigma(K_b + K_s)}$

$\alpha_{\min}$ : 표 9.8

$\beta_a = \dfrac{W_D}{W_L}$

**표 9.8 ❙ 보와 슬래브의 상대강성에 대한 최소 강성비**

| $\beta_a$ | 경간비 $l_2/l_1$ | 슬래브에 대한 보의 상대강성, $\alpha$ | | | | |
|---|---|---|---|---|---|---|
| | | 0 | 0.5 | 1.0 | 2.0 | 4.0 |
| 1.0 | 0.5 | 0.6 | 0 | 0 | 0 | 0 |
| | 0.8 | 0.7 | 0 | 0 | 0 | 0 |
| | 1.0 | 0.7 | 0.1 | 0 | 0 | 0 |
| | 1.25 | 0.8 | 0.4 | 0 | 0 | 0 |
| | 2.0 | 1.2 | 0.5 | 0.2 | 0 | 0 |
| 0.5 | 0.5 | 1.3 | 0.3 | 0 | 0 | 0 |
| | 0.8 | 1.5 | 0.5 | 0.2 | 0 | 0 |
| | 1.0 | 1.6 | 0.6 | 0.2 | 0 | 0 |
| | 1.25 | 1.9 | 1.0 | 0.5 | 0 | 0 |
| | 2.0 | 4.9 | 1.6 | 0.8 | 0.3 | 0 |
| 0.33 | 0.5 | 1.8 | 0.5 | 0.1 | 0 | 0 |
| | 0.8 | 2.0 | 0.9 | 0.3 | 0 | 0 |
| | 1.0 | 2.3 | 0.9 | 0.4 | 0 | 0 |
| | 1.25 | 2.8 | 1.5 | 0.8 | 0.2 | 0 |
| | 2.0 | 13.0 | 2.6 | 1.2 | 0.5 | 0.3 |

## 9.7 기둥에 대한 설계모멘트

슬래브 단부 모멘트의 차이로 인한 불균형 모멘트의 전달은 다음과 같다.

$$M = 0.07[(\omega_D + 0.5\omega_L)l_2\, l_n^2 - \omega_D\, l_2'(l_n')^2] \tag{9.16}$$

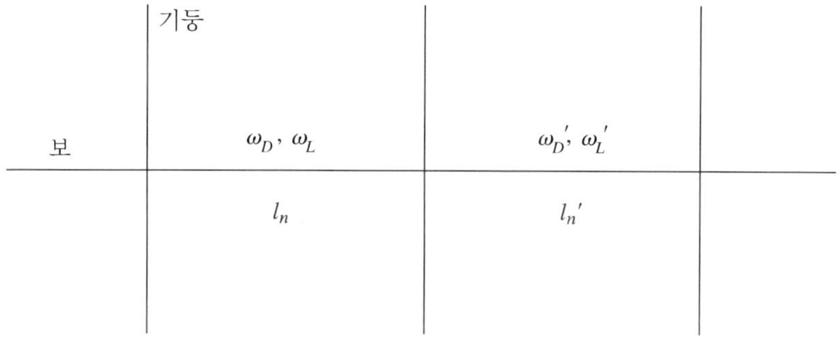


그림 9.15 ➡ 불균형 모멘트의 전달

## 9.8 층하중의 기둥으로의 전달

슬래브에서 지지되는 층하중은 접합부에서 전단력과 불균형 모멘트의 형태로 기둥을 통하여 기초로 전달된다. 일반적으로 2방향 슬래브가 보나 벽체에 의해 지지된 경우에는 슬래브 접합부의 위험단면에서 전단이 중요하지 않으나, 슬래브가 기둥에 바로 지지된 경우에는 기둥 주위의 전단이 매우 중요하다. 특히 테두리 보가 없는 외부경간의 경우, 불균형 모멘트가 최대가 되므로 이로 인한 뚫림전단력(Punching Shear)의 영향이 가장 크다.

보가 없는 슬래브에서 뚫림전단은 연직하중에 의한 사인장 파괴를 유발하게 되는데 (그림 9.16), 파괴 이후에 연속붕괴를 방지하기 위하여 하부 압축측 철근을 최소 두 개 이상의 기둥을 관통시키도록 규정하고 있다.

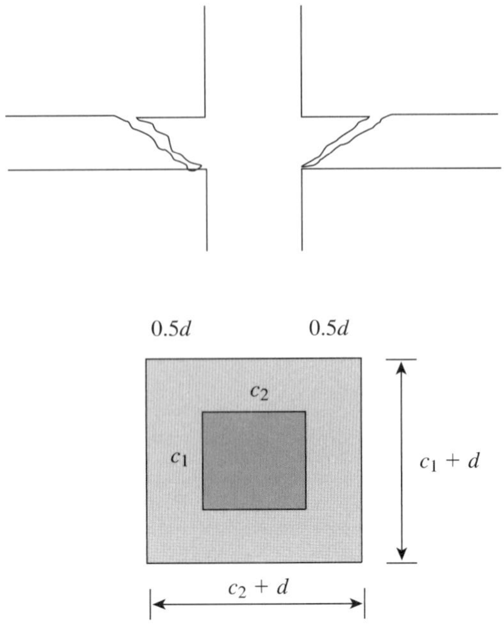


그림 9.16 ➡ 뚫림전단에 의한 파괴

뚫림전단에 대한 위험단면은 기둥에서 양쪽으로 $0.5d$만큼 떨어진 곳에서의 단면 $[A_c = b_0 \times d$, 단 $b_0 = \{(c_1 + d) + (c_2 + d)\} \times 2]$으로 가정하며, 이 단면에서 뚫림전단에 대한 콘크리트의 저항력은 뚫림전단으로서 아래의 세 식 중 최소값으로 결정한다.

$$V_c = \frac{1}{6}\left(1 + \frac{2}{\beta_c}\right)\sqrt{f_{ck}}\ b_0 d \tag{9.17.a}$$

$$V_c = \frac{1}{6}\left(\frac{\alpha_s d}{2b_0} + 1\right)\sqrt{f_{ck}}\ b_0 d \tag{9.17.b}$$

$$V_c = \frac{1}{3}\sqrt{f_{ck}}\ b_0 d \tag{9.17.c}$$

여기서, $\alpha_s$ : 내부기둥일 때 40, 외부기둥일 때 30, 모서리 기둥일 때 20

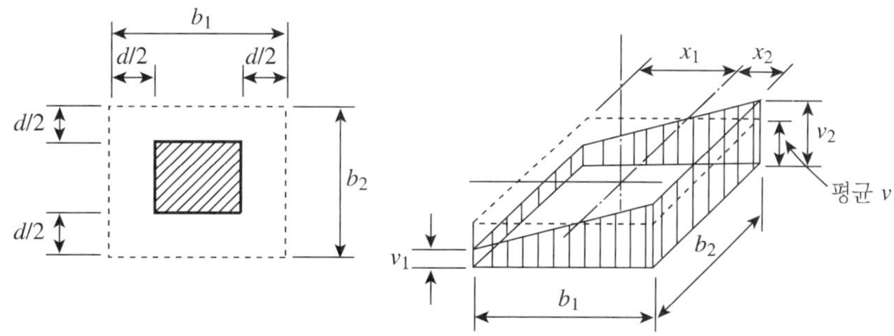


그림 9.17 ➡ 위험단면에 작용하는 전단응력

설계기준에서 위험단면에 작용하는 계수전단 응력은 중력하중에 의한 순수전단 응력과 불균형 모멘트에 의한 편심전단응력의 합으로 가정하는 편심전단응력 모델을 채택하고 있다(그림 9.17). 편심전단응력 모델식은 식 (9.18)과 같으며, 이 식에서 고려하는 불균형모멘트에 의한 전단응력은 접합부 전체의 불균형모멘트 중 위험단면에서 편심전단을 유발하는 분배율($\gamma_v$)만큼 작용하는 것으로 가정하고 있다. 또한 중립축거리 $c$는 위험단면의 연단으로부터 중립축까지의 거리이며, 접합부의 위치(내부, 외부 또는 모서리 접합부)에 따라 위험단면에서 계산한다. $J_c$는 위험단면에 대한 단면2차모멘트이다.

$$v_u = \frac{V_u}{b_0 d} \pm \frac{\gamma_v M_u c}{J_c} \leq \phi v_c \quad (= \phi V_c / b_o d) \tag{9.18}$$

편심전단응력 모델식에 포함된 불균형모멘트에 의한 전단응력 항을 정리하면 다음과 같다.

① $M_u = M_{u,ecc} = |M_{c1} - M_{c2}|$ : 접합부 불균형모멘트

$\Rightarrow M_{u,f} = \gamma_f M_{u,ecc}$ : 접합부 내$(c_2 + 3h)$에서 휨에 의해 전달되는 불균형모멘트 $(\leq \phi M_{n,top-bottom})$

$\Rightarrow \gamma_f = \dfrac{1}{1 + \dfrac{2}{3}\sqrt{b_1/b_2}} \cong 0.6$ : 접합부 휨 설계용 불균형모멘트 분배율

$\Rightarrow M_{u,v} = \gamma_v M_{u,ecc}$ : 위험단면$(c_2 + d)$에서 편심전단을 유발하는 불균형모멘트 $\left( v_{ecc} = \pm \dfrac{\gamma_v M_{u,ecc} c}{J_c} \right)$

$\Rightarrow \gamma_v = 1 - \gamma_f \cong 0.4$

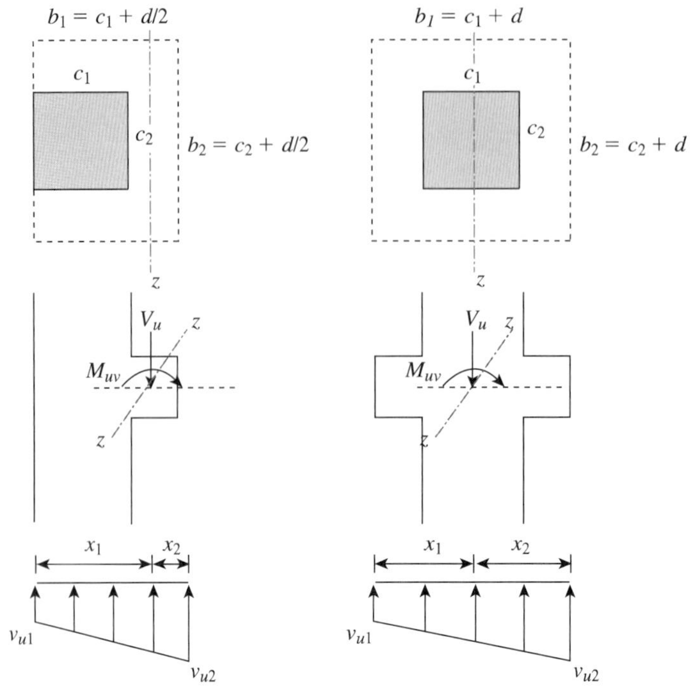


그림 9.18 ➡ 위험단면 연단에서의 중립축

② $c$ : 중립축에서 단면 연단까지의 거리

$$\left(v_{u1}=\frac{V_u}{A_c}-\frac{M_{uv}x_1}{J_c},\qquad v_{u2}=\frac{V_u}{A_c}+\frac{M_{uv}x_2}{J_c}\right)$$

그림 9.18에서 $x_2$거리를 산정

• 외부기둥 : $x_2A_c=b_2d\times 0+2b_1d\times\frac{b_1}{2}$

$$\therefore\ x_2=\frac{b_1^2d}{A_c}=\frac{b_1^2}{2b_1+b_2}$$

• 내부기둥 : $x_2A_c=b_2d\times 0+2b_1d\times\frac{b_1}{2}+b_2d\times b_1$

$$\therefore\ x_2=\frac{b_1}{2}$$

③ $J_c$ : 위험단면에 대한 단면2차모멘트

| Case | 위험단면 면적 $A_c$ | 단면계수 $J/c(=J/x_2)$ | $c(=x_2)$ |
|---|---|---|---|
| 내부기둥 | $2(b_1+b_2)d$ | $\dfrac{b_1d(b_1+3b_2)+d^3}{3}$ | $\dfrac{b_1}{2}$ |
| 외부기둥 | $(2b_1+b_2)d$ | $\dfrac{2b_1^2d(b_1+2b_2)+d^3(2b_1+b_2)}{6b_1}$ | $\dfrac{b_1^2}{2b_1+b_2}$ |

**예제 9.4**

직접설계법을 이용하여 다음 플랫 플레이트의 내부 패널을 설계하라. 바닥 시스템은 각각 7000×6000mm의 4개의 패널로 구성되어 있으며, 모든 패널은 500×500mm의 기둥으로 지지된다. 기둥의 길이는 3.5m, $\omega_L=2.5$kPa, $\omega_D=2.5$kPa(자중 제외) $f_{ck}=24$MPa, $f_y=400$MPa이다.

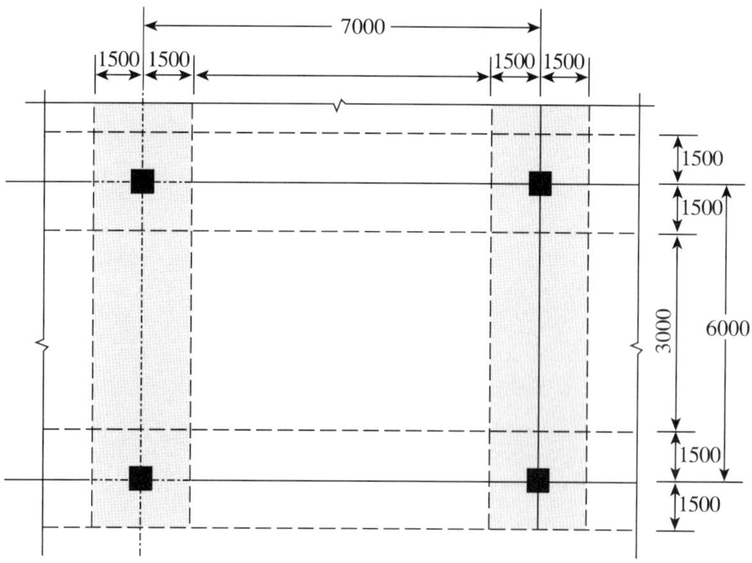


(a)

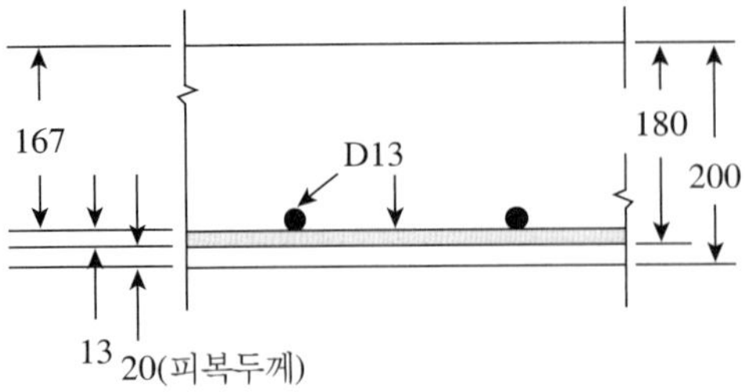


(b) 사용 철근의 가정

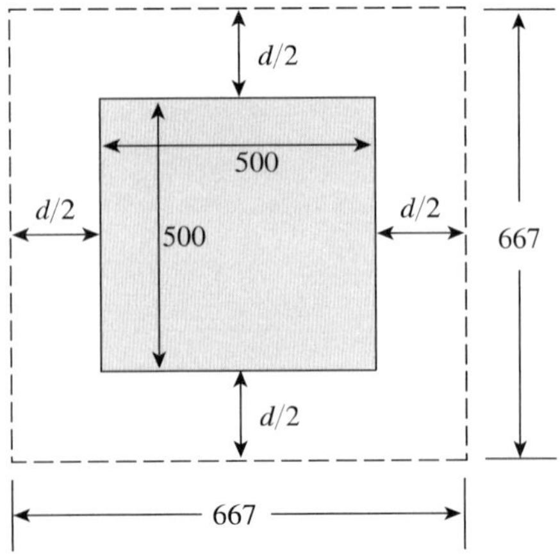


(c) 뚫림전단 위치

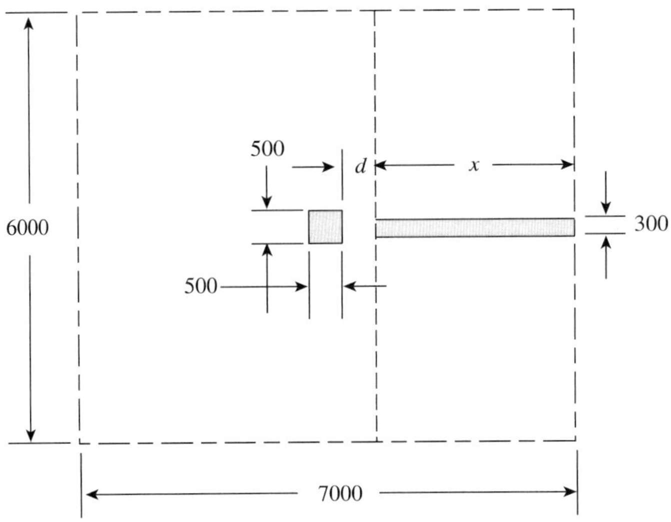


(d)

**풀 이**

1. $\alpha_m = 0$이고, $\beta_s = 1.0$

   장변 방향 순경간 $l_n = 7 - 0.5 = 6.5\text{m}$

   단변 방향 순경간 $l_n = 6 - 0.5 = 5.5\text{m}$

   $a_m \leq 0.2$이므로 표 9.2에 의해

   $h_{설계} = 0.2m > h_{\min} = l_n/35 = 6.5/35 = 0.19\text{m}$

$\therefore h_{배치} = 0.2m > h_{\min} = 0.19\text{m}$

2. 계수 하중 계산

$\omega_D = 1 + \text{슬래브 자중} = 1 + 0.2 \times 25 = 6\text{kPa}$

$\omega_u = 1.2 \times (6) + 1.6 \times (2.5) = 11.2\text{kPa}$

3. 1방향 전단 검토

보강재 길이 $x = 3.5 - 0.25 - 0.167 = 3.08\text{m}$

$V_u = \omega_u(0.3 \times 3.08) = 11.2 \times 0.3 \times 3.08 = 10.3\text{kN}$

$\phi V_c = \phi(2\sqrt{f_c'})bd = \frac{0.75 \times 2}{1000} \times \sqrt{24} \times (300 \times 167) = 368.2\text{kN}$

$\therefore \phi V_c > V_u$

4. 뚫림전단 검토

기둥면으로부터 $d/2$ 거리에서 뚫림전단 검토 : 콘크리트 피복두께는 20mm로 가정

$d = 200 - 20 - 13 = 167\text{mm}$

$b_0 = 4(500 + 167) = 2668\text{mm}$

$V_u = 11.2(7 \times 6 - 0.667^2) = 465.4\text{kN}$

$\phi V_c = \frac{0.75}{6 \times 1000}(1 + 2) \times 1 \times \sqrt{24} \times 2668 \times 167 = 818.5\text{kN}$

$\therefore \phi V_c > V_u$

5. 장변과 단변방향에서의 전체 정적 모멘트 계산

장변방향 $M_{ol} = \frac{\omega_u l_2 l_{n1}^2}{8} = \frac{11.2}{8} \times 6 \times (6.5)^2 = 354.9\text{kN} \cdot \text{m}$

단변방향 $M_{os} = \frac{\omega_u l_1 l_{n2}^2}{8} = \frac{11.2}{8} \times 7 \times (5.5)^2 = 296.5\text{kN} \cdot \text{m}$

– 장변방향

주열대의 폭 $= 0.25 \times 6 = 1.5\text{m}$

중간대의 폭 $= 6 - 2 \times 1.5 = 3\text{m}$

– 단변방향

주열대의 폭$=1.5$m

중간대의 폭$=7-2\times1.5=4$m

– 각 방향에서의 유효깊이 $d$

$d_l=200-20-6.5=173.5$mm

$d_s=200-20-13-6.5=160.5$mm

| | 장변 방향<br>$M_0$ = 354.9kN · m<br>$M_n$ = −0.65 $M_0$ = −230.7kN · m<br>$M_P$ = +0.35 $M_0$ = 124.2kN · m | | | | 단변 방향<br>$M_0$ = 296.5kN · m<br>$M_n$ = −0.65 $M_0$ = −192.7kN · m<br>$M_P$ = +0.35 $M_0$ = 103.8kN · m | | | |
|---|---|---|---|---|---|---|---|---|
| | 주열대 | | 중간대 | | 주열대 | | 중간대 | |
| | 부 | 정 | 부 | 정 | 부 | 정 | 부 | 정 |
| 모멘트 분배(%) | 75 | 60 | 25 | 40 | 75 | 60 | 25 | 40 |
| $M_u$ (kN · m) | $0.75M_n$ $=-173.0$ | $0.6M_P$ $=+74.5$ | $0.25M_n$ $=-57.7$ | $0.4M_P$ $=+49.7$ | $0.75M_n$ $=-144.5$ | $0.6M_P$ $=+62.3$ | $0.25M_n$ $=-48.2$ | $0.4M_P$ $=+41.5$ |
| $b$(mm) | 3000 | 3000 | 3000 | 3000 | 3000 | 3000 | 4000 | 4000 |
| $d$(mm) | 173.5 | 173.5 | 173.5 | 173.5 | 160.5 | 160.5 | 160.5 | 160.5 |
| $R_u$(MPa) | 0.0939 | 0.0404 | 0.0313 | 0.0270 | 0.0917 | 0.0395 | 0.0229 | 0.0197 |
| $\rho$ | 0.0060 | 0.0025 | 0.0020 | 0.0016 | 0.0058 | 0.0024 | 0.0014 | 0.0012 |
| $A_s$(mm$^2$) | 3117 | 1296 | 1027 | 853 | 2805 | 1167 | 898 | 770 |
| 최소 철근량 (mm$^2$) | 1200 | 1200 | 1200 | 1200 | 1200 | 1200 | 1600 | 1600 |
| 철근결정 | 25−D13 | 11−D13 | 15−D10 | 13−D10 | 23−D13 | 10−D13 | 13−D10 | 11−D10 |
| 철근간격 (mm) | 120 | 273 | 200 | 231 | 130 | 300 | 308 | 364 |

## 9.9 횡력저항(내진)시스템

지진 등으로 인한 횡력의 작용 시 접합부에서는 불균형모멘트의 영향으로 인해 과다한 뚫림전단이 작용될 수 있으며, 이러한 경우 위험단면에서의 전단저항 능력을 높이기 위해 전단보강을 할 필요가 있다. 그러나 슬래브 두께가 충분히 확보되기 어려운 경우, 스터럽에 의한 전단보강이 곤란하게 되며 많은 실험결과에 의하면 이 방법에 의한 보강은 전단저항능력의 증대에 크게 효과적이지 못한 것으로 알려져 있다. 스터럽에 의한 보강 이외에 최근 무량판 접합부에 사용하는 전단보강 유형은 전단스터드(Shear Stud), 전단밴드(Shear Band), 래티스(Lattice) 등(그림 9.19)이 있으며, 국내와 같은 중진 지역에서는 전단밴드 방식의 보강이 연성능력의 증가에 매우 효과적인 것으로 검증된 바 있다.

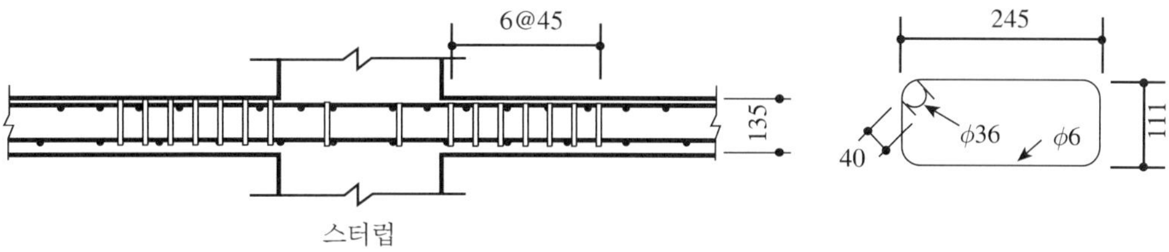


(a) 스터럽

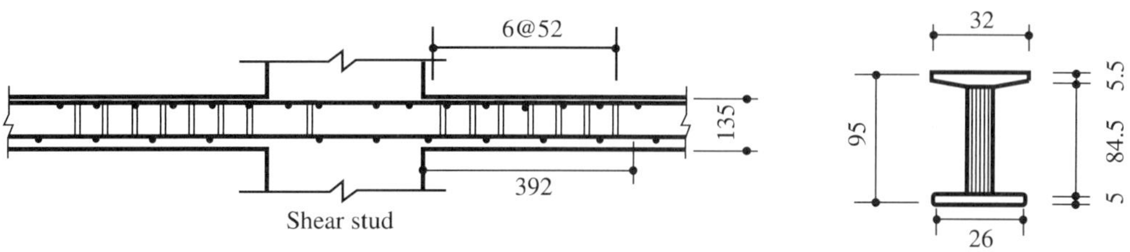


(b) 전단스터드

그림 9.19 ➡ 무량판 접합부의 전단보강 유형

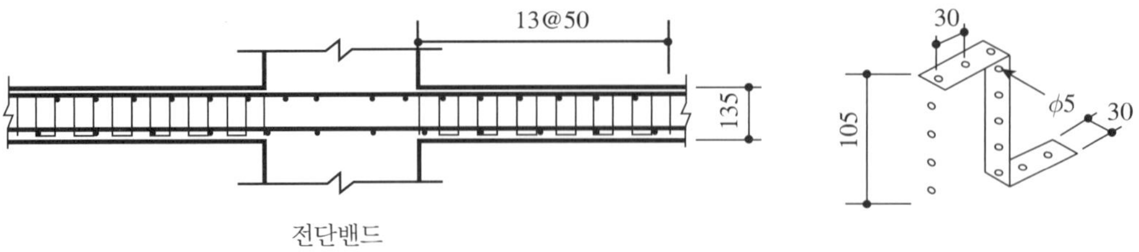


(c) 전단밴드

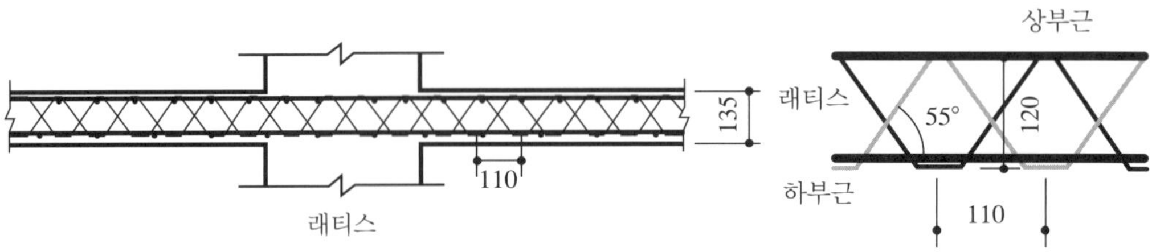


(d) 래티스

그림 9.19 ➔ 무량판 접합부의 전단보강 유형 (계속)

# 10 벽체

## 10.1 개요

벽체는 계수연직축력이 $0.4A_g f_{ck}$ 이하이고 총 수직철근량이 단면적의 0.01배 이하인 부재를 가리키며, 이외의 부재는 압축부재의 설계 및 배근원칙을 따른다. 건물의 코어에 위치하는 전단벽과 같은 경우는 수직력의 하중과 수평력에 의한 휨모멘트에 대하여 저항하여야 하므로 제5장의 압축부재 설계 방법에 따라 설계한다.

벽체는 슬래브와 같이 면 요소이므로 두께에 대한 높이(또는 길이)의 비가 크다. 그림 10.1에서 보듯이 일반적으로 벽체는 길이 방향, 즉 강축인 $y$ 방향으로 작용하는 전단력 $V_y$와 면내 모멘트 $M_x$에 대하여 저항한다. 그러나 옹벽이나 지하벽체는 두께방향, 즉 $x$ 방향으로 작용하는 전단력 $V_x$와 면외 모멘트 $M_y$에 대하여 저항하도록 설계한다.

일반적으로 옹벽과 같이 수직 축하중이 작고 약축으로 작용하는 면외 휨모멘트만 작용하는 경우의 설계는 슬래브의 설계 방법과 동일하다. 이러한 경우는 대부분 축력보다는 휨모멘트가 부재의 설계를 결정하는 주요 요인이기 때문이다.

그러나 전단벽체와 같이 면내 전단과 휨모멘트의 계산방법은 기둥의 경우와 동일하다. 그러나 벽체의 경우 수직철근의 개수가 매우 많기 때문에 휨 내력강도를 추정하기는 쉽지 않다. 본 장에서는 약산식을 이용한 방법과 엑셀의 고급기능을 활용하여 축하중–휨내력의 관계식을 유도해 보기로 한다.

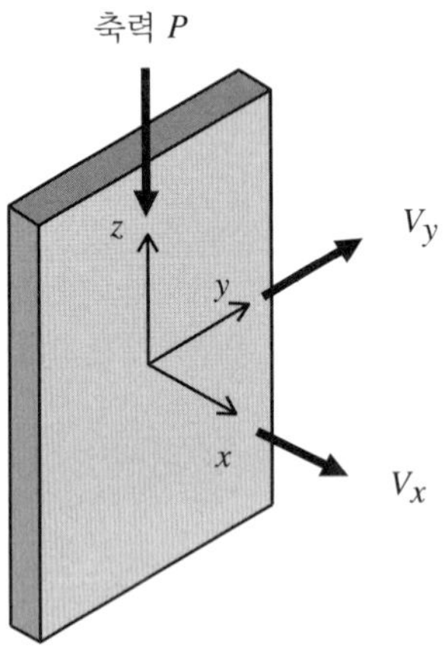


그림 10.1 ➡ 벽체와 힘의 작용방향

## 10.2 최대축력

직사각형 단면의 벽체로서 계수하중의 합력이 벽 두께의 중앙 1/3 이내에 작용하는 경우에는 다음의 실용설계법에 의하여 설계할 수 있다. 이 때 벽체의 설계축강도 $\phi P_{nw}$는 식 (10.1)에 의하여 산정하여야 한다.

$$\phi P_{nw} = 0.55\phi f_{ck} A_g \left[1 - \left(\frac{kl_c}{32h}\right)^2\right] \tag{10.1}$$

여기서, $\phi$ : 0.65

$A_g$: 전체 단면적

$l_c$ : 받침부 간의 수직길이

$h$ : 부재의 두께

유효길이계수 $k$는 다음의 표 10.1과 같다.

표 10.1 ┃ 유효길이계수 $k$

| 횡구속 조건 | 유효길이계수 | |
|---|---|---|
| 상・하단이 횡구속이 된 경우 | 한쪽 또는 양쪽의 회전이 구속된 경우 | 0.8 |
| | 상・하 양단 모두 회전이 구속되지 않은 경우 | 1.0 |
| 상・하단이 비횡구속된 경우 | | 2.0 |

## 10.3 약산식에 의한 전단벽의 휨강도

벽체는 보통전단벽과 특수전단벽으로 구분된다. 이러한 구분은 건축구조설계기준의 구조시스템 분류에 따른 것으로 특수전단벽의 경우가 보통전단벽에 비하여 내진성능이 우수하다.

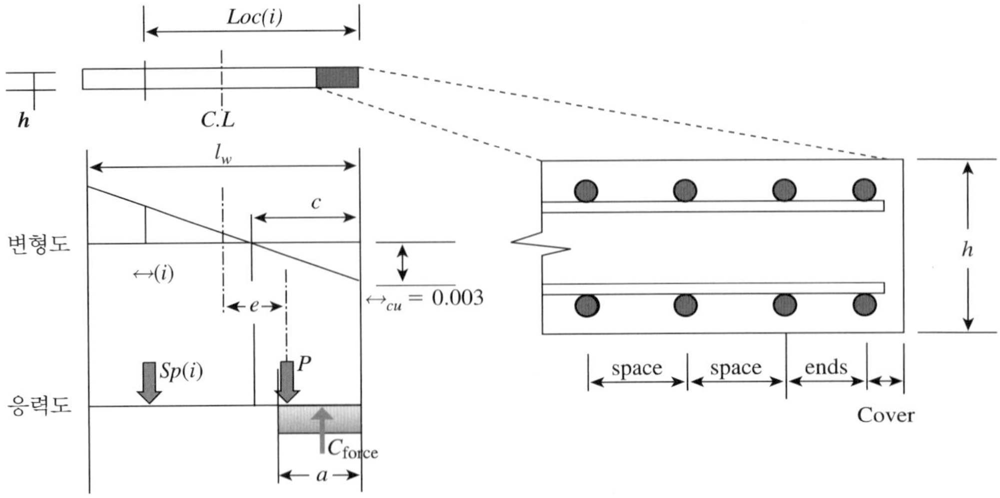


그림 10.2 ➡ 보통전단벽 단면도의 변형도와 응력도

보통전단벽은 그림 10.2와 같이 벽체의 두께($h$)에 양면으로 수직철근과 수평철근이 배근된다. 단면 상세에서 수직 철근과 수평철근의 간격(space)이 결정되면 전체벽체 단면적에 대한 철근비가 계산된다. 이러한 철근비는 10.4절의 철근배근의 제한 기준을 만족시켜야 한다. 보통전단벽에 축하중 $P$가 편심거리 $e$를 가지고 작용할 때, 즉 축하중과 휨모멘트가 동시에 작용할 때 전단벽체의 최대 내력시의 변형도와 응력도는 그림 10.2와 같다. 벽체의 압축단부로부터 거리 $Loc(i)$의 위치의 수직철근의 변형률 $\varepsilon(i)$라 하고 해당하는 철근의 힘은 $Sp(i)$라고 하자. 콘크리트의 압축 최대변형도 $\varepsilon_{cu}$는 0.003이고, 등가응력블럭의 길이는 $a$이다. 이러한 그림은 매우 많은 수직철근의 개수를 제외하고는 5장 기둥의 경우와 동일하다.

기둥의 예제에서 철근의 Layer가 4개 이하의 경우에 대하여 수식을 작성하였다. 벽체의 경우는 수직 철근의 개수가 매우 많기 때문에 기둥과 같은 엑셀 수식을 작성하기가 곤란하다. 따라서 손쉽게 벽체의 휨내력을 산정하기 위한 방안으로 PCI의 약산식을 소개하기로 한다.

$$M_n = 0.5\,A_{st} f_y l_w \left(1 + \frac{P_u}{A_{st} f_y}\right)\left(1 - \frac{c}{l_w}\right) \tag{10.2.a}$$

$$\frac{c}{l_w} = \frac{\omega + \alpha}{2\omega + 0.85\beta_1} \tag{10.2.b}$$

$$\omega = \frac{A_{st}}{l_w h}\frac{f_y}{f_{ck}} \tag{10.2.c}$$

$$\alpha = \frac{P_u}{l_w h f_{ck}} \tag{10.2.d}$$

여기서, $A_{st}$ : 수직철근의 전체 면적의 합

$l_w$ : 벽체의 길이

$P_u$ : 계수축하중

$c$ : 압축단부에서 중립축까지의 거리

$h$ : 벽체의 두께

앞의 식 (10.2.b)에서 중립축의 거리 $c$가 계산이 되면 인장을 받는 철근의 최대변형도 $\varepsilon_t$를 비례식에 의하여 다음과 같이 계산하고, 표 2.1에 따라 $\phi$를 결정한다.

$$\varepsilon_t = \frac{l_w - c}{c}0.003 \tag{10.3}$$

특수전단벽은 지진에 대하여 저항력을 향상하기 위하여 벽체의 단부에 경계요소(boundary element, *BE*)를 설치한 것으로 10.6절의 그림 10.3과 같다. 즉, 벽체의 단부를 기둥의 경우와 같이 폐쇄형 후프(closed hoop)를 배근하여 횡구속력을 향상시킨 것이다.

특수전단벽의 벽체 내부는 일반 전단벽과 동일하게 수직과 수평철근으로 구성되어 있다. 이 경우의 휨 공칭강도는 앞의 식 (10.2)를 사용하여 산정할 수 있다. 이 때 $A_{st}$는 벽체내부와 경계요소 내의 수직철근의 면적을 더한 값이다.

## 10.4 벽체의 배근과 두께

벽체의 철근은 이와 교차하는 구조 부재인 바닥, 지붕, 기둥, 벽기둥, 부벽, 교차벽체 및 기초 등에 충분히 정착되도록 하여야 한다. 또한 벽체의 전체 단면적에 대한 최소 수직철근비는 표 10.2를 따라야 한다.

표 10.2 ▎ 최소철근비

| 방향 | 철근의 종류 | 최소철근비 |
|---|---|---|
| 수직 | 설계기준항복강도 400MPa 이상으로서 D16 이하의 이형철근 | 0.0012 |
| | 기타 이형철근 | 0.0015 |
| | 지름 16mm 이하의 용접철망 | 0.0012 |
| 수평 | 설계기준항복강도 400MPa 이상으로서 D16 이하의 이형철근 | 0.0020 |
| | 기타 이형철근 | 0.0025 |
| | 지름 16mm 이하의 용접철망 | 0.0020 |

수직 및 수평철근의 간격은 벽 두께의 3배 이하, 또한 450mm 이하로 하여야 한다.

수직철근이 집중배치된 벽체 부분의 수직철근비가 0.01배 이상인 경우 횡방향 후프철근을 설치하여야 하며, 이외의 경우에는 횡방향 후프철근을 설치하지 않을 수 있다. 이때 후프철근의 수직간격은 벽체 두께 이하로 하여야 하며, 수직철근이 압축력을 받는 철근이 아닌 경우에는 횡방향 후프철근을 설치할 필요가 없다.

벽체의 최소두께는 다음 ①, ②에 따라야 한다.

① 벽체의 두께는 수직 또는 수평 받침점 간 거리 중에서 작은 값의 1/25 이상이어야 하고, 또한 100mm 이상이어야 한다.

② 지하실 외벽 및 기초 벽체의 두께는 200mm 이상으로 하여야 한다.

**예제 10.1**

횡좌굴이 방지된 벽체에 대하여 앞의 약산식 (10.2)를 이용하여 다음과 같은 벽체의 $P-M$ 곡선을 작성하여라.

- 콘크리트 $f_{ck} = 24$MPa
- 수직철근 D10@300 $f_y = 400$MPa
- 벽체 두께 20cm, 벽체 길이는 500cm

풀 이

그림 <예제 10.1>_1은 엑셀을 이용한 결과이다. 1~3단계에 재료와 벽체 단면 및 사용 철근과 간격을 먼저 입력한다. 기둥과 같이 벽체의 공칭 축강도를 $P_n$이라 하고, 이 값의 0.0~0.8의 크기의 변화에 따른 강도저감계수를 곱한 공칭휨강도 $\phi M_n$을 산정하였다. 각 셀에 입력한 수식은 다음과 같다.

| | A | B | C | D | E | F | G | H | I | J | K |
|---|---|---|---|---|---|---|---|---|---|---|---|
| 1 | | | | <전단벽체의 P-M 곡선> | | | | | | | |
| 2 | 1 | 구조재료 | $f_{ck}$= | 24 | Mpa | $f_y$= | 400 | Mpa | [철근 데이터] | | |
| 3 | | | $\beta_1$= | 0.85 | | | | | 공칭 | 직경(㎝) | 단면적(㎠) |
| 4 | 2 | 벽체단면 | lw= | 500 | cm | h= | 20 | cm | D10 | 0.953 | 0.713 |
| 5 | 3 | 철근 | | 공칭 | 직경(㎝) | 단면적(㎠) | | | D13 | 1.27 | 1.267 |
| 6 | | | 수직철근 | D10 | 0.953 | 0.713 | | | D16 | 1.59 | 1.986 |
| 7 | | | 간격 | 300 | mm | | | | D19 | 1.91 | 2.865 |
| 8 | | 철근비 | $\rho_v$= | 0.002377 | > | 최소철근비= | 0.0012 | O.K | D22 | 2.22 | 3.871 |
| 9 | | 총철근면적 | Ast= | 23.76667 | cm² | | | | D25 | 2.5 | 5.07 |
| 10 | 4 | 최대축력 | $P_n$= | 21,302 | kN | | | | | | |
| 11 | | | w= | 0.039611 | | | | | | | |
| 12 | 5 | P-M 관계 | | | | | | | | | |
| 13 | | 축력비 | Pu(kN) | Pu/(Ast fy) | α | c/lw | Mn(kN-m) | εt | Φ | ΦMn(kn-m) | ΦPu(kN) |
| 14 | | 0.8 | **17,042** | 17.9261 | 0.7101 | 0.9351 | 2,920 | 0.00021 | 0.65 | 1,898 | 11,077 |
| 15 | | 0.7 | **14,912** | 15.68534 | 0.6213 | 0.8244 | 6,964 | 0.00064 | 0.65 | 4,527 | 9,692 |
| 16 | | 0.6 | **12,781** | 13.44458 | 0.5326 | 0.7137 | 9,830 | 0.00120 | 0.65 | 6,389 | 8,308 |
| 17 | | 0.5 | **10,651** | 11.20381 | 0.4438 | 0.6030 | 11,516 | 0.00198 | 0.65 | 7,485 | 6,923 |
| 18 | | 0.4 | **8,521** | 8.96305 | 0.3550 | 0.4922 | 12,023 | 0.00309 | 0.72 | 8,692 | 6,160 |
| 19 | | 0.3 | **6,391** | 6.722288 | 0.2663 | 0.3815 | 11,351 | 0.00486 | 0.84 | 9,544 | 5,374 |
| 20 | | 0.2 | **4,260** | 4.481525 | 0.1775 | 0.2708 | 9,499 | 0.00808 | 0.85 | 8,075 | 3,621 |
| 21 | | 0.1 | **2,130** | 2.240763 | 0.0888 | 0.1601 | 6,469 | 0.01574 | 0.85 | 5,499 | 1,811 |
| 22 | | 0.0 | **0** | 0 | 0.0000 | 0.0494 | 2,259 | 0.05772 | 0.85 | 1,920 | 0 |

그림 ➜ 〈예제 10.1〉_1

D3 = IF($D$2〉=53,0.65,IF(D2〈28,0.85,0.85−0.007*($D$2−28)))

E6 = VLOOKUP(D6,$I$4:$K$9,2)

F5 = VLOOKUP(D6,$I$4:$K$9,3)

D8 = 2*F6/G4/(D7/10)

G8 = IF(G2〉=400,0.0012,0.0015)

: 표 10.2 참조

H8 = IF(D8〉G8,"O.K", "N.G")

D9 = D8*G4*D4

D10 = 0.85*D2*(D4*G4−D9)/10+G2*D9/10

: 좌굴이 없는 경우의 최대축하중

D11 = D9/D4/G4*G2/D2

: 식 (10.2.c) 참조

C14 = B14*$D$10

: 축력비에 따른 축하중

D14 = C14/($D$9*$G$2/10)

E14 = C14/($D$4*$G$4*$D$2/10)

: 식 (10.2.d) 참조

F14 = ($D$11+E14)/(2*$D$11+0.85*$D$3)

: $c$는 압축단으로부터 중립축까지의 거리를 계산하는 수식 (10.2.b)

G14 = (0.5*$D$9*$G$2/10)*$D$4/100*(1+D14)*(1−F14)

: 식 (10.2.a) 참조

H14 = (1−F14)/F14*0.003

: 인장철근의 변형도 산정, 식 (10.3) 참조

I14 = IF(H14>0.005,0.85,IF(H14<0.002,0.65,0.65+(H14−0.002)*200/3))

J14 = I14*G14

K14 = I14*C14

C15:K22는 C14:K14를 선택한 후에 드래그 다운하여 복사하면 그림 〈예제 10.1〉_1과 같은 최종결과물이 나온다.

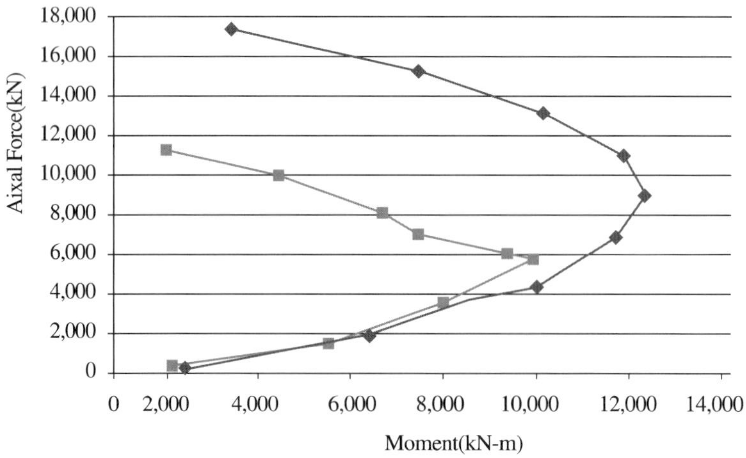


그림 ➔ 〈예제 10.1〉_2

최종적으로 축력과 모멘트의 그림을 그림 <예제 10.1>_2와 같이 작성하기 위하여 G14:G22를 선택한 후에, Ctrl 키를 누른 상태에서 D14:D22를 선택하여 $P-M$의 관계곡선을 먼저 작성한다. 이제 그림을 선택한 후에 우측마우스를 눌러 '데이터 선택'을 선택하고 새로운 창이 나오면 '추가'를 선택하고, 계열 X의 값에 J14:J22를 선택하여 입력하고 계열 Y의 값에 K14:K22를 선택하여 입력하면 강도감소계수를 곱한 $P-M$곡선을 얻게 된다.

# 10.5 전단에 대한 벽체설계

## (1) 콘크리트와 철근의 전단강도

벽체면과 나란한 수평전단력, 즉 면내에 작용하는 전단설계에 대하여 본 절에서 다루고자 한다. 그러나 벽체면에 수직으로 작용하는 전단력에 대한 설계는 슬래브 또는 기초판의 규정을 따른다.

설계의 기본 이론은 제3장의 전단 설계의 내용과 동일하다. 먼저, 콘크리트의 전단 내력은 식 (10.4), 식 (10.5)와 같다.

$$V_c = 0.28\lambda\sqrt{f_{ck}}\,hd + \frac{N_u d}{4l_w} \tag{10.4}$$

또는

$$V_c = \left[0.05\lambda\sqrt{f_{ck}} + \frac{l_w\left(0.10\lambda\sqrt{f_{ck}} + 0.2\dfrac{N_u}{l_w h}\right)}{\dfrac{M_u}{V_u} - \dfrac{l_w}{2}}\right]hd \tag{10.5}$$

여기서, $l_w$는 벽체의 전체 길이이며, $N_u$는 인장력일 때 음(−)이다. $\left(\dfrac{M_u}{V_u} - \dfrac{l_w}{2}\right)$의 값이 음(−)일 때 식 (10.5)를 적용할 수 없다.

벽체 평면에서 수평전단력에 대한 설계에서 $d$는 $0.8l_w$로 취할 수 있다. 그러나 적합조건에 의해 해석할 경우에는 압축연단에서 인장철근의 힘의 중심까지의 거리인 $d$를 사용할 수 있다.

전단강도 $V_c$는 $N_u$가 압축인 벽체에 대해서 $(\lambda\sqrt{f_{ck}}/6)hd$ 이하로 취하여야 한다. 벽체 평면에서 전단력에 대한 수평단면의 전단강도 $V_n$을 $(5\lambda\sqrt{f_{ck}}/6)hd$ 이하로 취하여야 한다.

계수전단력 $V_u$가 전단강도 $\phi V_c$를 초과하는 경우, 수평전단철근을 배치하여 전단강도 식을 만족하도록 하여야 한다.

$$V_s = \frac{A_{vh}\,f_y\,d}{s_h} \tag{10.6}$$

여기서, $A_{vh}$는 $s_h$ 거리 내의 수평전단철근의 단면적이며, $d$는 벽체의 유효춤이다. 그리고 연직전단철근량을 식 (10.7)에 따라 계산하고 배치하여야 한다.

### (2) 최소 철근량 및 배치

계수전단력 $V_u$가 $\phi V_c/2$보다 작은 경우에는 10.4절 또는 10.5절에 따라 철근을 배치하여야 한다. $V_u$가 $\phi V_c/2$를 초과하는 경우에는 전단력에 저항할 벽체 철근을 다음에 따라 배치하여야 한다.

① 콘크리트의 전체 연직단면적에 대한 수평전단철근 단면적의 비 $\rho_h$를 0.0025 이상으로 하여야 한다.

② 수평전단철근의 간격 $s_h$는 $l_w/5$ 이하, $3h$ 이하 또한 450mm 이하로 하여야 한다.

③ 콘크리트의 전체 수평단면적에 대한 연직전단철근 단면적의 비 $\rho_l$은 식 (10.7)의 값 이상 또한 0.0025 이상으로 하여야 한다.

$$\rho_l = 0.0025 + 0.5\left(2.5 - \frac{h_w}{l_w}\right)(\rho_h - 0.0025) \tag{10.7}$$

그러나 $\rho_l$은 소요수평전단철근량보다 크게 취할 필요는 없다.

④ 수직전단철근의 간격 $s_v$는 $l_w/3$ 이하, $3h$ 이하 또한 450mm 이하로 하여야 한다.

## 10.6 경계요소를 포함하는 특수전단벽의 $P-M$ 곡선

앞의 예제 10.1에서는 약산식을 이용하여 철근이 균일하게 배근된 경우의 보통벽체에 대한 $P-M$ 관계곡선을 작성하였다. 그러나 특수전단벽은 그림 10.3과 같이 벽체의 단부에 경계요소를 가지고 있으므로 균일한 철근비를 가정하는 약산식 (10.2)를 적용하기 곤란하다. 따라서 본 장에서는 경계요소가 있는 경우에 $P-M$을 작성하기 위한 일반적인 방법을 살펴보기로 하자.

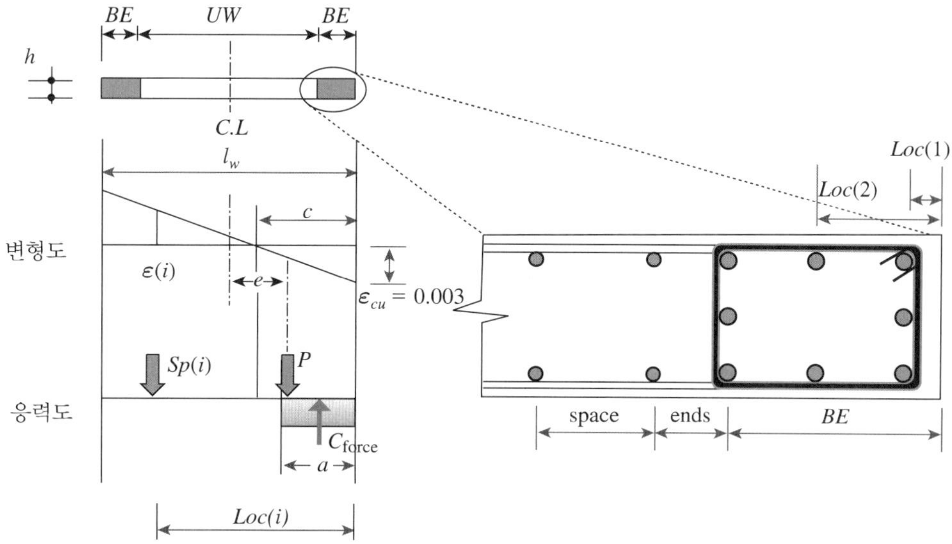


그림 10.3 특수전단벽 단면도의 변형도와 응력도

## (1) 공칭 강도의 산정

공칭휨강도의 산정을 생각해보자. 휨과 압축 강도를 계산하기 위하여 그림 10.3과 같이 압축력 $P$가 기둥의 중심선으로부터 편심거리 $e$만큼 떨어져서 작용하면 기둥에 축력과 휨모멘트가 동시에 작용한다고 가정한다. 이 경우, 압축을 받는 콘크리트의 최대변형도는 0.003으로 가정한다. 축력 $P$에 대하여 압축 콘크리트의 반력 $C_{force}$와 철근의 개개의 반력 $Sp_{(i)}$은 단면의 힘의 평형조건을 만족하여야 한다. 즉,

$$\sum F = P + \sum_i Sp_i - C_{force} = 0 \tag{10.8}$$

콘크리트의 반력 $C_{force}$는 복근보의 경우와 마찬가지로, 콘크리트와 철근의 압력축이 중복되지 않게 하기 위하여 콘크리트의 순 압축 면적만을 고려한다.

$$C_{force} = 0.85 f_{ck}(ah - A_s^{'}) = 0.85 f_{ck}(\beta_1 ch - A_s^{'}) \tag{10.9}$$

각 철근의 반력을 산정하기 위하여 철근의 인장변형도를 산정하고 탄성계수를 곱하여 응력을 식 (10.11)과 (10.12)와 같이 산정한다.

$$Sp_{(i)} = A_{s(i)} f_{s(i)} \tag{10.10}$$

$$f_{s(i)} = E_s \varepsilon_{(i)} \tag{10.11}$$

$$\varepsilon_{(i)} = \frac{Loc(i) - c}{c} \cdot 0.003 \tag{10.12}$$

여기서, $Loc(i)$ : 압축을 받는 단부로부터 철근까지의 거리

$A_{s(i)}$ : $Loc(i)$에 위치한 수직철근의 면적

$\varepsilon_{(i)}$ : 해당 철근의 변형도로서 철근의 변형도는 인장일 때 (+), 압축일 때 (−)값을 나타낸다.

힘의 하중의 평형을 만족하는 중립축 거리 $c$를 찾은 후에, 각 힘에 중립축으로부터 거리를 곱하면 공칭 모멘트 $M_n$을 수식 (10.13)과 같이 구할 수 있다.

$$M_n = C_{force}(l_w/2 - a/2) + \sum_i Sp_{(i)}(Loc(i) - l_w/2) \tag{10.13}$$

중립축을 구하기 위하여 평형방정식 (10.8)이 만족될 때까지 반복 계산하도록 엑셀 프로그램을 작성한다.

가정한 중립축의 거리 $c$에 따른 힘의 합계가 '0'보다 크면 중립축의 길이를 증가시키고, 반대이면 감소시킨다. 예제 10.2에 앞의 내용에 대한 수식과 결과를 보여 준다.

**예제 10.2**

횡좌굴이 방지된 벽체에 대하여, 다음과 같이 경계요소를 갖고 있는 특수전단벽의 $P-M$ 곡선을 작성하여라.

- 콘크리트 $f_{ck} = 24$MPa
- 벽체 두께 $h = 20$cm, 벽체 전체길이 $l_w = 670$cm, 수직철근 D10@300 $f_y = 400$MPa
- 경계요소 두께 = 20cm, 길이 = 80cm 수직철근 8-D16 $f_y = 400$MPa

## 풀이

해석에 필요한 입력데이터를 그림 <예제 10.2>_1과 같이 만들자. 대부분의 값은 직접 입력하고 나머지 항은 자동 계산이 되도록 다음과 같이 수식을 작성한다.

| | A | B | C | D | E | F | G | H | I | J | K |
|---|---|---|---|---|---|---|---|---|---|---|---|
| 1 | | | | | | | | | | | |
| 2 | | RUN | | | | | | | | | |
| 3 | | | | | | | | | | | |
| 4 | INPUT - SECTION INFORMATION | | | Note | | | | Contorl Parameter | | | |
| 5 | thk | 0.3 | wall thickness[m] | | | | | tol | 10.0 | Tolerance | |
| 6 | Lcw | 0.8 | Length of B.E (confinedl) [m] | | | | | 사용철근 | | | |
| 7 | Nol | 4 | Number of Layer in B.E. | | | | | 수직철근 | 공칭 | 직경(㎝) | 단면적(㎠) |
| 8 | Lw | 6.7 | Totla wall length [m] | | | | | B.E 철근 | D16 | 1.59 | 1.986 |
| 9 | Nol2 | 17 | Number of Layer of in Nonconfined wall | | | | | 벽체 | D10 | 0.953 | 0.713 |
| 10 | fc | 24 | stength of concrete, fck [Mpa] | | | | | 총 철근비 | $\rho_{v=}$ | 0.0019965 | |
| 11 | fy | 400 | Yield strength of mainbar, fy [Mpa] | | | | | | | | |
| 12 | Es | 2.0E+05 | Elastic Modulus of mainbar [Mpa] | | | | | 벽체 길이 검토 | | | |
| 13 | Asl | 0.00014 | Nertical bar area of each layer, [$m^2$] | | | | | B.E | ext.bar | int. bar | Total |
| 14 | sph | 0.3 | Horizontal spacing of vertical bar [m] | | | | | 2*Lcw1 | 2*ends | (Nol-1)*sph | |
| 15 | ends | 0.15 | horizontla spacing of end bar [m] | | | | | 1.6 | 0.3 | 4.8 | 6.70 |
| 16 | Layer in BE | 1 | 2 | 3 | 4 | 5 | 6 | 7 | 8 | 9 | 10 |
| 17 | Loc(i) [m] | 0.05 | 0.3 | 0.55 | 0.8 | | | | | | |
| 18 | As(i) [$m^2$] | 0.0004 | 0.000397 | 0.000397 | 0.000397 | | | | | | |
| 19 | Echo | | | | | | | | | | |
| 20 | thk | 0.3 | | | | | | | | | |
| 21 | Lcw | 0.8 | | | | | | [철근 데이터] | | | |
| 22 | Nol | 4 | | | | | | 공칭 | 직경(㎝) | 단면적(㎠) | |
| 23 | Lw | 6.7 | | | | | | D10 | 0.953 | 0.713 | |
| 24 | Nol2 | 17 | | | | | | D13 | 1.27 | 1.267 | |
| 25 | fc | 24 | | | | | | D16 | 1.59 | 1.986 | |
| 26 | fy | 400 | | | | | | D19 | 1.91 | 2.865 | |
| 27 | Es | 200000 | | | | | | D22 | 2.22 | 3.871 | |
| 28 | Asl | 0.00014 | | | | | | D25 | 2.5 | 5.07 | |
| 29 | sph | 0.3 | | | | | | | | | |
| 30 | ends | 0.15 | | | | | | | | | |
| 31 | Layer | 1 | 2 | 3 | 4 | 5 | 6 | 7 | 8 | 9 | 10 |

그림 ➜ 〈예제 10.2〉_1

J8 = VLOOKUP(I8,H23:J28,2)

K8 = VLOOKUP(I8,H23:J28,3)

J9 = VLOOKUP(I9,H23:J28,2)

K9 = VLOOKUP(I9,H23:J28,3)

B13 = 2*K9/10000

: 벽체내부가 복근으로 배근된 경우라고 가정함

B17 = 2*$K$8/10000

: 보강요소가 복근으로 배근된 경우라고 가정함

이제 출력을 고려해보자. 출력의 최종 결과를 그림 <예제 10.2>_2와 같이, 축력의 비가 감소함에 따라 모멘트의 값을 나타내는 표로 하였다.

| | L | M | N | O | P | Q | R |
|---|---|---|---|---|---|---|---|
| 3 | Pn/P0 | M | P | ϕ | ϕM | ϕP | cc |
| 4 | 1 | 0 | 43130.44 | 0.65 | 0 | 28034.79 | 0 |
| 5 | 0.9 | 12714.81 | 38817.4 | 0.65 | 8264.625 | 25231.31 | 7.197266 |
| 6 | 0.8 | 23097.57 | 34504.35 | 0.65 | 15013.42 | 22427.83 | 6.403036 |
| 7 | 0.7 | 30802.61 | 30191.31 | 0.65 | 20021.7 | 19624.35 | 5.610596 |
| 8 | 0.6 | 35777.56 | 25878.27 | 0.65 | 23255.42 | 16820.87 | 4.838525 |
| 9 | 0.5 | 38304.6 | 21565.22 | 0.65 | 24897.99 | 14017.39 | 4.086084 |
| 10 | 0.4 | 38047.29 | 17252.18 | 0.716022 | 27242.68 | 12352.93 | 3.330371 |
| 11 | 0.3 | 34628.59 | 12939.13 | 0.837209 | 28991.35 | 10832.75 | 2.555029 |
| 12 | 0.2 | 28303.28 | 8626.089 | 0.85 | 24057.79 | 7332.175 | 1.78623 |
| 13 | 0.1 | 19082.19 | 4313.044 | 0.85 | 16219.86 | 3666.088 | 1.030518 |
| 14 | 0 | 7205.061 | 0 | 0.85 | 6124.302 | 0 | 0.336963 |

그림 ➡ 〈예제 10.2〉_2

이제 이와 같은 입력과 출력이 가능한 프로그래밍을 작성하기로 한다. 먼저 프로그래밍을 위하여 그림 <예제 10.2>_3과 같이 엑셀 내에 개발도구의 환경을 구축한다.

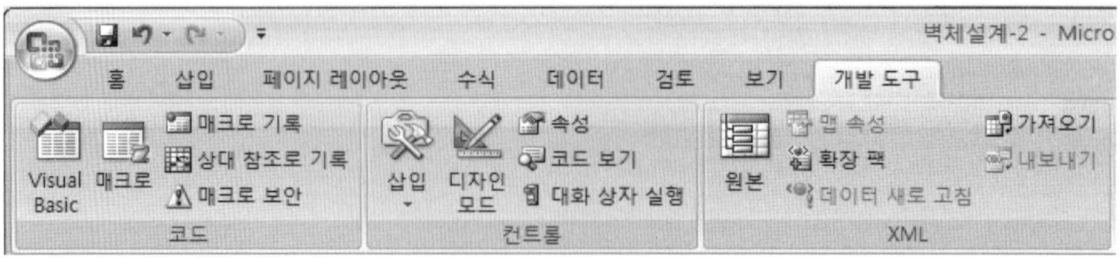


그림 ➡ 〈예제 10.2〉_3

그림 <예제 10.2>_1에서 'RUN'이라는 박스를 선택한다. 프로그램이 작동하기 위하여 그림 <예제 10.2>_3에서 '삽입'을 선택하면 그림 <예제 10.2>_4와 같은 부속창이 나오고, 명령단추를 선택하여 명령 박스를 만들어 우측마우스로 박스를 클릭하고 '속성'을 선택하면 <예제 10.2>_5와 같은 창이 나온다.

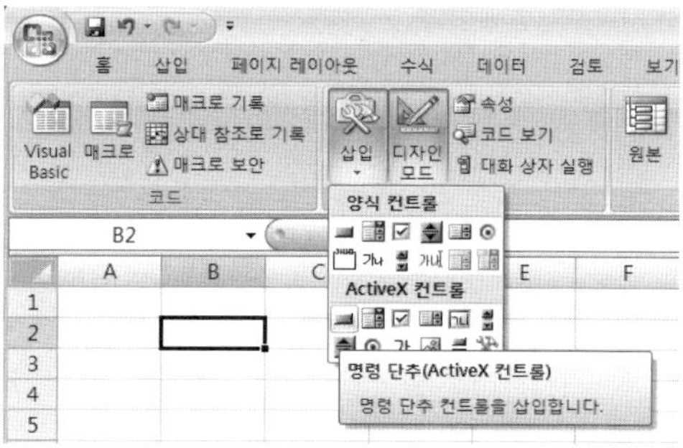


그림 ➡ 〈예제 10.2〉_4

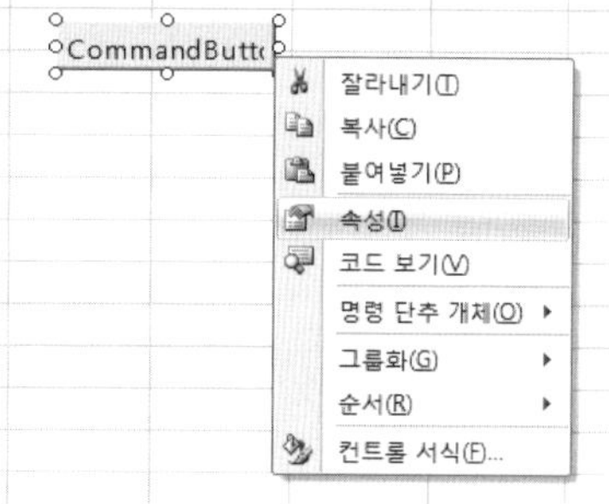


그림 ➡ 〈예제 10.2〉_5

그림 <예제 10.2>_6과 같은 속성창에서 Caption을 "RUN"으로 입력하면 그림 <예제 10.2>_1과 같이 된다.

그림 <예제 10.2>_4의 메뉴에서 매크로를 선택하여 'WallPM_Click'이라는 이름으로 입력을 하고, 편집을 선택하면 그림 <예제 10.2>_7과 같은 창이 나오고 그 안에 프로그램을 입력한다. 코딩에 대한 자세한 내용은 부록 II를 참조하기 바란다.

최종적으로 그림 <예제 10.2>_2와 같은 출력을 이용하여 그림 <예제 10.2>_8과 같은 $P-M$ 관계곡선을 작성한다. 그림에서 보듯이 각 점들은 기둥과 같이 포물선형의 관계곡선을 보여주며, 크게 변동이 없음을 볼 수 있다. 그림 <예제 10.2>_2의 출력에서 중립축의 거리 $cc$는 특수전단벽을 설계할 때 중요한 입력값으로 사용된다.

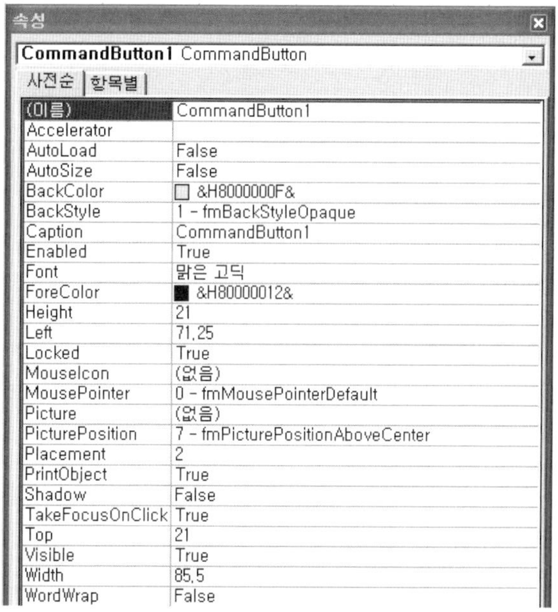


그림 ➡ 〈예제 10.2〉_6

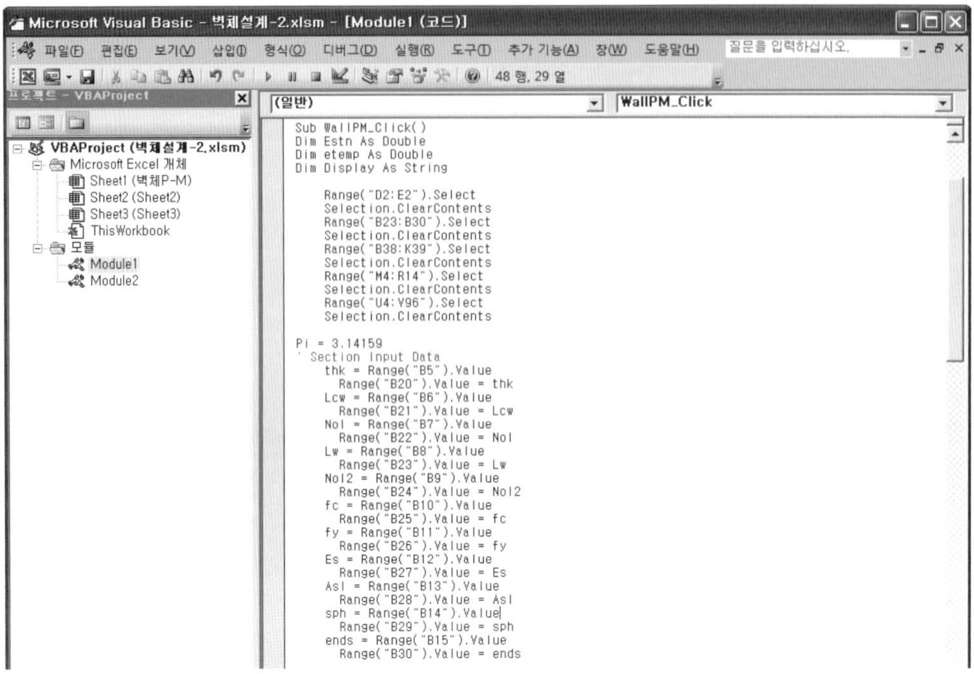


그림 ➡ 〈예제 10.2〉_7

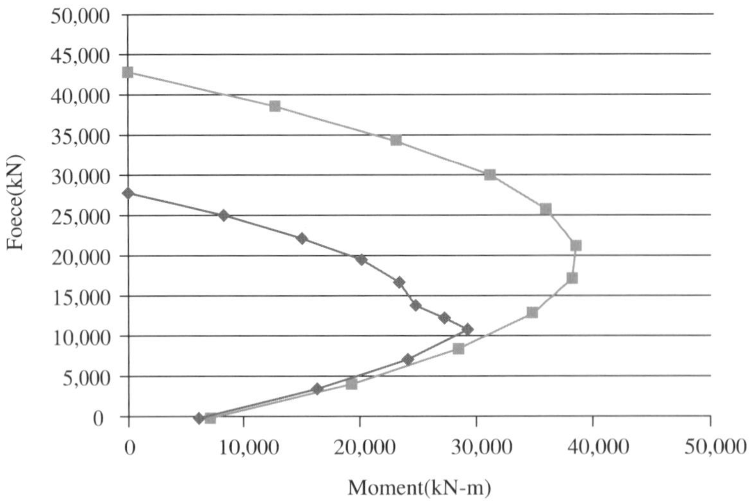


그림 ➡ 〈예제 10.2〉_8

# 11
# 곡률과 모멘트

## 11.1 개요

철근콘크리트의 단면이 주어진 경우에 곡률-모멘트의 관계를 구하는 일이 종종 필요하게 되는데, 설계의 경우보다는 실험과 같이 정확한 모멘트의 내력을 추정하는 경우에 많이 사용하게 된다. 또는 하중의 증가에 따른 부재의 거동을 예측하기 위하여서도 사용하기도 한다.

일반적으로 곡률-모멘트의 관계는 단면 해석(sectional analysis)을 통하여 수행된다. 단면 해석은 단면을 많은 레이어(layer)로 나누어 곡률의 증가에 따라 각 레이어의 변형도를 구하고 그에 따른 응력을 계산하여 반력 모멘트를 계산하는 기법이다. 이를 위하여서는 필연적으로 재료의 응력-변형도 곡선이 필요하다. 재료의 응력-변형도 곡선에는 많은 종류가 있으나 본 장에서는 앞의 제1장 도입에서 다룬 Kent-Park의 모델을 이용하기로 한다. 먼저 응력과 변형도의 관계곡선을 이해하기 위하여 다음의 두 예제를 풀어보고, 다음 장부터 기둥과 벽체의 곡률-모멘트 곡선을 작성하기로 한다.

**예제 11.1**

다음 그림과 같은 단면을 갖는 400×400 기둥에 대하여 Kent-Park의 콘크리트 변형도-응력 관계를 이용하여 구속되지 않은 경우와 횡구속된 경우로 구분하여 그려보아라. 또한 수정된 Kent-Park 모델을 그래프로 비교하여라.

- 콘크리트 $f_{ck}$ = 30MPa
- 주근 8-D25
- 후프철근 D13@200
- 피복두께 4cm
- 수직철근 8-D16 $f_y$ = 400MPa

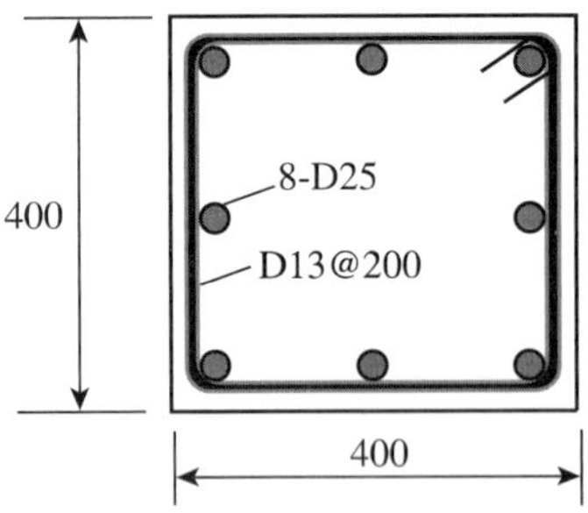

**풀 이**

제1장에서 횡구속이 된 경우의 응력-변형도의 관계식 Kent-Park의 모델과 수정모델을 정리하여 쓰면 다음과 같다.

| | Kent-Park | 수정 Kent-Park |
|---|---|---|
| 강도증가 영역 | $\varepsilon_c \le 0.002$ <br> $f_c = f_{ck}\left[\frac{2\varepsilon_c}{0.002} - \left(\frac{\varepsilon_c}{0.002}\right)^2\right]$ | $\varepsilon_c \le 0.002K$ <br> $f_c = Kf_{ck}\left[\frac{2\varepsilon_c}{0.002K} - \left(\frac{\varepsilon_c}{0.002K}\right)^2\right]$ |
| 강도감소 영역 | $\varepsilon_c > 0.002$ <br> $f_c = f_{ck}[1 - Z(\varepsilon_c - 0.002)] \ge 0.2f_{ck}$ | $\varepsilon_c > 0.002K$ <br> $f_c = Kf_{ck}[1 - Z(\varepsilon_c - 0.002K)] \ge 0.2Kf_{ck}$ |
| 관련상수 | $Z = \frac{0.5}{\varepsilon_{50u} + \varepsilon_{50h} - 0.002}$ | $Z = \frac{0.5}{\varepsilon_{50u} + \varepsilon_{50h} - 0.002K}$ |
| | $\varepsilon_{50u} = \frac{3 + 0.29f_{ck}}{145f_{ck} - 1000}$, $\varepsilon_{50h} = \frac{3}{4}\rho_s\sqrt{\frac{h''}{s_h}}$, $K = 1 + \frac{\rho_s f_{yh}}{f_c'}$ | |

횡구속된 모델은 스터럽 또는 후프 철근의 양 $\rho_s$에 의하여 강도와 연성이 증가하게 된다. $\rho_s = 0$이 되는 경우는 횡구속이 되지 않는 경우이다. 따라서 횡구속이 되는 경우의 프로그램을 먼저 작성한 후에 $\rho_s$의 값을 0으로 대입하여 비구속된 경우와 비교하기로 한다.

먼저 횡구속된 경우의 응력-변형도 모델을 그리기 위한 필요한 데이터를 그림 <예제 11.1>_1과 같이 입력한다. 입력 셀의 수식은 다음과 같다.

```
E8 = VLOOKUP($D8,$H$4:$J$9,2)
F8 = VLOOKUP($D8,$H$4:$J$9,3)
E9 = VLOOKUP($D9,$H$4:$J$9,2)
F9 = VLOOKUP($D9,$H$4:$J$9,3)
G13 = D13+E8*10/2
    : 콘크리트 단부로부터 철근의 중심까지의 거리
```

| | A | B | C | D | E | F | G | H | I | J |
|---|---|---|---|---|---|---|---|---|---|---|
| 1 | | | Concrete 응력 - 변형도 | | | | | | | |
| 2 | 1 | 사용재료 | | | | | | [철근 데이터] | | |
| 3 | | | fyu= | 400 | Mpa | | | 공칭 | 직경(cm) | 단면적(cm²) |
| 4 | | | fck= | 30 | MPa | | | D10 | 0.953 | 0.713 |
| 5 | 2 | 기둥 | b(폭) = | 400 | mm | | | D13 | 1.27 | 1.267 |
| 6 | | | h(넓이) = | 400 | mm | | | D16 | 1.59 | 1.986 |
| 7 | 3 | 철근 | | 공칭 | 직경(cm) | 단면적(cm²) | | D19 | 1.91 | 2.865 |
| 8 | | | 주근 | D25 | 2.5 | 5.07 | | D22 | 2.22 | 3.871 |
| 9 | | | 스트럽 | D13 | 1.27 | 1.267 | | D25 | 2.5 | 5.07 |
| 10 | | | nx= | 2 | 개 | 후프근 + 연결고리 | | | | |
| 11 | | | ny= | 2 | 개 | 후프근 + 연결고리 | | | | |
| 12 | | | s= | 150 | mm | 철근 spacing | | | | |
| 13 | | | 피복두께= | 40 | mm | d' = | 52.5 | mm | | |

그림 ⟨예제 11.1⟩_1

| | A | B | C | D | E | F |
|---|---|---|---|---|---|---|
| 14 | 4 | 상수계산 | b"= | 295 | mm | |
| 15 | | | h"= | 295 | mm | |
| 16 | | | ρs = | 0.0114531 | | |
| 17 | | | K= | 1.1527081 | | |
| 18 | | | ε50u= | 0.00349 | | |
| 19 | | | ε50h= | 0.01205 | | |
| 20 | | | Kent & Park | | Modified Kent -Park | |
| 21 | | Z | 36.9311 | | 37.7834 | |
| 22 | | 최소$f_{ck}$(Mpa) | 6.0000 | | 6.9162 | |
| 23 | | e20c= | 0.0237 | | 0.0235 | |
| 24 | | 0.002K= | | | **0.0023** | |

그림 ⟨예제 11.1⟩_2

그림 <예제 11.1>_2의 제4단계부터 각 상수에 입력된 계산식은 다음과 같다.

D14 = D5−2*G13

D15 = D6−2*G13

D16 = (D10*D14+D11*D15)*F9*100/(D14*D15*D12)

D17 = 1+D16*D3/D4

D18 = (3+0.29*D4)/(145*D4−1000)

D19 = 3/4*D16*SQRT(D14/D12)

C21 = 0.5/(D18+D19−0.002)

E21 = 0.5/(D18+D19−D17*0.002)

C22 = 0.2*D4

E22 = C22*D17

C23 = 0.8/C21+0.002

E23 = 0.8/E21+0.002*D17

E24 = 0.002*D17

|  | L | M | N | O | P |
|---|---|---|---|---|---|
| 2 |  | Kent & Park |  | Modified Kent -Park |  |
| 3 |  | 변형도 | fck | 변형도 | fck |
| 4 |  | 0 | 0 | 0 | 0 |
| 5 |  | 0.0002 | 5.7 | 0.0002 | 5.739743 |
| 6 |  | 0.0004 | 10.8 | 0.0004 | 10.95897 |
| 7 |  | 0.0006 | 15.3 | 0.0006 | 15.65769 |
| 8 | 강도 | 0.0008 | 19.2 | 0.0008 | 19.83589 |
| 9 | 증가 | 0.001 | 22.5 | 0.001 | 23.49358 |
| 10 | 구간 | 0.0012 | 25.2 | 0.0012 | 26.63076 |
| 11 |  | 0.0014 | 27.3 | 0.0014 | 29.24742 |
| 12 |  | 0.0016 | 28.8 | 0.0016 | 31.34357 |
| 13 |  | 0.0018 | 29.7 | 0.0018 | 32.91921 |
| 14 |  | 0.002 | 30 | **0.0023** | 34.58124 |
| 15 | ε20 | 0.0237 | 6.0000 | **0.0235** | 6.9162 |
| 16 |  | 0.027 | 6.0000 | 0.027 | 6.9162 |

그림 ➡ 〈예제 11.1〉_3

이제 그래프를 그리기 위하여 그림 <예제 11.1>_3과 같은 도표를 먼저 작성한다. 강도증가부분은 2차식이므로 변형도의 증가분을 0.0002로 하여 응력의 최대값에 도달하는 변형도까지 M4:M14에 입력한다.

그림 <예제 11.1>_4와 같이 최대점 이후 강성이 $\varepsilon_{20}$까지 직선으로 감소하므로 이미 계산하여 알고 있는 $\varepsilon_{20}$의 값을 가져와서 응력을 계산한다. 본 그래프에서는 변형도의 한계를 0.0027로 하여 나타내었다. 변형도와 $f_{ck}$를 계산하기 위한 입력수식은 다음과 같다.

N4 = $D$4*(2*M4/0.002-(M4/0.002)^2)
N5:N14 는 N4를 선택한 후 드래그 다운하여 복사한다.
M16 = C23
N16 = C22
P4 = $D$17*$D$4*(2*O4/$E$24-(O4/$E$24)^2)
P5:P14 는 P4를 선택한 후 드래그 다운하여 복사한다.
O15 = E24
O16 = E23
P16 = E22

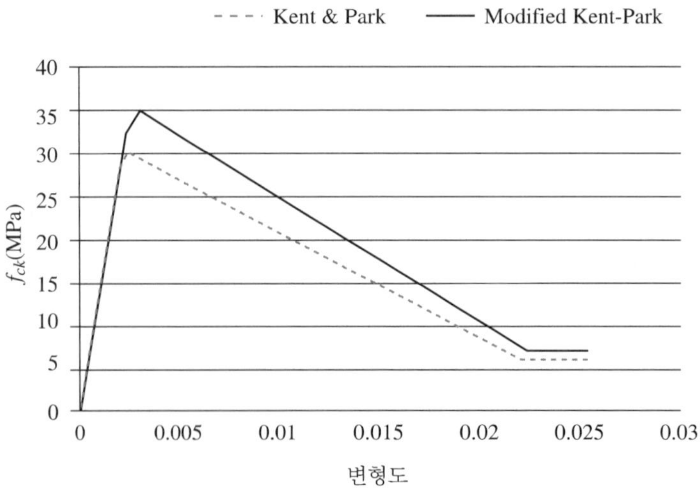


그림 ➡ 〈예제 11.1〉_4 횡구속된 경우의 콘크리트의 응력-변형도 곡선

이제 횡구속이 되지 않은 콘크리트의 응력-변형도를 작성해 보기로 하자. 작성을 위하여 지금까지 작성한 시트이름을 'confined'라 하고 이를 새로운 시트 'unconfined'라로 복사하자.

입력데이터에서 후프철근의 횡구속 효과가 없으므로 $n_x = 1$, $n_y = 0$으로 입력하면 그림 <예제 11.1>_5와 같은 형상으로 그림이 나타난다. 그림에서 보듯이 수정 Kent-Park와 Kent-Park 모델의 그래프가 동일하게 나타난다. 횡구속된 그림 <예제 11.1>_4와 비교하면 콘크리트 변형도 0.005에 이르면 모든 강도가 초기강도의 20%가 됨을 볼 수 있다.

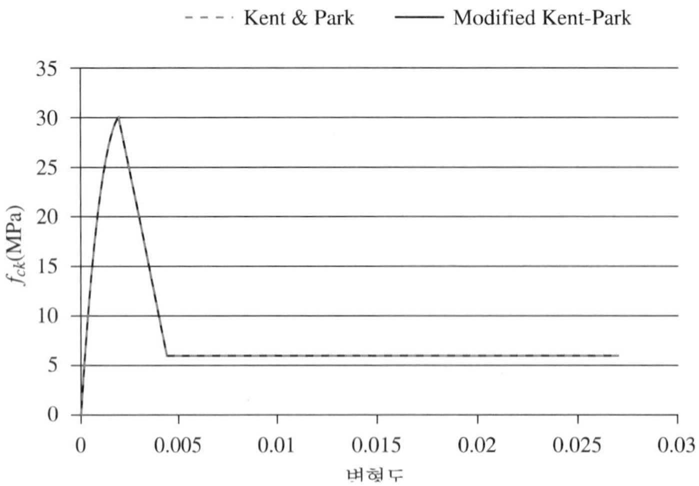


그림 ➡ 〈예제 11.1〉_5 횡구속되지 않은 경우의 콘크리트의 응력-변형도 곡선

## 11.2 기둥의 곡률-모멘트

기둥에서 곡률이 증가함에 따른 모멘트의 관계도를 작성하여 보기로 하자. 먼저 곡률은 변형도의 곡선에서 기울기를 의미한다. 즉, 그림 11.1에서 변형도를 나타내는 직선의 기울기가 클수록 곡선이 증가한다.

기둥의 경우 변형도 곡선은 그림 11.1의 경우와 같이 중립축이 기둥 외부에 있는 경우와 내부에 있는 경우로 구분될 수 있다. 기둥에 작용하는 축력이 크면 기둥 전체가 압축을 받게 되며, 이 때 변형도의 모습은 그림 11.1 (a)와 같다. 이 경우 철근은 모두 압축력을 받게 된다.

축력보다는 휨모멘트가 크게 작용하는 경우는 중립축이 기둥 내부로 들어오게 되어 그림 11.1 (b)와 같게 된다. 이 경우 콘크리트는 압축단으로부터 길이 *cc*만큼 압축응력이 작용하고, 철근은 인장력과 압축력이 작용한다.

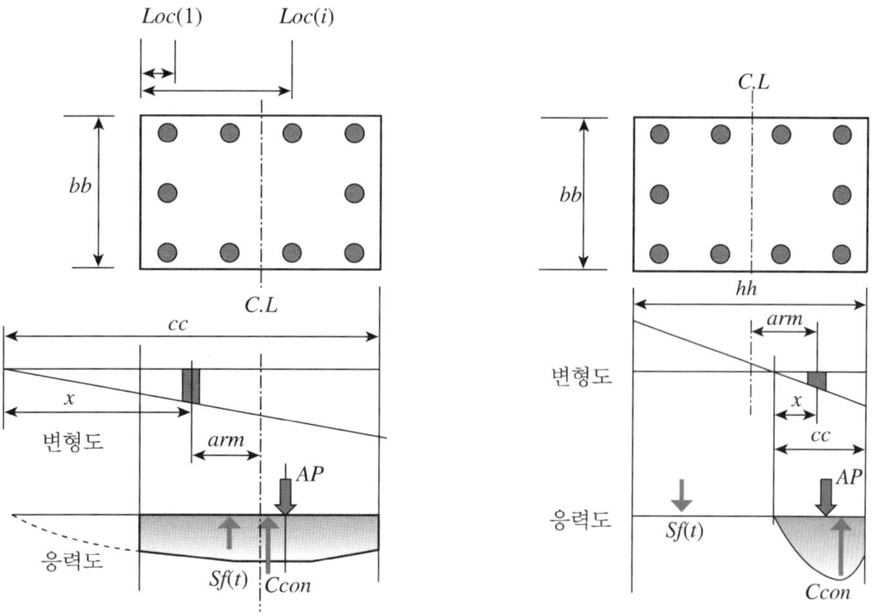


(a) 중립축이 단면 외부에 있는 경우 (b) 중립축이 단면 내부에 있는 경우

**그림 11.1** 기둥 단면의 곡률에 따른 변형도와 응력도

중립축의 위치를 가정하고, 이에 따라 계산된 철근과 콘크리트의 반력을 포함한 모든 힘은 다음의 수식을 만족하여야 한다. 즉,

$$\sum F = AP + \text{철근의 힘} - \text{콘크리트 힘} = 0 \tag{11.1}$$

여기서, $AP$: 기둥에 작용하는 계수 축하중

**예제 11.2**

단면 해석을 이용하여 기둥의 곡률-휨멘트 관계곡선을 유도하는 프로그램을 작성하여 보아라.

**풀이**

먼저 해석에 필요한 데이터를 그림 <예제 11.2>_1과 같이 입력한다. '시작'아이콘을 만드는 과정은 제10장의 <예제 10-2>를 참조하라.

| | A | B | C | D | E | F | G | H | I | J | K |
|---|---|---|---|---|---|---|---|---|---|---|---|
| 1 | | 시작 | | | | | | | | | |
| 2 | | | | | | | | | | | |
| 3 | | | | | | | | | | | |
| 4 | *INPUT - SECTION INFORMATION* | | | | Note | | | Contorl Parameter | | | |
| 5 | *bb* | *0.25* | width of section | | | | | *inc* | 0.001 | increment | |
| 6 | *hh* | *0.5* | height of section | | | | | *phiend* | 0.03 | End of curvature | |
| 7 | *cover* | *0.046* | cover thk. to the centroid of longitudinal bar | | | | | *tol* | 10.0 | Tolerance | |
| 8 | *nol* | *4* | number of layer of steel for input | | | | | *Estn* | 0.02 | Limit of concrete | |
| 9 | *unit* | *0* | kN,m | | | | | | | | |
| 10 | *AP* | *3000* | Axial force | | | | | | | | |
| 11 | *cflag* | *1* | 0'=unconfined, '1'=confined | | | | | | | | |
| 12 | *fc* | *42.5* | tength of concrete <fc'> | | | | | | | | |
| 13 | *Hratio* | *0.0166* | ardening ratio of Steel | | | | | | | | |
| 14 | | | | | | | | | | | |
| 15 | *INPUT - MAIN BAR* | | | | | | | | | | |
| 16 | *i* | 1 | 2 | 3 | 4 | 5 | 6 | ............ | | | |
| 17 | *fy(i)* | *445* | *445* | *445* | *445* | | | | yield strength of steel of ith laye | | |
| 18 | *Es(i)* | *2.0E+05* | *2.0E+05* | *2.0E+05* | *2.0E+05* | | | | Elastic Modulus of steel of ith la | | |
| 19 | *Asl(i)* | *8.00E-04* | *8.00E-04* | *8.00E-04* | *8.00E-04* | | | | Longitudinal bar area of ith layer | | |
| 20 | *Loc(i)* | *0.06* | *0.15* | *0.35* | *0.44* | | | | Location of layer from the left er | | |
| 21 | *INPUT - STIRRUP* | | | | | | | | | | |
| 22 | *dv* | *0.01* | diameter of stirrup | | | | | | | | |
| 23 | *fvy* | *348* | yield strength of stirrup | | | | | | | | |
| 24 | *Evs* | *2.0E+05* | Elastic Modulus of stirrup | | | | | | | | |
| 25 | *nvx* | 2 | x directional lines of stirrup | | | | | | | | |
| 26 | *nvy* | 2 | y directional lines of stirrup | | | | | | | | |
| 27 | *sp* | *0.09* | spacing of stirrup | | | | | | | | |

그림 ➡ 〈예제 11.2〉_1

입력변수는 다음과 같다.

• 단면에 대한 입력변수

| | |
|---|---|
| *bb* | 기둥의 폭 |
| *hh* | 기둥의 높이 |
| *cover* | 피복두께 |
| *nol* | layer의 개수 |
| *unit* | 1 (kN, m) |
| *AP* | 계수 축하중 |
| *cflag* | '0'이면 unconfined, '1'이면 confined 콘크리트 |
| *fc* | 콘크리트의 강도 |
| *Hratio* | 철근의 항복 후 강성비 |

• 주철근에 대한 입력변수 : 단면에서 입력한 Layer의 개수만큼 다음의 열을 입력한다.

| | |
|---|---|
| *fy(i)* | 철근의 항복강도 |
| *Es(i)* | 탄성계수 |
| *Asl(i)* | 철근의 단면적 |
| *Loc(i)* | 좌측 단부로부터 철근 Layer의 위치 |

• 스터럽 또는 후프철근에 대한 입력변수

| | |
|---|---|
| *dv* | 스터럽 또는 후프 철근의 직경 |
| *fvy* | 스터럽 또는 후프 철근의 항복강도 |
| *Evs* | 스터럽 또는 후프 철근의 탄성계수 |
| *nvx* | x방향으로 작용하는 횡보강근의 개수, 연결철근 포함 |
| *nvy* | y방향으로 작용하는 횡보강근의 개수, 연결철근 포함 |
| *sp* | 스터럽 또는 후프 철근의 간격 |

• 해석 Contol 입력변수

| | |
|---|---|
| *inc* | 해석단계마다 증가하는 곡률의 증가량 |
| *phiend* | 최종 곡률의 값, 이 값을 초과하면 프로그램이 자동으로 중단 |
| *tol* | 힘의 합력의 합=0을 만족하는 허용오차 |
| *Estn* | 콘크리트 최대변형도의 범위, 이 값을 초과하면 프로그램이 자동으로 중단 |

이러한 값을 입력한 후에 확인을 위하여 'Echo' 리스트를 그림 <예제 11.2>_2와 같이 되도록 프로그램을 구성한다.

| | A | B | C | D | E | F | G | H |
|---|---|---|---|---|---|---|---|---|
| 30 | Echo | | | | | | | |
| 31 | *bb* | 0.25 | | | | | | |
| 32 | *hh* | 0.5 | | | | | | |
| 33 | *cover* | 0.046 | | | | | | |
| 34 | *nol* | 4 | | | | | | |
| 35 | *unit* | 0 | | | | | | |
| 36 | *AP* | 3000 | | | | | | |
| 37 | *cflag* | 1 | | | | | | |
| 38 | *fc* | 42.5 | | | | | | |
| 39 | *Hratio* | 0.0166 | | | | | | |
| 40 | *MAIN BAR,* | 1 | 2 | 3 | 4 | 5 | 6 | |
| 41 | *fy(i)* | 445 | 445 | 445 | 445 | | | |
| 42 | *Es(i)* | 200000 | 200000 | 200000 | 200000 | | | |
| 43 | *Asl(i)* | 0.0008 | 0.0008 | 0.0008 | 0.0008 | | | |
| 44 | *Loc(i)* | 0.44 | 0.35 | 0.15 | 0.06 | | | |
| 45 | *dv* | 0.01 | | | | | | |
| 46 | *fvy* | 348 | | | | | | |
| 47 | *Evs* | 200000 | | | | | | |
| 48 | *nvx* | 2 | | | | | | |
| 49 | *nvy* | 2 | | | | | | |
| 50 | *sp* | 0.09 | | | | | | |

그림 ➡ 〈예제 11.2〉_2

효과적인 단면 해석을 위하여 콘크리트의 레이어(layer)의 개수를 다음과 같이 설정하였다.

**① 중립축이 단면 내부에 있을 때**

전체가 압축을 받으므로 기둥의 폭($hh$)을 $nc$(=100)등분하였다. 따라서 다음과 같이 계산된다.

- 콘크리트 한 레이어의 면적, del $A = hh/nc \times b$
- $i$번째 레이어의 거리, $x = (cc - hh) + i \times hh/nc$
- $i$번째 레이어의 strain = 곡률 · 거리
- $i$번째 레이어의 arm length $= i \times hh/nc - hh/2$

**② 중립축이 단면 내부에 있을 때**

- 콘크리트 한 레이어의 면적, del $A = cc/nc \times b$
- $i$번째 레이어의 거리, $x = i \times cc/100$
- $i$번째 레이어의 arm length$= (hh/2 - cc) + i \times cc/nc$

반력과 작용하는 힘의 합계를 구한 후 다음과 같이 중립축을 이동시킨다.

$\sum F < 0$이면, 콘크리트의 면적을 줄여야 하므로 $cc1 = cc$로 변경
$\sum F > 0$이면, 콘크리트의 면적을 늘려야 하므로 $cc0 = cc$로 변경
$cc = (cc0 + cc1)/2$

여기서, $cc0$의 초기치는 $hh$의 10배, $cc1$의 초기치는 0으로 가정한다.
힘의 합계가 '0'으로 수렴하면, 철근과 콘크리트 레이어에 작용하는 반력과 도심으로부터 거리를 곱한 모멘트 값을 계산하고, M열과 N열에 곡률과 모멘트의 값을 출력하도록 한다.
출력이 되면 곡률을 $inc$만큼 증가하여 다음 단계의 계산을 수행한다. 목적하는 최종곡률까지 또는 콘크리트의 변형도가 한계상태에 도달하면 계산을 종료한다.
상세한 프로그램 내용은 부록 II를 참고하기 바란다. 프로그램에 그림 <예제 11.2>_1과 같은 입력변수를 입력하여 M열과 N열에 나온 곡률-모멘트의 관계를 그림으로 그리면 그림 <예제 11.2>_3과 같다.

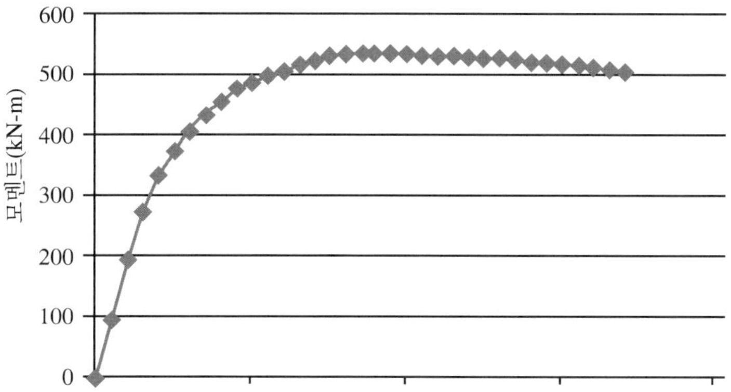


그림 ➜ 〈예제 11.2〉_3 $cflag = 1$인 경우

# 부록

# 부록 1. 공칭철근의 직경과 단면적

| 호칭명 Bar NO. | 단위 중량 Unit Weight | 공칭 지름 Diameter | 공칭단면적 Cross Sectional Area | 공칭 둘레 Perimeter | 마디의 평균 간격최대치 Max. Average Spacing | 마디높이 최소치 Minimum Value | 마디높이 최대치 Minimum Value | 마디틈 합계의 최대치 Minimum Total gaps to knots |
|---|---|---|---|---|---|---|---|---|
| | kg/m | mm | $cm^2$ | cm | mm | mm | mm | mm |
| D6 | 0.249 | 6.35 | 0.3167 | 2 | 4.4 | 0.3 | 0.6 | 5 |
| D10 | 0.56 | 9.53 | 0.7133 | 3 | 6.7 | 0.4 | 0.8 | 7.5 |
| D13 | 0.995 | 12.7 | 1.267 | 4 | 8.9 | 0.5 | 1 | 10 |
| D16 | 1.56 | 15.9 | 1.986 | 5 | 11.1 | 0.7 | 1.4 | 12.5 |
| D19 | 2.25 | 19.1 | 2.865 | 6 | 13.4 | 1.0 | 2 | 15 |
| D22 | 3.04 | 22.2 | 3.871 | 7 | 15.5 | 1.1 | 2.2 | 17.5 |
| D25 | 3.98 | 25.4 | 5.067 | 8 | 17.8 | 1.3 | 2.6 | 20 |
| D29 | 5.04 | 28.6 | 6.424 | 9 | 20 | 1.4 | 2.8 | 22.5 |
| D32 | 6.23 | 31.8 | 7.942 | 10 | 22.3 | 1.6 | 3.2 | 25 |
| D35 | 7.51 | 34.9 | 9.566 | 11 | 24.4 | 1.7 | 3.4 | 27.5 |
| D38 | 8.95 | 38.1 | 11.4 | 12 | 26.7 | 1.9 | 3.8 | 30 |
| D41 | 10.5 | 41.3 | 13.4 | 13 | 28.9 | 2.1 | 4.2 | 32.5 |
| D51 | 15.9 | 50.8 | 20.27 | 16 | 35.6 | 2.5 | 5 | 40 |

# 부록 II. 프로그램

## 1. 〈예제 10.2〉 벽체의 $P-M$ 프로그램

```
Sub WallPM_Click()
Dim Estn As Double
Dim etemp As Double
Dim Display As String

    Range("D2:E2").Select
    Selection.ClearContents
    Range("B23:B30").Select
    Selection.ClearContents
    Range("B38:K39").Select
    Selection.ClearContents
    Range("M4:R14").Select
    Selection.ClearContents
    Range("U4:V96").Select
    Selection.ClearContents

Pi = 3.14159
' Section Input Data : 데이터 입력 셀을 Refresh 함
    thk = Range("B5").Value
      Range("B20").Value = thk
    Lcw = Range("B6").Value
      Range("B21").Value = Lcw
    Nol = Range("B7").Value
      Range("B22").Value = Nol
    Lw = Range("B8").Value
      Range("B23").Value = Lw
    Nol2 = Range("B9").Value
      Range("B24").Value = Nol2
    fc = Range("B10").Value
      Range("B25").Value = fc
    fy = Range("B11").Value
      Range("B26").Value = fy
    Es = Range("B12").Value
      Range("B27").Value = Es
    Asl = Range("B13").Value
      Range("B28").Value = Asl
    sph = Range("B14").Value
      Range("B29").Value = sph
```

```
      ends = Range("B15").Value
        Range("B30").Value = ends
' 각 데이터의값을 셀로부터 읽고 씀
       Tsa1 = 0#
       irow = 17
       irow2 = 32
       icol = 1
       Tnol = Nol * 2 + Nol2
' 횡구속된 철근의 위치와 면적을 읽고 씀
       For ik = 1 To Nol
         Sdis(ik) = Cells(irow, icol + ik)
         SAs(ik) = Cells(irow + 1, icol + ik)
         Cells(irow2, icol + ik) = Sdis(ik)
         Cells(irow2 + 1, icol + ik) = SAs(ik)
         ikk = Tnol + 1 - ik
         Sdis(ikk) = Lw - Sdis(ik)
         SAs(ikk) = SAs(ik)
         Tsa1 = Tsa1 + SAs(ikk) * 2
       Next ik

' Control Input Data
     tol = Range("I5").Value

' 각 데이터의 값을 초기화
cc1 = 10 * Lw
tmom = 0#
eps1 = 0#
cc = 0#
balance = 0#
istep = 1

20 phi = 0#
     imrow = 3
' Sdis(jj) = vertical bar distance from the right end
    jj1 = Nol + 1
    jj2 = Nol + Nol2
    Tsa2 = 0#

' 횡구속되지 않은 벽체 내부의 철근의 위치와 면적을 계산
    For jj = jj1 To jj2
```

```
    If (jj = jj1) Then
        disinc = ends
    Else
        disinc = sph
    End If
        Sdis(jj) = Sdis(jj - 1) + disinc
        SAs(jj) = Asl
     Tsa2 = Tsa2 + SAs(jj)
     Next jj

     Tsa = Tsa1 + Tsa2

P0 = (0.85 * fc * (thk * Lw - Tsa) + fy * Tsa) * 1000
beta1 = 0.85 - (fc - 28) * 0.008
If (beta1 < 0.65) Then
  beta1 = 0.65
  End If
If (beta1 > 0.85) Then
  beta1 = 0.85
  End If

phi = 0.65
econt = 0.005
If (fy > 400) Then
  econt = 2.5 * fy / Es
  End If

      imrow = imrow + 1
      icol = 13
      Cells(imrow, icol) = tmom
      icol = icol + 1
      Cells(imrow, icol) = P0
      icol = icol + 1
      Cells(imrow, icol) = phi
      icol = icol + 1
      Cells(imrow, icol) = phi * tmom
      icol = icol + 1
      Cells(imrow, icol) = phi * P0
      icol = icol + 1
      Cells(imrow, icol) = cc
```

```
30 istep = istep + 1
   Pn = (10 - istep + 1) * P0 / 10
   cc0 = 0
   ic = 0

' 중립축의 위치를 가정함
' cc = distance of center from the right end
50 cc = (cc0 + cc1) / 2
   ic = ic + 1
   If (ic > 200) Then
        Range("D2").Value = " Too many iteration"
   GoTo 9000
  End If

' Concrete의 힘을 계산함 - 압축을 받는 철근의 면적을 제외함
  CTsa = 0#
  For ii = 1 To Tnol
  If (Sdis(ii) < cc) Then
    CTsa = CTsa + SAs(ii)
    Else: GoTo 55
    End If
   Next ii
55 clength = beta1 * cc
    If (clength > Lw) Then
    clength = Lw
    End If
   Cforce = 0.85 * fc * (clength * thk - CTsa) * 1000
  cmom = Cforce * (Lw / 2 - beta1 * cc / 2)

' Steel force의 값을 계산하고 누적함
 Sforce = 0
 smom = 0
 Nol2 = Nol - 1

 For jj = 1 To Tnol
  eps = (cc - Sdis(jj)) / cc * (-0.003)
  eys = fy / Es
  ess = Es
  Sf(jj) = SAs(jj) * Sstress(eps, eys, ess) * 1000
  Sforce = Sforce + Sf(jj)
```

```
  smom = smom + Sf(jj) * (Sdis(jj) - Lw / 2)
  Next jj
  epst = eps
balance = Pn - Cforce + Sforce

' 힘의 평형값을 검토하여 중립축을 이동함
If (Abs(balance) < tol) Then GoTo 1000
If (balance < 0) Then
   cc1 = cc
  Else
   cc0 = cc
  End If
  GoTo 50

' 모멘트의 값을 계산함
1000 tmom = cmom + smom
      If (epst < eys) Then
         phi = 0.65
         Else
          If (epst > econt) Then
             phi = 0.85
             Else
             phi = 0.65 + 0.2 / (econt - eys) * (epst - eys)
             End If
         End If
' 모멘트, 축력 등을 해당셀에 출력함
      imrow = imrow + 1
      icol = 13
      Cells(imrow, icol) = tmom
      icol = icol + 1
      Cells(imrow, icol) = Pn
      icol = icol + 1
      Cells(imrow, icol) = phi
      icol = icol + 1
      Cells(imrow, icol) = phi * tmom
      icol = icol + 1
      Cells(imrow, icol) = phi * Pn
      icol = icol + 1
      Cells(imrow, icol) = cc

If (istep < 11) Then
```

```
  cc1 = cc * 2
 If (cc < Lw) Then
   cc1 = Lw * 2
   End If
  GoTo 30
  End If

9000  icol = 21
      irow = 5
 For jj = 1 To Tnol
      eps = (Sdis(jj) - cc) * phi
      Sstr = Sstress(eps, eys, ess)
       Cells(irow, icol) = Sdis(jj)
       Cells(irow, icol + 1) = Sf(jj)
     irow = irow + 1
 Next jj

End Sub

' 철근의 응력을 계산하는 function
Private Function Sstress(strain, ey, ess) As Double

 Sign = 1
If (strain < 0) Then
Sign = -1
strain = Sign * strain
End If

If (strain < ey) Then
  stress = ess * strain
  End If
If (strain >= ey) Then
  stress = ess * ey
  End If

Sstress = stress * Sign
strain = Sign * strain
End Function
```

## 2. 〈예제 11.2〉 기둥의 곡률-모멘트 프로그램

```
Sub INPUT_Click()
Dim Estn As Double
Dim etemp As Double
Dim Display As String

Pi = 3.14159
' 출력 구간을 선택하고 지움
    Range("M3:S71").Select
    Selection.ClearContents
    Range("N5").Select
    ActiveWindow.SmallScroll Down:=3

' Section Input Data
    bb = Range("B5").Value
      Range("B31").Value = bb
    hh = Range("B6").Value
      Range("B32").Value = hh
    cover = Range("B7").Value
      Range("B33").Value = cover
    nol = Range("B8").Value
      Range("B34").Value = nol
    unit = Range("B9").Value
      Range("B35").Value = unit
    AP = Range("B10").Value
      Range("B36").Value = AP
    cflag = Range("B11").Value
      Range("B37").Value = cflag
    fc = Range("B12").Value
      Range("B38").Value = fc
    Hratio = Range("B13").Value
      Range("B39").Value = Hratio

' Main-bar Input Data
    icol = 1
    For ii = 1 To nol
     icol = icol + 1
     irow = 17
```

```
        krow = 41
         fy(ii) = Cells(irow, icol)
           Cells(krow, icol) = fy(ii)

         irow = irow + 1:    krow = krow + 1
         Es(ii) = Cells(irow, icol)
           Cells(krow, icol) = Es(ii)

         irow = irow + 1:    krow = krow + 1
           Asl(ii) = Cells(irow, icol)
           Cells(krow, icol) = Asl(ii)
         irow = irow + 1:    krow = krow + 1
         tLoc = Cells(irow, icol)
         Loc(ii) = hh - tLoc
           Cells(krow, icol) = Loc(ii)
       Next ii
     ' Stirrrup Input Data
       dv = Range("B22").Value
         Range("B45").Value = dv
       fvy = Range("B23").Value
         Range("B46").Value = fvy
       Evs = Range("B24").Value
         Range("B47").Value = Evs
       nvx = Range("B25").Value
         Range("B48").Value = nvx
       nvy = Range("B26").Value
         Range("B49").Value = nvy
       sp = Range("B27").Value
         Range("B50").Value = sp

   Av = Pi * dv ^ 2 / 4
   b2 = bb - 2 * cover
   h2 = hh - 2 * cover
   rv = 2 * (b2 + h2) * Av / (b2 * h2 * sp)
   ' Modified Kent & Park Model
   ' if cflag=0 --> Kp=1, rv=0 (volume ratio of hoop steel measured to the outside of perimeter
hoops)

   If (cflag = 1) Then
    Kp = 1 + rv * fvy / fc
```

```
 Zp = 0.5 / ((3 + 0.29 * fc) / (145 * fc - 1000) + 3 / 4 * rv * (b2 / sp) ^ 0.5 - 0.002 * Kp)
Else
 Kp = 1
 rv = 0
End If

' Control Input Data
    inc = Range("I5").Value
    phiend = Range("I6").Value
    tol = Range("I7").Value
    Estn = Range("I8").Value

nc = 100
cc1 = 10 * hh
phi = 0#
tmom = 0#
conmax = 0#
eps1 = 0#
cc = 0#

20 phi = 0#
    irow = 1
     irow = irow + 1
     icol = 13
     Cells(irow, icol) = phi
     icol = icol + 1
     Cells(irow, icol) = tmom
     icol = icol + 1
     Cells(irow, icol) = conmax
     icol = icol + 1
     Cells(irow, icol) = eps1
     icol = icol + 1
     Cells(irow, icol) = cc

30 phi = phi + inc

 cc0 = 0
 ic = 0

' cc = distance of center from the right end
```

```
50 cc = (cc0 + cc1) / 2
ic = ic + 1
If (ic > 200) Then
  Display = Display & " Too many iteration"
  GoTo 9000
 End If

Cforce = 0
cmom = 0
' Concret stress
For ii = 1 To nc

 If (cc > hh) Then
     eps = (cc - hh + ii * (hh / nc)) * phi
     Carea = bb * (hh / nc)
     Armlength = ii * hh / nc - hh / 2
    Else
     eps = ii * (cc / nc) * phi
     Carea = bb * (cc / nc)
     Armlength = hh / 2 - cc + ii * cc / nc
 End If
 temp = Cstress(eps) * Carea * 1000
 Cforce = Cforce + temp
 cmom = cmom + temp * Armlength

Next ii

Sforce = 0
smom = 0
For jj = 1 To nol
 eps = (Loc(jj) - cc) * phi
 eys = fy(jj) / Es(jj)
 ess = Es(jj)
 Sf(jj) = Asl(jj) * Sstress(eps, eys, ess) * 1000
 If (eps < 0) Then
    etemp = -eps
    Sf(jj) = Sf(jj) + Asl(jj) * Cstress(etemp) * 1000
    End If
 Sforce = Sforce + Sf(jj)
 smom = smom + Sf(jj) * (Loc(jj) - hh / 2)
```

```
 If (jj = 1) Then
  eps1 = eps
  End If
 Next jj

balance = AP - Cforce + Sforce

'GoTo 1000
If (Abs(balance) < tol) Then GoTo 1000
If (balance < 0) Then
 cc1 = cc
 Else
 cc0 = cc
 End If
 GoTo 50
1000 tmom = cmom + smom
If (AP > 0.1) Then eccent = tmom / AP
conmax = cc * phi

    irow = irow + 1
     icol = 13
     Cells(irow, icol) = phi
     icol = icol + 1
     Cells(irow, icol) = tmom
     icol = icol + 1
     Cells(irow, icol) = conmax
     icol = icol + 1
     Cells(irow, icol) = eps1
     icol = icol + 1
     Cells(irow, icol) = cc

 For ii = 1 To nc
    If (cc > hh) Then
       Cdis(ii) = (cc - hh) + ii * (hh / nc)
       Else
      Cdis(ii) = ii * (cc / nc)
      End If

    eps = Cdis(ii) * phi
    Cfor(ii) = Cstress(eps)
```

```
 Next ii

If (conmax >= Estn) Then
 GoTo 9000
End If
If (phi < phiend) Then
   cc1 = cc * 2
  If (cc < hh) Then
    cc1 = hh * 2
    End If
   GoTo 30
   End If

9000

End Sub

'콘크리트 변형도에 따른 응력의 계산
Private Function Cstress(eps) As Double

If (eps <= 0) Then
  Cstress = 0
  Exit Function
  End If

If (eps > 0) Then
eb = Kp * 0.002
eco2 = 0.8 / Zp + 0.002 * Kp
If (eps < eb) Then
  Cstress = Kp * fc * (2 * eps / eb - (eps / eb) ^ 2)
  End If

If (eps >= eb And eps < eco2) Then
  Cstress = Kp * fc * (1 - Zp * (eps - eb))
  End If

If (eps > eco2) Then
  Cstress = 0.2 * Kp * fc
  End If
End If
```

```
End Function

'철근의 변형도에 따른 응력의 계산
Private Function Sstress(strain, ey, ess) As Double

 Sign = 1
If (strain < 0) Then
Sign = -1
strain = Sign * strain
End If

If (strain < ey) Then
  stress = ess * strain
  End If
If (strain >= ey) Then
  stress = ess * ey + (strain - ey) * Hratio * ess
  End If

Sstress = stress * Sign
strain = Sign * strain
End Function
```

# 참고문헌


건축구조설계기준 및 해석, 대한건축학회, 2009

콘크리트구조설계기준, 한국콘크리트학회, 2007

한국콘크리트학회, 콘크리트표준시방서해설, 2009

ACI 318-08, Building Code Requirements for Structural Concrete and Commentary, ACI Committee 318, 2008

Eurocode 2, Design of Concrete Structure, 2004

International Code Council, International Building Code, Building Officials and Code Administrators International, INC., 2000

International Code Council, International Building Code, Building Officials and Code Administrators International, INC., 2006

Kent, D.C. and Park, R., "Flexural Members with Confined Concrete", Journal of the Structural Division, Proceedings of American Society of Civil Engineers, Vol. 97, No. ST7, July 1971, pp.1969-1990

Mimimum Design Loads for Buildings and Other Structures, ASCE/SEI 7-5, 2005

M. Nadim Hassoun, Design of Reinforced Concrete Structures, PWS Engineering

Notes on ACI 318-08 Building Code Requirements for Structural Concrete, PCA, 2008

Wang, C.K. and Salmon, C.G., Reinforced Concrete Design, Harper & Row, 1985

# 찾아보기

ABC



ㄱ



ㄴ



ㄷ



ㄹ

ㅁ



ㅂ



ㅅ



ㅇ



ㅈ



ㅊ



ㅋ

ㅌ



ㅍ



ㅎ

**▌이영욱**

서울대학교 공과대학 건축공학과 학사·석사·박사
쌍용건설(주) 기술연구소
University of Canterbury 방문교수
건축구조기술사
건축구조설계기준(KBC 2009) 편집위원
2011 콘크리트설계기준 개정 편집위원
KBC특별연구회(한국지진공학회 및 대한건축구조기술사회 공동운영) 위원
현) 군산대학교 건축공학과 교수

**▌송진규**

서울대학교 공과대학 건축공학과 학사·석사·박사
현대건설기술연구소 과장
미국 Penn State University(Harrisburg) 교환교수
한국콘크리트학회 기술교육위원회 위원장
제12기 중앙건설 기술심의위원회 위원
현) 전남대학교 공과대학 건축학과 교수



엑셀을 이용한
**철근콘크리트 설계** 정가 15,000원

인　쇄 2012년 3월 1일 초판 1쇄
발　행 2012년 3월 10일 초판 1쇄
저　자 이영욱·송진규
발행인 정우용
발행처 도서출판 동화기술
경기도 파주시 문발동 파주출판도시 500-13(광인사길 201)
Tel (031)955-4211~6 donghwae@kornet.net
Fax (031)955-4217 www.donghwapub.co.kr
(등록) 1977년 12월 19일/9-16호




ISBN 978-89-425-1703-9